Ullstein

Die allerletzte Aufnahme der *Titanic* kurz nach dem Auslaufen von Queenstown zu ihrer verhängnisvollen Jungfernfahrt.

Robert D. Ballard
und Rick Archbold

Das Geheimnis der TITANIC

3800 Meter unter Wasser

Mit einer Einleitung von Walter Lord
Illustrationen von Ken Marschall

Ullstein

Ullstein Buchverlage GmbH & Co. KG,
Berlin
Taschenbuchnummer: 23280
Titel der Originalausgabe:
»The Discovery of the Titanic«
erschienen bei Madison Press
Books Toronto, Ontario,
und bei Warner Books, New York
Übersetzung des Textes Ralf Friese,
der Bildunterschriften und des
Anhangs Jutta Wannenmacher

Für das Taschenbuch mit neu
eingerichtetem Bildteil
3. Auflage Februar 1998

Umschlaggestaltung:
Theodor Bayer-Eynck
Illustration:
Ken Marschall

Printed in Germany 1998
Druck und Verarbeitung:
Ebner Ulm
ISBN 3 548 23280 9

Gedruckt auf alterungs-
beständigem Papier mit
chlorfrei gebleichtem Zellstoff

Vom selben Autor
in der Reihe
der Ullstein Bücher:

Die Entdeckung der Bismarck (23298)

Die Deutsche Bibliothek –
CIP-Einheitsaufnahme

Das Geheimnis der Titanic : 3800 Meter unter Wasser / Robert D. Ballard und Rick Archbold. Mit einer Einl. von Walter Lord. Ill. von Ken Marschall. [Übers. des Textes Ralf Friese, der Bildunterschriften und des Anh. Jutta Wannenmacher]., 3. Aufl. –
Berlin : Ullstein, 1998
(Ullstein-Buch ; Nr. 23280)
Einheitssacht.: The discovery of the Titanic <dt.>
ISBN 3-548-23280-9
NE: Ballard, Robert D.; Marschall, Ken;
Titanic; EST: GT

Inhalt

Auf ihrer Helling in der Werft Harland & Wolff wird die *Titanic* für den Stapellauf vorbereitet.

Vorwort

Von Walter Lord

Worin liegt das Geheimnis der »Titanic«?

In der unfaßbaren Größe dieser Katastrophe, bei der das größte, angeblich unsinkbare Schiff der Welt auf seiner Jungfernfahrt sank und die meisten Passagiere mit in die Tiefe riß? Ein Element der griechischen Tragödie, das sich durch diese Geschichte zieht: Wenn man auf die Warnungen geachtet hätte; wenn es genug Rettungsboote gegeben hätte; wenn . . . wenn?

In der unausweichlichen Moral, daß »Hochmut vor dem Fall« kommt? Oder liegt es darin, daß sie so vollkommen das Ende der »Edwardian era«, einen letzten, nostalgischen Blick auf eine ganze Lebensweise, symbolisiert? Alle diese Elemente spielen gewiß mit hinein. Es muß aber einen universelleren Grund geben, und hier drängt sich einem die Vorstellung auf, daß die »Titanic« das perfekte Beispiel einer allgemein gültigen Erfahrung ist, die jeder von uns schon gemacht hat: Nahezu jede Tragödie im Leben entwickelt sich vom ersten Nicht-Glauben über wachsende Angst bis zur endgültigen, völligen Erkenntnis. Wir alle kennen diese Phasen; auf der »Titanic« entwickeln sie sich vor unseren Augen immer wieder, und jedesmal im Zeitlupentempo. Zuerst will kein Mensch glauben, daß etwas Schlimmes passiert sein könnte. Im Rauchersalon gehen die Kartenspiele weiter; auf Deck wird mit Brocken vom Eisberg lustig Fußball gespielt. Dann dämmert allen die wirkliche Gefahr; das Deck steht immer steiler, Raketen werden abgefeuert. Und schließlich wissen alle, daß das Ende naht und kein Ausweg in Sicht ist. Gebannt erleben wir mit, wie die Menschen reagieren: Das Ehepaar Straus umarmt sich, die Musikkapelle spielt, die Ingenieure halten die Beleuchtung in Gang. Wir überlegen uns, was wir wohl getan hätten.

Gleichgültig, wie die Antwort lautet: Die Faszination bleibt ungebrochen. Das erklärt auch die große Erregung, die sich 1985 auf die Nachricht ausbreitete, daß eine Expedition unter Leitung von Dr. Robert D. Ballard von der Woods Hole Oceanographic Institution und Jean-Louis Michel von IFREMER das Wrack gefunden hatte. Zuerst hatte ich befürchtet, die Entdeckung könne den Zauber zerstören, der gewiß zum Teil dadurch bedingt ist, daß ein noch in seinen letzten Augenblicken schönes und stolzes Schiff auf immer im Meer verschwindet. Doch sehr bald zeigte sich, daß die Entdeckung das Geheimnis eher noch verstärkte. Die ausgezeichneten Fotos vom gespenstischen Bug zum Beispiel gehen einem nicht mehr aus dem Sinn. Die auf der Expedition 1986 entstandenen Nahaufnahmen lieferten noch viele zusätzliche Vignetten: einen leeren Davit, ein geöffnetes Bullauge, den Ausguck. Und welchem kleinen Mädchen gehörte die Puppe, deren Kopf auf einem Bild aus der Nähe des Achterschiffs so deutlich zu sehen ist?

Jetzt sind diese klassischen Fotos in einem Band vereint. Wenn wir sie betrachten und den Bericht über die Expedition lesen, verstehen wir bald, warum auch Bob Ballard schließlich dem Geheimnis der »Titanic« erlag. Zunächst hatte die Suche für ihn ja mehr eine professionelle Herausforderung dargestellt, eine Art Mount Everest für Tiefseetaucher, doch als er von seiner letzten Tauchfahrt zurückkam, dachte er ganz anders darüber:

»Ein Gefühl der Leere ergriff mich. Woher dieser Eindruck, etwas verloren zu haben? Schließlich war die »Titanic« doch nur ein großes Schiffswrack im tiefen Meer. Unser Einsatz war technisch ein Erfolg gewesen. Eigentlich hätte ich jubeln sollen. Statt dessen kam ich mir vor wie ein Abiturient, der sich von seiner festen Freundin verabschiedet, bevor er auf die Universität geht. Ich wollte ja gern vorwärtsschauen, aber es zog mich zurück.«

Ähnlich geht es dem Leser, wenn er auf der letzten Seite dieses großartigen Buches angelangt ist. Das Geheimnis der »Titanic« ist ungebrochen.

Kapitel 1

Die Suche nach einer Legende

Das Forschungsschiff »Knorr« stampfte in der Dünung. Ich lehnte mich über die Bugreling und starrte in die Finsternis hinaus, todmüde, völlig erschöpft und der Verzweiflung nahe. Schon fünf Wochen suchten wir nach der »Titanic«; noch fünf Tage blieben uns, und bis jetzt hatten wir nichts gefunden. Alles, was wir bisher zu Gesicht bekommen hatten, waren die endlose Meeresoberfläche und der leere, schlammige Meeresboden. Wartete ich etwa darauf, daß der Geist der »Titanic« aus der Finsternis auf mich zukam? Ich dachte an den Ausguckposten der »Titanic«, Fred Fleet, dessen Wache in jener klaren, mondscheinlosen Nacht fast abgelaufen war, als rechts voraus etwas auftauchte und sich schnell näherte. Zum Reagieren war kaum noch Zeit . . .

Wie in jener schicksalsschweren Aprilnacht vor 76 Jahren war die Luft auch jetzt im August kühl, denn der Sommer im Nordatlantik dauert nur kurz; die Reling fühlte sich kalt und feucht an. Durch den vibrierenden Stahl konnte ich die starken Maschinen der »Knorr« spüren, die das Schiff gleichmäßig mit einer Geschwindigkeit von 1,5 Knoten vorantrieben.

Nicht zum ersten Mal ging mir das Ungeheuerliche unseres Vorhabens durch den Kopf: Wir wollten ein Wrack suchen, das irgendwo in 4000 Meter Tiefe lag. Die sprichwörtliche Nadel im Heuhaufen war gar nichts dagegen. Und doch hatte ich oft damit angegeben, die Suche nach der »Titanic« müsse mit dem richtigen Gerät und der richtigen Mannschaft kinderleicht sein. Auf dieser Expedition hatten wir beides. Was war schiefgegangen?

Mein französischer Kollege Jean-Louis Michel, mit dem ich die Leitung teilte, und ich hatten uns sorgsam auf unsere Expedition vorbereitet. Wir wollten das legendäre Wrack der »Titanic« finden, die 1912 gesunken war und viele Menschenleben gekostet hatte. Wir hatten uns genau an unseren Plan gehalten. Doch jetzt wurde die Zeit knapp. Hatten wir das Schiff verfehlt? Suchten wir am verkehrten Ort? Mußten wir leer zurückkehren wie die drei Expeditionen, die vor uns dasselbe versucht hatten? Mir hätte ein solcher Fehlschlag wehgetan, denn ich verliere nicht gern. Außerdem hatte ich bei den Bemühungen, meinen zwölf Jahre alten Wunschtraum wahr zu machen, einiges aufs Spiel gesetzt.

In Gedanken versunken ging ich nach achtern, auf die jetzt leere Heckplattform der »Knorr«. In ein paar Metern Entfernung erkannte ich die längliche Form von ANGUS; die weiße Farbe schimmerte schwach im Schein der Oberlichter. Es war nicht gerade die anregendste Gesellschaft; wir wollten dieses schlittenähnliche Gerät aus Stahlrohren und Unterwasserkameras einsetzen, um schöne Fotos vom Wrack mit nach Hause zu bringen, sobald wir es gefunden hatten. Hinter ANGUS war noch ganz zart die geisterhafte Silhouette des Krans der »Knorr« zu sehen, mit dem wir ANGUS und »Argo« zu Wasser ließen und wieder einholten. »Argo«, ein Schlitten, wurde ein paar Meter über dem Meeresboden gezogen und machte dabei Fernsehaufnahmen. In meiner gegenwärtigen Verfassung kam mir der Kran eher wie ein im Ellenbogen gebeugter Arm vor, der jeden Moment zuschlagen konnte.

»Argo« stand nicht auf Deck; das Gerät wurde gerade am Ende eines dünnen Kabels ein Stück über dem Meeresboden entlanggeschleppt. Mit technisch hoch entwickelten Videoaugen setzte es unsere ständige Suche nach der »Titanic« fort. Zwischen dem romantischen, aufregenden Bild vom Unterwasserabenteuer und der stumpfsinnigen Realität unserer unaufhörlichen, oft langweiligen Suche lagen Welten.

Ein paar Meter weiter vorn ragte ein ungeschlachter Kasten in die Dunkelheit. Das war unser Decksaufbau für den Leitstand, das Nervenzentrum unserer ganzen Reise. Ich hätte nur hinüberzugehen, die Tür aufzumachen und in eine andere Welt voll Licht, Wärme und Kameradschaft einzutreten brauchen. Vom Tonband lief dort sicherlich leise Musik, der Tagesklatsch klang allmählich aus. In meiner Abwesenheit führten gewiß die ewigen Kritikaster das große Wort. Die

Unser Forschungsschiff, die *Knorr*, bei Nacht

Moral hatte ihren Tiefpunkt erreicht, und manche im Team stellten sogar schon unsere Suchstrategie in Frage.

Was war überhaupt an der »Titanic« dran? Warum übte sie immer noch einen solchen Zauber auf so viele Menschen aus? Mich hatte sie auf jeden Fall gepackt, und dabei war ich doch ein nüchterner Naturwissenschaftler, dem das gesunkene Schiff nur als Vorwand für die Erprobung einiger neuer technischer Geräte diente. Doch schon lange bedeutete mir die »Titanic« mehr als nur ein Schiffswrack.

In der Öffentlichkeit haben sich die Ereignisse jener Nacht vom 14. April 1912 mittlerweile zu einem Lehrstück unter dem Titel »Hochmut kommt vor dem Fall« verdichtet. Das größte und luxuriöseste Passagierschiff seiner Zeit geht auf Jungfernfahrt. Es gilt gemeinhin als »unsinkbar«, obwohl weder die Werft noch die Reederei das je behauptet hatten; es führt zu wenig Rettungsboote mit. An Bord die Spitzen der britischen und amerikanischen Gesellschaft, die Berühmthei-

R. M. S. (Royal Mail Ship)
Titanic auf ihrer Jungfernfahrt

ten eines Zeitalters, in dem altes Geld und blaues Blut besonders geschätzt wurden. Das Kommando führt ein altgedienter Kapitän, dessen unerschütterliches Selbstvertrauen dem Glauben seiner reichen Passagiere an die Welt entspricht, die sie beherrschen. Obwohl ihm zahlreiche Eiswarnungen zugegangen sind, verlangsamt er die Fahrt nicht und ergreift nur gerade die knappsten Vorsichtsmaßnahmen. Er hat diese Fahrt schon unzählige Male zurückgelegt, und außerdem gibt es im April oft Eis.

Das Schiff fährt mit Volldampf auf einen Eisberg; zwar ist es nur ein Streifschuß, doch der ist tödlich; die »Titanic« sinkt langsam. Zunächst sind die Passagiere nur neugierig und nehmen den Vorfall als willkommene Abwechslung im eintönigen Bordleben. Als sich das Schiff jedoch immer merklicher zur Bugseite hin zu neigen beginnt und auch erkennbar Schlagseite nach Backbord bekommt, steigen sie widerwillig in die Rettungsboote; viele Boote werden nicht einmal halb besetzt zu Wasser gelassen. Fast drei Stunden später ist das

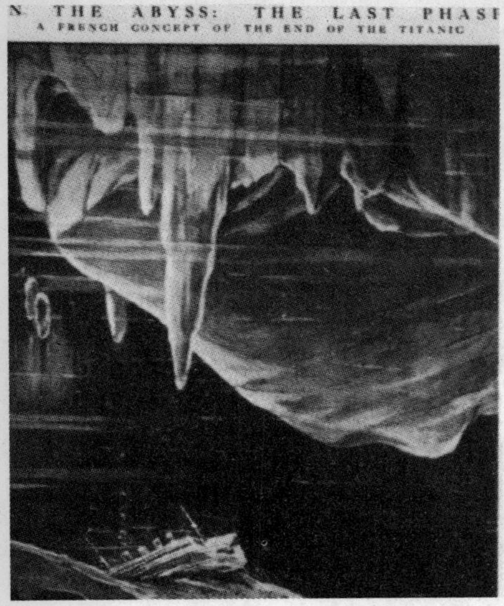

Viel Phantasie verrät diese Zeichnung vom Wrack der *Titanic* auf dem Meeresgrund, die kurz nach dem Unglück in einer französischen Zeitschrift erschien.

große Schiff im eiskalten Nordatlantik verschwunden. Von den über 2200 Personen an Bord sind nur 705 gerettet worden. Nie mehr wird die Welt so berechenbar und so beherrschbar sein.

Die Katastrophe entfachte zu jener Zeit eine Sensation. Die Zeitgenossen waren dem Ereignis jedoch noch zu nahe und konnten deshalb nicht erkennen, daß ein Zeitalter zu Ende gegangen war. Nur das Ausmaß der Tragödie nahmen sie voll Entsetzen wahr: die vielen Toten, die Größe des Schiffs und die vermessenen Ansprüche, die mit ihm dahingegangen waren. Später symbolisierte der Untergang der »Titanic« den Augenblick in unserem Jahrhundert, in dem die Menschen ihre Unschuld und das Gefühl unerschütterlicher Sicherheit verloren hatten. In jenen Tagen vor den Menschenopfern des Ersten Weltkriegs wußte man noch, woran man glaubte. Wie es Walter Lord in seinem neuesten Buch »The Night Lives On« eindrucksvoll erklärt: »1912 hatten die Menschen noch Vertrauen. Heute weiß niemand mehr etwas gewiß, und je unsicherer wir werden, umso mehr sehnen wir uns nach einer glücklicheren Zeit, in der wir meinten, alles im Griff zu haben. Die ›Titanic‹ ist ein Symbol für jene Zeit und, vor allem, für ihr Ende. Je schlimmer die Dinge heute werden, umso öfter denken wir an sie und an alles, was mit ihr untergegangen ist.«

Alles, was mit ihr untergegangen ist... Am Heck der »Knorr«, nicht weit von der Stelle entfernt, an der die wirkliche »Titanic«, nicht das Gebilde aus Legenden und Halbwahrheiten, gesunken war, dachte ich über den unvergänglichen Zauber jenes Schiffs nach. Ich überlegte mir, was wir in der Finsternis und unter dem gewaltigen Druck am Meeresboden wohl fanden. In welchem Zustand befand sich das Wrack? Wie hatte es sich unter dem Einfluß der Tiefsee mit der Zeit verändert? War die »Titanic« in einem Stück gesunken wie viele andere Schiffe? Das war nicht ausgeschlossen. Lag sie nach ihrem rund viertausend Meter tiefen Fall noch unversehrt auf dem Meeresboden, nachdem sie unter unvorstellbar hohen Wasserdrücken und mit erheblicher Geschwindigkeit auf den Boden aufgeschlagen war? Ich ging von dieser Grundannahme aus. Oder hatte vielleicht das Erdbeben von Grand Banks 1929 eine Lawine ausgelöst und die »Titanic« unter Tonnen von Schlamm begraben, so daß man sie nie mehr finden konnte?

Ich hatte mir vorgestellt, wie ich mein (erst noch fertigzustellendes) Roboterfahrzeug mit dem Suchauge die große Treppe der »Titanic« hinunterschickte. Ob von diesem einst so herrlichen Bauteil überhaupt noch etwas übrig war? Stand der Renault Baujahr 1912 immer noch im Laderaum 3 und wartete auf seine Fahrt über die Fifth Avenue, oder hatten die Meeresorganismen seine Reifen aufgefressen, war das glänzende Metall seiner Karosserie zu einem Schrotthaufen verrostet? Waren die Holztäfelungen im Gesellschaftsraum der 1. Klasse noch so intakt, daß man die meisterhafte Ausführung erkennen konnte? Und ein schlimmerer Gedanke: Gab es dort unten menschliche Überreste?

Wenn wir das Schiff nicht fanden, waren das alles akademische Fragen. Mir wurde kalt, und ich ging zu meiner Kabine zurück. Noch fünf Tage, und dann mußten wir Kurs heimwärts nehmen – als Helden oder als Verlierer. Vielleicht lag wirklich ein Fluch auf der »Titanic«, und unsere Expedition war trotz allen technischen Aufwands sein jüngstes Opfer.

Dabei hatten wir so viel in diese Fahrt investiert: Jahre, Geld und Mühe. Wenn sie fehlschlug, hatte ich mich auf einige Kritik aus dem Kreis meiner Kollegen an den Extratouren und Abweichungen vom Pfad der wissenschaftlichen Tugend gefaßt zu machen. Außerdem mußte ich mich tapfer der Presse stellen und sie daran erinnern, daß der amtliche Zweck der Reise ja darin bestanden hatte, unsere neuen bildgebenden Techniken für den Einsatz in großen Meerestiefen zu erproben. Die »Titanic« war nur Beiwerk. Die Tests waren alle gut verlaufen.

Doch diese Behauptung wäre nur eine Ausrede. Als ich durch das dunkle Labor am unaufhörlichen Geklapper des Sonardruckers, an der leeren Kombüse vorbei die Treppen zu meiner Kabine hochging, wußte ich schon, daß mir eine schlaflose Nacht bevorstand. Zu viele Fragen waren noch ungeklärt.

Über die Toppen geflaggt hat die *Titanic* am Karfreitag, dem 5. April 1912, am White-Star-Kai von Southampton, fünf Tage vor ihrer Jungfernfahrt.

Kapitel 2

Was in jener Nacht geschah

Am fünften Tag ihrer Fahrt über den Atlantik hatte der Funker der »Titanic«, Jack Phillips, im »Marconiraum« alle Hände voll zu tun, um den Funkverkehr des Tages abzuwickeln: meist private Nachrichten von den Passagieren und an die Passagiere. 1912 war der drahtlose Funkverkehr noch ziemlich neu, viele Schiffe waren noch nicht dafür ausgerüstet. Phillips und der Zweite Funker, Harold Bride, waren Angestellte der British Marconi Company, unterstanden also nicht dem Kommando der Schiffsführung und hielten sich auch in der Übermittlung von Nachrichten an die Brücke an keine Vorschriften. An diesem Sonntagmorgen, dem 14. April, erhielt der Funkraum um 9 Uhr einen Funkspruch von der »Caronia«, einem Dampfer der Cunard Line, in dem von »Eisbergen, Eisschollen und Treibeis in 42° N, von 49° bis 51° W« die Rede war. Es war nicht die erste Eiswarnung, die das Schiff auf dieser Reise empfangen hatte, und es sollte auch nicht die letzte sein. Als er einen Moment Luft hatte, brachte Bride die Nachricht auf die Brücke, wo sie wahrscheinlich vom Vierten Offizier Joseph G. Boxhall entgegengenommen wurde. Boxhall trug die Position vermutlich auf der Seekarte ein.

Die Offiziere auf der Brücke beachteten die Meldung kaum. Im April war Eis in diesem Teil des Atlantik nicht unbekannt, und man war überzeugt davon, daß man Eisberge rechtzeitig wahrnehmen werde. Die See war ruhig, das Wetter kühl und sonnig, und außerdem konnten ein paar Eisbrocken das herrliche neue Schiff wohl kaum in Gefahr bringen.

Die Passagiere schlugen mit den üblichen Bordbeschäftigungen die Zeit tot: Sie lasen, schrieben Briefe, wandelten auf den Promenadendecks, plauderten mit alten Freunden oder neuen Bekannten oder sonnten sich im Liegestuhl und nahmen Brühe und Zwieback zu sich. Da Sonntag war, fanden

Kapitän Edward J. Smith auf der *Olympic*, einem Schwesterschiff der *Titanic*

Gottesdienste statt. Den Gottesdienst für die Passagiere der 1. Klasse hielt im Speisesaal der 1. Klasse der geachtete Kapitän des Schiffs, Edward J. Smith. Er war 62 Jahre alt und wollte nach der Jungfernfahrt der »Titanic« in den Ruhestand gehen; diese Reise sollte der krönende Abschluß einer ehrenvollen Laufbahn bei der White Star Line sein. Für seine Gemeinde von Reichen und Adligen muß der würdige, selbstbewußte Smith der denkbar beste Hirte gewesen sein.

Die Passagiere der 1. Klasse an Bord der »Titanic« repräsentierten die Creme der damaligen angloamerikanischen Gesellschaft. Der Wohlhabendste unter ihnen war zweifellos der 47jährige Colonel John Jacob Astor, Urenkel des reichen Pelzhändlers, der das Vermögen der Familie durch Grundstückskäufe, besonders den Ankauf von Hotels, gemehrt hatte. Astor hatte kurz zuvor einen Skandal entfacht, als sich seine Frau von ihm hatte scheiden lassen und er daraufhin ein 18jähriges Mädchen aus New York geheiratet hatte. Er und seine mittlerweile schwangere junge Frau Madeleine kamen

Von oben nach unten: John Jacob Astor und seine Frau Madeleine; darunter Isidor Straus

gerade von einer langen Winterreise aus Ägypten und Europa zurück, wo sie sich vor den Reportern versteckt hatten.

Auch Benjamin Guggenheim, das schwarze Schaf der amerikanischen Bergwerks- und Hüttendynastie, befand sich an Bord. Unter den Gästen waren ferner Isidor Straus und seine Frau Ida. Ihm gehörte Macy's, das größte Kaufhaus der Welt. Die Liste der reichsten Gäste rundete George Widener aus Philadelphia mit seiner Frau und seinem 27jährigen Sohn Harry ab. Die Familie Widener hatte ihr riesiges Vermögen mit dem Bau von Straßenbahnen erworben.

Neben diesen Superreichen machten auch viele Nur-Reiche die Jungfernfahrt der »Titanic« mit: der Stahlmagnat Arthur Ryerson; der stellvertretende Generaldirektor der Pennsylvania Railroad, John B. Thayer; der Generaldirektor der Canadian Grand Trunk Railroad, Charles M. Hays; Harry Molson, Mitglied einer Banken- und Brauereidynastie aus

Die *Titanic* am 10. April 1912 auf der Höhe der Isle of Wight, aufgenommen von Frank Beken aus Cowes, dem berühmten Schiffsfotografen.

Montreal. Zu den Vertretern der britischen Oberschicht gehörten Sir Cosmo und Lady Duff Gordon, er Angehöriger des britischen Hochadels, sie erfolgreiche Modeschöpferin mit Geschäften in Paris und New York.

Auch an Prominenz mangelte es an Bord nicht: Major Archibald Butt, Militärberater des Präsidenten Taft und enger Freund von Theodore Roosevelt, kehrte nach längerem Auslandsaufenthalt nach Washington zurück; William T. Stead, bekannter britischer Autor, Herausgeber und politischer Reformgeist, wollte in New York an einer Friedenskundgebung teilnehmen. Die Liste berühmter Passagiere wäre wahrscheinlich noch eindrucksvoller ausgefallen, wenn nicht einige Prominente von der Reise zurückgetreten wären. Der Finanzmagnat J. P. Morgan, dessen Schiffahrtskonzern die »Titanic« gehörte, war krank und konnte die Fahrt nicht antreten. George W. Vanderbilt und seine Frau beschlossen in letzter Minute, doch nicht mitzureisen; ihr Gepäck und ihren Diener konnten sie nicht mehr von Bord holen; beide gingen mit dem Schiff unter. Auch Lord Pirrie, Generaldirektor der Werft Harland & Wolff in Belfast, die die »Titanic« gebaut hatte, blieb wegen seines schlechten Gesundheitszustands zu Hause. An seiner Stelle fuhr Thomas Andrews, der Geschäftsführende Direktor der Gesellschaft.

Lord Pirrie und J. Bruce Ismay (rechts) besichtigen die *Titanic* vor ihrem Stapellauf am 31. Mai 1911.

Während die Reichen ein Gefolge von Zofen und Dienern sowie Berge von Gepäck mit an Bord brachten, verdienten die meisten Besatzungsmitglieder so wenig, daß es Jahre gedauert hätte, bis sie sich das Geld für eine einzige Überfahrt in der Luxusklasse zusammengespart hätten. Die »Titanic« ähnelte eigentlich einer schwimmenden Schichttorte, einem Querschnitt durch die damalige Gesellschaft. Den Boden bildeten die Hilfsarbeiter, die in Hitze, Gestank und Schmutz in den Kesselräumen und Maschinenräumen gleich über dem Kiel schufteten. Die nächste Schicht waren die Passagiere 3. Klasse, eine vielsprachige Mischung von Leuten, die in der Neuen Welt einen neuen Anfang suchten. Danach kamen die Mittelschichten: Lehrer, Kaufleute, bescheidene Angehörige akademischer Berufe. Die Verzierung auf der Torte waren schließlich die Reichen und die Adligen.

Dokumentarischen Wert hat diese Aufnahme von einer Gruppe Erster-Klasse-Passagiere auf dem Bootsdeck der *Titanic* in Queenstown (heute Cobh), Südirland. Sie zeigt von links: Stanley J. May, seine Schwester Lily Odell, seinen Bruder Richard May und seinen Neffen Jack Dudley Odell. Kurz danach stieg die Familie in den Tender und brach zu einer Autotour durch Irland auf. Doch zuvor machte Jack Odells Tante Kate Odell dieses Erinnerungsfoto.

Dieser Schnappschuß von Kate Odell zeigt die beiden zweiflügeligen Gangwaypforten, die vom Kai aus bequemen Zugang zur 1. Klasse gestatteten.

Schnappschuß von Francis M. Browne, drei Tage vor der Katastrophe. Hier spielt der sechsjährige Robert Douglas Spedden mit seinem Kreisel auf dem achteren Promenadendeck der 1. Klasse, beobachtet von seinem Vater Frederick Spedden.

Passagiere der 2. Klasse ergehen sich auf dem Steuerbord-Bootsdeck, während die *Titanic* in Queenstown vor Anker liegt.

Die in altholländischem Stil eingerichtete Suite B-59 gehörte zu den luxuriösesten an Bord.

In dieser Anzeige wird behauptet, daß die *Titanic* einen »höheren Standard an Toilettenluxus und Komfort auf See« biete, weil ihre Passagiere 1. Klasse mit Vinolia-Seife verwöhnt würden.

Im Veranda-Café und Palmenhof (A-Deck) rankte sich Efeu an den Wandspalieren empor. Die Tische und Stühle waren aus Korbgeflecht.

Das Schiff, das alle diese Passagiere beförderte, bildete mit seinen reich ausgestatteten Gesellschaftsräumen und luxuriösen Privatkabinen den Gipfel der Eleganz auf See. Am schönsten waren die beiden Erster-Klasse-Suiten auf dem B-Deck, ganze 15 m lang und mit privaten Promenadendecks verbunden, deren Holztäfelung in einem nachempfundenen Elisabethanischen Stil ausgeführt war. Die Kabinen 1. Klasse waren ebenfalls im Geschmack verschiedener Zeiten und Stile ausgestattet, von Louis Quinze bis Queen Anne. Viele Gesellschaftsräume waren mit Holz getäfelt. Es gab Aufzüge (für die 1. und die 2. Klasse); einen Gymnastikraum (mit den neuesten Fitnessgeräten); ein türkisches Bad und ein Schwimmbad; ein Restaurant à la carte (neben den üblichen Speisesälen) und schließlich das Café Parisien, die Nachbildung eines französischen Straßencafés, den Treffpunkt der Jugend. Besonders imposant auch die große Freitreppe des Schiffs. Alles in allem herrschte eine Pracht der Ausstattung, die ihresgleichen suchte.

Für die damalige Zeit waren auch die Kabinen der 3. Klasse beeindruckend. Das Schiff, der Name verkündete es, war das größte seiner Zeit. Die »Titanic« hatte 52 310 Tonnen Wasserverdrängung; ihre Länge über alles betrug 269 m, die Breite an der breitesten Stelle 28,2 m; der Rumpf erreichte eine

J. Bruce Ismay

größte Breite von 27,75 m, und die Höhe vom Kiel bis zum oberen Rand der vier Schornsteine maß fast 56 m. Anders ausgedrückt: Das Schiff entsprach einem elfstöckigen Gebäude und war über einen Viertelkilometer lang. Kein Wunder, daß die 1300 Passagiere an Bord das Gefühl hatten, nichts könne ihre Sicherheit bedrohen.

Um 11.40 Uhr ging im Funkraum eine Meldung von dem holländischen Schiff »Noordam« ein, in der »viel Eis« auf etwa derselben Position genannt wurde, die die »Caronia« schon vorher angegeben hatte. Es ist nicht bekannt, ob dieser Funkspruch an die Brücke weitergeleitet wurde.

Um 13.30 Uhr traf Kapitän Smith auf dem Weg zum Mittagessen Bruce Ismay, den Generaldirektor der White Star Line, auf dem Promenadendeck. Sie unterhielten sich kurz über die Leistung ihres neuen Schiffs auf seiner Jungfernfahrt. Von Samstagmittag bis Sonntagmittag hatte die »Titanic« 546 Meilen zurückgelegt, bisher ihre beste Leistung. Am nächsten Tag sollte sie kurz probehalber auf volle Geschwindigkeit hochgefahren werden, weil man sehen wollte, was sie schaffte – vielleicht sogar 23 Knoten. Das Schiff funktionierte

Angeblich eine Aufnahme von Kapitän Smith, der auf dem Promenadendeck nach achtern geht.

gut, und da man mittlerweile auch den Schwelbrand im vorderen Kohlebunker des Kesselraums 5 gelöscht hatte, schien kein Grund mehr zur Besorgnis zu bestehen. Vielleicht unterhielten sich die beiden Männer auch über das ungewöhnlich gute Wetter. Ehe Smith und Ismay auseinandergingen, gab der Kapitän Ismay ein Kabel, das er kurz vorher vom Dampfer »Baltic« erhalten hatte: »Griechischer Dampfer ›Athinai‹ berichtet, Eisberge und große Treibeisfelder auf 41° 51' N Breite und 49° 52' W Länge passiert zu haben . . . Wünschen Ihnen und der ›Titanic‹ viel Erfolg.« Das Treibeisfeld mußte also rund 250 Meilen von der »Titanic« entfernt liegen. Ismay steckte das Telegramm lässig in die Tasche. Später am Nachmittag zeigte er es noch den Frauen der beiden prominenten Passagiere Arthur Ryerson und John B. Thayer, als wolle er damit unterstreichen, wie stark das Schiff war. Die eingegangenen Eiswarnungen schienen Kapitän Smith und Bruce Ismay, die beiden wichtigsten Männer auf dem Schiff, nicht sonderlich zu beeindrucken. Eine weitere Eismeldung, die vom deutschen Schiff »Amerika« abgegeben wurde, ging um 13.45 Uhr ein, wurde jedoch nicht an die Brücke weitergeleitet.

So sah der Funkraum auf den Schiffen jener Zeit aus.

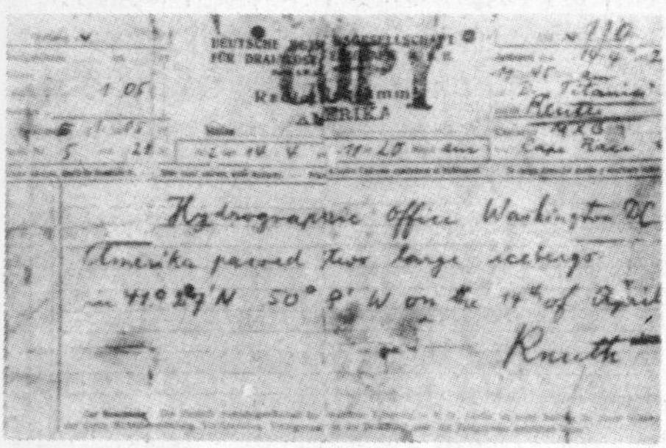

Eine Eiswarnung vom deutschen Dampfer *Amerika*, auf der *Titanic* empfangen und ordnungsgemäß weitergeleitet.

Der Tag verlief ereignislos. Es gab keinen starren Tagesplan, keine organisierten Freizeitaktivitäten. Obwohl Sonntag war, spielten ein paar Passagiere im Rauchsalon 1. Klasse Karten. Nur die Signale zum Mittagessen und Abendessen unterbrachen die Eintönigkeit. Am späten Nachmittag sank die Temperatur ganz plötzlich. Auf Befehl von Kapitän Smith änderte das Schiff seinen Kurs etwas nach Süden, vielleicht um das vorausliegende Eis zu umgehen. Die Dunkelheit brach herein.

Um 19.30 Uhr gaben George D. Widener und seine Frau im Restaurant à la carte ein Abendessen zu Ehren von Kapitän Smith. Eine ausgewählte Gruppe der prominenteren Amerikaner an Bord, vor allem Mitglieder der führenden Gesellschaft in Philadelphia, waren geladen. Neben Harry, dem Sohn der Familie Widener, nahmen John B. Thayer und seine Frau, William Carter und seine Frau, zwei reiche Bürger aus Philadelphia, die einen 25-PS-Renault mit nach Amerika brachten (für den sie später 5000 Dollar Schadenersatz forderten) und Major Butt am Essen teil.

Während der Kapitän beim Abendessen saß, schickte der Zweite Funker, Harold Bride, noch eine Eiswarnung auf die Brücke. Sie kam vom Dampfer »Californian«, der weit vor der »Titanic« auf einem etwas nördlicheren Kurs fuhr. Der Kapitän der »Californian«, Stanley Lord, gab an, er sei an drei großen Eisbergen drei Meilen weiter südlich vorbeigefahren. Diese Nachricht wurde nie an Kapitän Smith weitergegeben.

Gegen 21 Uhr verabschiedete sich Kapitän Smith und ging auf die Brücke, wo der Zweite Offizier Charles Herbert Lightoller von 18 bis 22 Uhr Dienst hatte. Er sprach mit Lightoller über den Wetterumschlag; vielleicht deutete der Temperatursturz auf Eis in der Nähe. Beide hatten den Eindruck, daß weiter voraus mit Eis gerechnet werden mußte. Beiden war auch bewußt, daß in einer klaren, ruhigen, mondlosen Nacht ohne Wind und Seegang, also auch ohne Brecher, Eisberge nur schwer zu sichten waren. Lightoller teilte dem Kapitän mit, daß er bei weiter sinkender Temperatur der Mannschaft befohlen habe, sich um die Süßwasservorräte zu kümmern, weil sie unter Umständen einfrieren könnten. Kurz vorher hatte der Erste Offizier William Murdoch befohlen, die Backsluke zu schließen, weil der Lichtschein den Männern im »Krähennest« die Sicht erschwert hätte. Um 21.20 Uhr verabschiedete sich Kapitän Smith von Lightoller mit den Worten: »Wenn die Lage unübersichtlich wird, verständigen Sie mich sofort. Ich bin drinnen.« Zehn Minuten später befahl Lightoller dem Sechsten Offizier Moody, die Männer im Ausguck anzuweisen, »genau auf Eis zu achten, besonders auf Treibeis und Eisschollen«. Damals behielten Schiffe ihre volle Fahrt so lange bei, bis ein Eisberg gesichtet wurde. Deswegen kam Smith wahrscheinlich überhaupt nicht auf den Gedanken, in einer so klaren Nacht die Geschwindigkeit zu drosseln. Die See war ruhig, und die Sterne spiegelten sich im Wasser, so daß man den Horizont kaum ausmachen konnte. Ein Matrose mit 26 Jahren Erfahrung erklärte später, er habe das Meer noch nie so glatt gesehen.

Bis dahin hatten die Offiziere der »Titanic« außer einer kleinen Kursänderung nach Süden, dem Schließen der Backsluke und der Warnung an die Männer im Ausguck keine Vorsichtsmaßnahmen gegen kommende Gefahren getroffen. Man verließ sich damals allgemein auf die Männer im »Krähennest«; außerdem hatte man festes Vertrauen zum Schiff und seiner Kollisionsfestigkeit. Da es zwischen der Brücke und dem Funkraum keinerlei Koordination gab und auch keine Vorschriften darüber existierten, wie mit Eiswarnungen zu verfahren war, müssen die Offiziere geglaubt haben, der größte Teil des Eises liege nördlich von ihrem Kurs. Noch einmal Walter Lord: »Aus diesem Grund verbreitete sich auf der Brücke Sorglosigkeit, fast schon anmaßende Unbekümmertheit.«

In dieser Nacht nahm die »Titanic« noch zwei weitere Eismeldungen auf. Keiner der beiden überlebenden Offiziere kann sich erinnern, ob sie an die Brücke weitergegeben wurden. Die erste Meldung ging um 21.40 Uhr im Funkraum ein und hätte Lightoller durchaus zu Maßnahmen veranlassen können. »Von ›Mesaba‹ an ›Titanic‹. Auf 42° N bis 41° 25’ N und 49° W bis 50° W große Eisberge, auch Treibeis gesichtet; Wetter gut, klar.« Dieses Eis lag genau auf dem jetzigen Kurs der »Titanic«.

Im »Marconiraum«, wie der Funkraum damals noch genannt wurde, hatte sich Harold Bride endlich zu einem kleinen Nickerchen zurückziehen können; die beiden Funker hielten den Betrieb rund um die Uhr aufrecht; Jack Phillips

Das Krähennest mit der Alarmglocke, die von dem Ausguckposten Frederick Fleet geläutet wurde, um die Brücke auf den Eisberg aufmerksam zu machen.

Frederick Fleet, aufgenommen nach der Katastrophe

versuchte nach besten Kräften, den Privatverkehr abzuwikkeln. Die nächste nordamerikanische Küstenstation in Cape Race an der Südostspitze von Neufundland war mittlerweile in Reichweite gerückt, und jetzt konnte man alle Funksprüche absetzen, die sich den Tag über angesammelt hatten. Phillips war so beschäftigt, daß er die letzte Eiswarnung gar nicht mehr hören wollte. Wiederum kam sie von der »Californian«, die der »Titanic« immer noch voraus war, doch jetzt in einem Eisfeld auf einem Kurs gestoppt hatte, der nur 19 Meilen nördlich vom Kurs der »Titanic« verlief. Die beiden Schiffe waren einander so nahe, daß die Nachricht dem Funker fast das Trommelfell zerriß. Die Unterbrechung ärgerte ihn, und er fuhr dem Absender mit den Worten über den Mund: »Raus jetzt. Habe zu tun. Arbeite mit Cape Race.«

Insgesamt hatten die sieben Eiswarnungen an diesem Tag ein riesiges Eisfeld von etwa 78 Meilen Länge direkt auf dem Kurs der »Titanic« angezeigt.

Im »Krähennest« hatten Fred Fleet und Reginald Lee eine langweilige Wache verbracht. Es war jetzt 23.40 Uhr. In zwanzig Minuten sollten sie abgelöst werden; dann konnten sie sich unter Deck endlich einen warmen Drink genehmigen und sich in die warme Koje legen. Die See war immer noch ruhig und spiegelglatt, aber die Luft war mittlerweile eisig geworden. Vor ein paar Minuten hatten sie einen leichten Dunst wahrgenommen, der sich rechts voraus und ein paar Meilen rechts und links vom Schiff ausbreitete. Die beiden Männer hatten jedoch keine Ferngläser; die waren verlegt worden, bevor das Schiff in Southampton ausgelaufen war.

Plötzlich erblickte Fleet etwas direkt auf dem Kurs der »Titanic«. In Sekundenschnelle wurde es größer. Automatisch betätigte er dreimal die Warnglocke, um die Brücke aufmerksam zu machen und griff zum Telefon.

Der Sechste Offizier James Moody tat als Offiziersanwärter Wachdienst unter dem Ersten Offizier Murdoch, der um 22 Uhr Lightoller abgelöst hatte; er nahm den Hörer ab und fragte ruhig: »Was haben Sie gesehen?«

»Eisberg direkt voraus«, antwortete Fleet.

Die Offiziere der »Titanic« waren erfahrene Seeleute und für Notfälle vorbereitet. Als Moody die Meldung weitergab, reagierte Murdoch sofort, sprang an den Maschinentelegrafen und ließ die Maschinen stoppen und dann volle Kraft zurück fahren. Gleichzeitig wies er den Steuermann Robert Hitchens an, das Rad »hart Steuerbord« zu drehen; dadurch mußte das Schiff nach Backbord schwenken. Dann zog Murdoch den Hebel, mit dem die Schotten zu den wasserdichten Abteilungen im Schiffsbauch geschlossen wurden. Hitchens drehte das Rad, so schnell es laufen konnte. Im allerletzten Moment bewegte sich das Schiff leicht nach Backbord.

Es war zu spät. Eine Frontalkollision war zwar vermieden worden, aber das Schiff war immer noch in Fahrt und traf den Eisberg schräg steuerbords mit dem Bug. Auf der Brücke sah es aus, als sei man noch einmal heil davongekommen. Vom Eisberg fielen ein paar Tonnen Eis auf das vordere Welldeck, aber das Schiff zitterte nur leicht und rauschte weiter. Nach ein paar Minuten blieb es stehen.

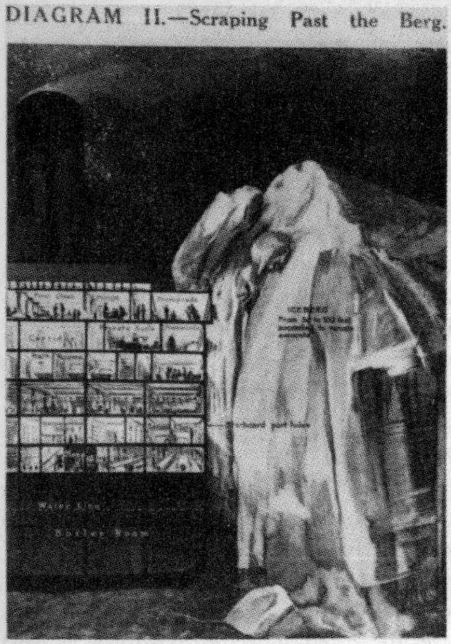

Diese Illustration eines Artikels in der »Illustrated London News« zeigt einen das Bootsdeck weit überragenden Eisberg, an dem die *Titanic* entlangschrammt. Im Gegensatz dazu berichteten die meisten Überlebenden, daß der Eisberg kaum bis zur Höhe des Bootsdecks gereicht hatte.

Die meisten Passagiere auf der »Titanic« hatten gar nicht gemerkt, daß ihr Schiff irgend etwas gerammt hatte oder gar schwer beschädigt worden war. Wegen der beißend kalten Luft befanden sich ohnehin fast alle unter Deck, und manche hatten sich schon schlafen gelegt. Die Abendeinladung der Wideners neigte sich dem Ende zu. Die Damen hatten sich in die Kabinen zurückgezogen, die Herren waren im Rauchsalon der 1. Klasse auf dem A-Deck noch zu einer Zigarre zusammengekommen. Auch ein paar andere Grüppchen nahmen dort einen Schlummertrunk. Sie hörten ein schwaches Schleifgeräusch. Einige sprangen auf und rannten an Deck hinaus, wo sie den Eisberg gerade noch achtern verschwinden sahen. Bald kamen andere dazu und erkundigten sich, was geschehen war. Als sie gehört hatten, daß es nur ein Eisberg gewesen war, kehrten sie schnell wieder zu ihren Spielen und Drinks zurück oder gingen in die Kabinen schlafen. Andere

Passagiere, die erfahren hatten, daß das vordere Welldeck ganz voll Eis lag, planten lustige Schneeballschlachten für den nächsten Morgen.

Lawrence Beesley, ein junger Naturwissenschaftslehrer, befand sich in seiner Kabine in der 2. Klasse, als »ich etwas hörte, was mir wie ein zusätzlicher Hub der Maschinen vorkam; die Matratze, auf der ich saß, hüpfte etwas stärker als sonst. Mehr war nicht zu hören, kein Krach von einem Zusammenstoß oder so etwas, auch kein Aufprall, kein Ruck, wie wenn zwei schwere Körper zusammenstoßen.« Nicht weiter beunruhigt wandte sich Beesley wieder seiner Lektüre zu. Daß etwas passiert war, merkte er erst, als ein paar Minuten später die Maschinen stillstanden.

Der Zweite Offizier Lightoller war gerade am Einschlafen, als er »ein plötzliches Schütteln durchs Schiff gehen spürte. Bis dahin war es so ruhig gelaufen, daß diese plötzliche Unterbrechung umso deutlicher fühlbar wurde. Es war keineswegs eine heftige Erschütterung, nur ein deutlicher, unangenehmer Bruch in der gleichmäßigen Bewegung.«

Einige andere Passagiere und Mannschaftsangehörige verspürten den schwachen Stoß, als der Eisberg vorbeistrich und beschrieben ihn ganz unterschiedlich: als rolle man »über tausend Murmeln«; »als habe ein Riesenfinger an der Schiffseite entlanggestrichen«; »ein schreckliches Reißen, als sei ein Stück Stoff auseinandergerissen worden«.

Ganz unten im Bauch des Schiffes wirkte sich die Kollision erheblich anders aus. Der Zweite Ingenieur J. H. Hesketh stand im vordersten Kesselraum (Nr. 6), als an der Tafel das Signal »STOP« aufleuchtete. Er hatte kaum den Befehl erteilt, »alle Luken dichtzumachen«, um damit den Luftzustrom zu den Feuerungen zu unterbrechen, als ein Geräusch ertönte, als »sei irgendwo eine große Kanone abgeschossen worden«; ein anderer Heizer verglich es mit »Donnergetöse«. Hesketh und der Erste Heizer Frederick Barrett wurden von einem eiskalten Wasserstrahl getroffen. Der Krach und der Schock des kalten Wassers trieb beide durch den kurzen Gang zum Kesselraum 5 nach hinten, ehe sich die wasserdichte Tür schloß. Die in 6 zurückgebliebenen Männer machten das

Die doppelte Schiebetür in einer »wasserdichten« Schottwand der *Titanic*. Durch Umlegen eines Schalters auf der Brücke konnten diese Türen sofort geschlossen werden.

Feuer aus, ehe sie sich über die Leitern zum E-Deck einstweilen in Sicherheit brachten.

Zwanzig Minuten nach der Kollision wußte Kapitän Edward J. Smith, was die Stunde geschlagen hatte. Zusammen mit Thomas Andrews, dem Leitenden Konstrukteur des Schiffs, hatte er rasch die Lage unter Deck erkundet. Der Postraum lief voll Wasser, Postsäcke trieben obenauf. Der Vorpiektank, die drei vorderen Schotten und der Kesselraum 6 waren beschädigt.

Der Rumpf der »Titanic« war durch 15 wasserdichte Querschotten in 16 »wasserdichte« Abteilungen untergliedert. Das Schiff war so ausgelegt, daß es bei Beschädigung von zwei dieser Kammern noch schwimmfähig war. Es konnte sich auch halten, wenn die ersten vier Abteilungen geflutet waren, nicht jedoch, wenn die ersten fünf vollgelaufen waren. Die kritische Abteilung war Kesselraum 6. Waren die ersten fünf Abteilungen zerstört, so mußten sie zwangsläufig vollaufen, und das

Wasser mußte sich nach und nach in die weiter hinten liegenden Abteilungen ausdehnen. Damit war die »Titanic« zum Sinken verurteilt. Nach Andrews Schätzung konnte sich das Schiff höchstens noch eine bis anderthalb Stunden halten.

Kapitän Smith hatte keine Zeit, lange über die Fehler nachzudenken, die zur Katastrophe geführt hatten. Als Mann der Tat wandte er sich sogleich der geordneten Räumung seines Schiffs zu und sorgte dafür, es möglichst lange über Wasser zu halten. Es war die erste wirkliche Krise in einer langen und bemerkenswert ereignisarmen Laufbahn. Zweifellos war ihm bewußt, daß er nur über Rettungsboote für nicht einmal die Hälfte der schätzungsweise 2200 Personen an Bord verfügte. So unglaublich es klingt: Die »Titanic« führte sogar noch mehr Rettungsboote mit, als nach den Vorschriften des britischen Handelsministeriums seinerzeit gefordert war. Bei ihrer Tonnage hätte sie eigentlich nur Platz für 962 Passagiere in den Rettungsbooten haben müssen; die tatsächliche Rettungsbootkapazität lag bei 1178. Kapitän Smith wußte, daß über 1000 Menschen auf dem Schiff bleiben mußten, wenn alle Rettungsboote voll besetzt zu Wasser gelassen werden konnten. Er mußte behutsam vorgehen, um die unausweichliche Panik möglichst lange hinauszuzögern. Später auf der Brücke hatte er Zeit, darüber nachzudenken, was schiefgegangen war, während er sich darauf vorbereitete, mit seinem Schiff unterzugehen.

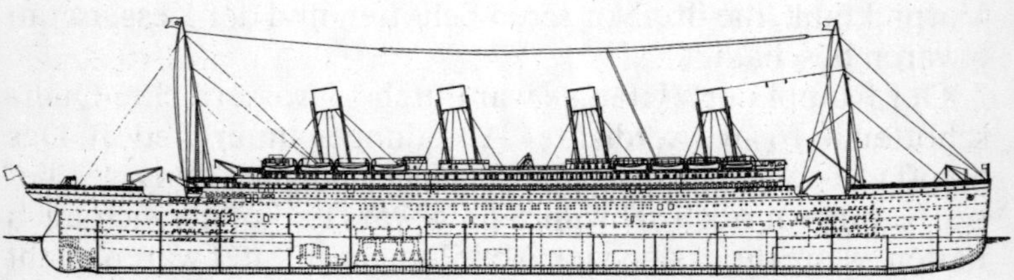

Die Skizze zeigt die 15 Querschotts, welche den Rumpf der *Titanic* in 16 angeblich wasserdichte Räume unterteilten; als wasserdicht galten sie deshalb, weil die Schottwände bis weit über die Wasserlinie reichten.

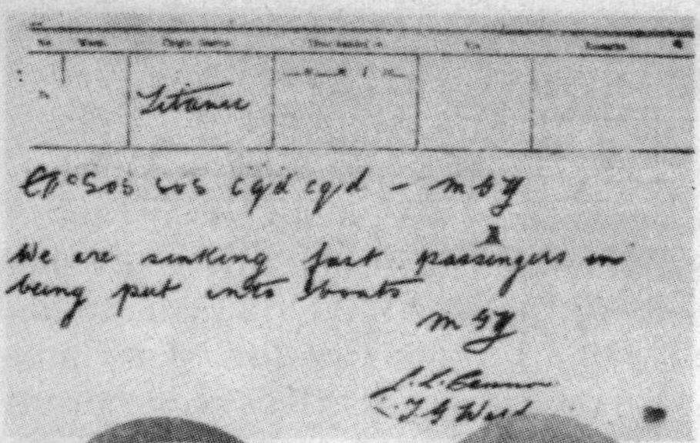
Titanic
SOS
We are sinking fast passengers are being put into boats

Einer der von den Funkern Phillips und Bride gesendeten Seenotrufe.

Fünf Minuten nach Mitternacht stand der Squashplatz, ca. 10 Meter über dem Kiel, unter Wasser. Smith befahl dem Leitenden Offizier Henry Wilde, die Rettungsboote aufzudekken. Der Vierte Offizier Boxhall wurde losgeschickt, den Zweiten Offizier Lightoller, den Dritten Offizier Herbert Pitman und den Fünften Offizier Lowe zu wecken. Dann begab sich der Kapitän auf der Backbordseite über das Bootsdeck nach achtern zum Funkraum, eine Entfernung von etwa 20 Metern, und wies Phillips und Bride persönlich an, den üblichen Notruf »CQD« abzusetzen. Später beschloß Bride, das neue Notsignal »SOS« auszusenden, das erst vor kurzem eingeführt worden war. Die »Titanic« war eines der ersten Schiffe in Seenot, die SOS gefunkt hatten. Nach Boxhalls Berechnungen war die Position 41° 46’ N, 50° 14’ W.

Nicht weit von diesem Standort entfernt hatte sich auf der »Californian«, einem Schiff der Leyland Line, Funker Cyril Evans um 0.15 Uhr ins Bett gelegt, nachdem er von Jack Phillips auf der »Titanic« die berühmte Abfuhr bekommen hatte und nur ein paar Minuten, bevor der erste Notruf gefunkt wurde. Der Dritte Offizier Charles Groves hatte seine Wache hinter sich und war im Funkraum hängengeblieben. Er spielte gern mit dem Funkgerät; vielleicht konnte er mit dem Schiff Verbindung aufnehmen, dessen Lichter er aus Südost hatte näherkommen sehen. Nach seinem Eindruck mußte es sich um ein Passagierschiff in etwa 10 Meilen Entfernung handeln. Aber Evans lag schon im Bett, und allein konnte er den Empfänger nicht einschalten. Er drehte an den Knöpfen herum und ging dann in seine Kabine – ein paar Minuten, bevor die »Titanic« ihren ersten Notruf aussandte.

Auf der Brücke der »Titanic« beobachtete der Vierte Offizier Boxhall kurz nach Mitternacht die Lichter eines Schiffs in etwa fünf Meilen Entfernung und wies Kapitän Smith darauf hin; dieser erteilte ihm die Erlaubnis, Notsignale auszusenden. Boxhall befahl dann Quartermaster George Rowe, weiße Raketen abzufeuern; Rowe schoß die erste Rakete etwa um 0.45 Uhr und alle späteren jeweils in Abständen von 5 Minuten ab. Im Funkraum waren Bride und Phillips fieberhaft damit beschäftigt, ihr Notsignal zu senden. Obwohl ihre Rufe von zahlreichen Schiffen gehört und beantwortet wurden, war das nächstgelegene Schiff, das sie hatten erreichen können, die »Carpathia« der Cunard Line. Sie stand unter dem Kommando von Arthur Rostron; ihre Position befand sich etwa 58 Meilen südöstlich von der »Titanic«. Zunächst wollte Kapitän Rostron den Funkspruch nicht glauben, wendete aber dann und dampfte mit voller Kraft der »Titanic« zu Hilfe.

Etwa um dieselbe Zeit beobachtete der Zweite Offizier Stone, der auf der Brücke der »Californian« allein Dienst tat, wie eine weiße Rakete über dem merkwürdigen Schiff im Süden hochging. Alle Versuche, mittels einer Morselampe Verbindung aufzunehmen, waren vergebens gewesen, und niemand wollte Evans wecken, der als einziger Funker an Bord von 7 Uhr früh bis 23 Uhr nachts Dienst gehabt hatte. Alle paar Minuten wurden weitere weiße Raketen gezündet, insgesamt fünf. Stone rief über das Sprachrohr Kapitän Stanley Lord an. Der Kapitän hatte sich im Kartenraum etwas hinge-

Wallace Hartley (Mitte) und seine Band spielten heiße Ragtime-Melodien, während die Rettungsboote zu Wasser gelassen wurden. Keiner der Musiker überlebte.

legt, aber Befehl gegeben, ihn sofort zu unterrichten, wenn das sonderbare Schiff näherkam. Lord fragte, ob es sich bei den Raketen um Privatsignale gehandelt habe; als Stone antwortete, er wisse es nicht, befahl ihm der Kapitän, das fremde Schiff noch einmal mit der Morselampe anzusprechen.

Stone hatte wieder Pech. Er und der Offiziersanwärter Gibson, der ihm auf die Brücke gefolgt war, sahen noch drei weitere Raketen, die letzte um 1.40 Uhr früh. Gegen 2 Uhr schien das unbekannte Schiff nach Südwesten zu verschwinden. Stone schickte Gibson unter Deck und befahl ihm, den Kapitän zu wecken und vom Stand der Dinge zu unterrichten. Lord erkundigte sich noch einmal nach der Farbe der Raketen und beauftragte seinen Offizier, weiterhin mit der Morselampe Signale zu geben. Irgendwann zwischen 2 Uhr und 2.20 Uhr verschwand das geheimnisvolle Schiff ganz.

Auf der »Titanic« war eine Stunde nach der Kollision den meisten Passagieren der Ernst der Lage noch gar nicht bewußt. Etwa um 0.30 Uhr hatte Kapitän Smith seine Offiziere angewiesen, die Rettungsboote zu besetzen; Frauen und Kinder hatten Vorrang. Die meisten Passagiere der 1. Klasse befanden sich jetzt auf dem Bootsdeck und trugen Rettungswesten, wie es ihnen die Stewards geraten hatten. Trotz des »Donnergetöses und Zischens, mit dem der Dampf aus den Kesseln entwich«, wie es Beesley beschrieb, und obwohl das Schiff am Bug schon etwas tiefer im Wasser lag und auch allmählich deutlich Schlagseite nach Backbord bekam, zögerten viele Passagiere immer noch, die vermeintliche Sicherheit des Schiffs gegen das scheinbare Risiko der winzigen Rettungsboote einzutauschen. Die Schiffskapelle verstärkte noch die unwirkliche Partyatmosphäre auf ihrer Position neben dem Bootsdeckeingang zur großen Treppe. Sie hatte im Salon der 1. Klasse angefangen und spielte unverzagt ein heiters Potpourri.

Der Erste Offizier Murdoch auf der Steuerbordseite und der Zweite Offizier Lightoller auf der Backbordseite hatten Mühe, die Leute in die Rettungsboote zu bekommen. Spätestens um 0.45 Uhr, wahrscheinlich sogar schon früher, wurde als erstes Boot Steuerbordboot 7 abgefiert. Obwohl es 65 Personen aufnehmen konnte, befanden sich nur 28 an Bord, darunter das Modell Dorothy Gibson und einige Männer aus der 1. Klasse.

In den Zwischendecks des Schiffs herrschten wesentlich mehr Verwirrung und Unruhe. Die meisten Passagiere der 3. Klasse waren bisher nicht an Deck gekommen; manche hatten das Poopdeck in der 3. Klasse oder das vordere Welldeck erreicht. Die meisten von denen, die es bis zum Bootsdeck geschafft hatten, waren entweder um die Absperrungen zwischen der 3. und der 1. Klasse herumgegangen oder hatten sie einfach niedergerissen. Die White Star Line stritt später ab, daß die Passagiere 1. Klasse bevorzugt worden waren, doch die ungeschminkte Statistik ergibt ein anderes Bild.

Um 0.55 Uhr lag das Schiff mit dem Bug schon sichtlich tiefer im Wasser. Das erste Boot auf der Backbordseite, Nr. 6,

Diese Zeichnung aus dem Jahr 1912 zeigt das Aussetzen der Rettungsboote, übertreibt aber die Höhe. In Wirklichkeit lag das Bootsdeck 18 m über dem Wasser, also immer noch hoch genug.

wurde abgefiert. Margaret »Molly« Brown, eine Dame der besseren Gesellschaft von Denver, die sich gerade vom Bootsdeck entfernen wollte, wurde angehalten und ohne weiteres in das nicht einmal halbvolle Boot geworfen, als es mit nur 28 Menschen an Bord gefiert wurde. Als Lightoller sah, daß sich als einziges Besatzungsmitglied Quartermaster Hitchens an Bord befand, ließ er Arthur Peuchen, einen Apotheker und erfahrenen Jachtsegler aus Toronto in mittleren Jahren, zur Unterstützung von Hitchens über das Fallreep ins Boot hinab. Auf der Steuerbordseite wurden Boot 5 mit 41 Personen an Bord und dann Boot 3 mit nur 32, davon 11 Besatzungsmitglieder, zu Wasser gelassen. Um 1.10 Uhr wurde schließlich das zweite Boot auf der Backbordseite, Boot 8, mit nur 39 Passagieren abgefiert. Da nicht genügend Besatzungsangehörige an Bord waren, übernahm die Gräfin Rothes beherzt die Pinne.

Von allen Booten, die in jener Nacht zu Wasser gelassen wurden, ist Boot 1 auf der Steuerbordseite bis heute umstritten geblieben. Obwohl es 40 Passagiere hätte aufnehmen können, wurde es mit lediglich 12 Personen an Bord, darunter Sir Cosmo und Lady Duff Gordon, deren Privatsekretärin L. M. Francatelli und zwei Amerikaner, zu Wasser gelassen. Die übrigen sieben Passagiere waren Besatzungsangehörige. Später war dieses Boot, neben einigen anderen, auch längst nicht voll besetzten, unter denen, die nicht mehr umkehrten, um im Wasser Treibende aufzunehmen.

Die Kapelle musizierte weiter, während der Bug immer tiefer sank; als schließlich die Notraketen abgefeuert wurden, merkten die herumwandernden Passagiere endlich, daß die »Titanic« ernstlich in Not war. Auf dem Bootsdeck spielten sich ergreifende Szenen ab; Männer verabschiedeten sich von Frauen und Kindern und halfen ihnen in die wartenden Boote. Viele Frauen trennten sich nur zögernd von ihren Männern, manche weigerten sich überhaupt, allein in die Boote zu steigen. Überliefert ist die Geschichte von Ida Straus, der Frau des Besitzers des Kaufhauses Macy's. Als sie endlich fast dabei war, Boot 8 zu besteigen, besann sie sich doch wieder anders und sagte zu ihrem Mann: »Wir haben so viele Jahre zusammen gelebt, jetzt will ich auch dahin gehen, wohin du gehst.« Ruhig ließen sich die beiden in zwei Liegestühlen nieder, warteten und sahen zu.

Als das Deck immer steiler stand, waren die weggefierten Boote zwar besser besetzt, aber selten ganz voll. Unter den Passagieren benahmen sich einige Männer so, als sei gar nichts passiert. Archibald Gracie sah vier von ihnen in aller Seelenruhe an einem Tisch im Rauchsalon der 1. Klasse auf dem A-Deck sitzen. »Ganz allein saßen da vier Männer um einen Tisch; drei von ihnen kannte ich persönlich: Major Butt, Clarence Moore und Frank Millet. Sie schienen überhaupt nicht wahrzunehmen, was draußen auf den Decks vor sich ging.« Dann war da Ben Guggenheim; als er merkte, daß das Schiff sank, ging er noch einmal in seine Kabine, zog die Rettungsweste und den warmen Pullover aus und legte Abendkleidung an. Als er wieder auf Deck erschien, erklärte er, wenn er schon untergehen müsse, dann wolle er wie ein Gentleman sterben.

Im Rauchsalon 1. Klasse saß Major Archibald Butt (links) mit drei anderen Passagieren scheinbar ungerührt an einem Tisch, bis das Schiff sank.

Der Millionär Benjamin Guggenheim legte Abendkleidung an, weil er »wie ein Gentleman« sterben wollte.

Unten im Maschinenraum hielten Chefingenieur William Bell und einige Besatzungsmitglieder die Kesselräume 2 und

Der Zweite Offizier Lightoller, unter dessen Leitung die Backbord-Rettungsboote zu Wasser gelassen wurden, war das ranghöchste überlebende Besatzungsmitglied.

3 unter Dampf, damit die Schiffsbeleuchtung weiter brannte und vor allem Energie für die Pumpen vorhanden war. Wer in den verlassenen Speisesaal der 1. Klasse gegangen wäre, hätte dort die unverändert helle Festbeleuchtung gesehen.

Erst jetzt machten sich die ersten Anzeichen von Panik bemerkbar. Um 1.30 Uhr lag der Bug schon so tief im Wasser, daß sich die Menschen auf dem steilen Deck kaum noch halten konnten. Als Boot 14 auf der Steuerbordseite abgefiert wurde, drängte sich eine Gruppe von Passagieren an die Reling und wollte hineinspringen. Das Boot war aber schon mit 40 Personen besetzt. Aus dem Boot gab der Fünfte Offizier Harold Lowe zwei Warnschüsse ab, um die Menge an Deck zu vertreiben, und das Boot erreichte das Wasser unbehelligt.

Im »Marconiraum« waren die Funker noch auf dem Posten, doch ihre Notrufe wurden immer verzweifelter. 1.25 Uhr: »Wir schicken die Frauen in die Rettungsboote.« 1.35 Uhr: »Maschinenraum läuft voll Wasser.« 1.45 Uhr: »Maschinenraum bis zu den Kesseln vollgelaufen.« Das heißt, daß mehrere Kesselräume unter Wasser standen.

Um 1.40 Uhr waren die meisten vorderen Boote abgefiert, und an die Davits für Steuerbordboot 1 hatte man das Notboot C gehängt. Auf diesem Teil des Decks hielt sich kaum

Hier am Heck drängten sich die Passagiere zusammen, die in den Rettungsbooten keinen Platz mehr fanden.

noch jemand auf; die meisten Passagiere waren auf das Achterschiff gezogen, das sich allmählich aus dem Wasser heraushob. Auf seinen Ruf nach Frauen und Kindern bekam der Leitende Offizier Wilde keine Antwort mehr, so daß er das gut besetzte Boot wegfieren ließ. Als es vom Deck abhob, stiegen William E. Carter und Bruce Ismay dazu; Ismay hatte seit dem Aufdecken des ersten Rettungsbootes ununterbrochen Passagiere eingeladen. Wegen angeblicher Feigheit wurde er später aufs schärfste kritisiert.

Auf der Backbordseite war es langsamer vorwärtsgegangen; die vorderen Boote unterstanden Lightollers Aufsicht. Er hatte seine Befehle genau befolgt und noch viel strenger als der Erste Offizier Murdoch darauf geachtet, daß keine Männer in die nur teilweise besetzten Boote stiegen. Nicht einmal für Colonel John Jacob Astor machte er eine Ausnahme. Um 1.55 Uhr geleitete Astor seine junge Frau in das Boot 4 und bat um Erlaubnis, sich ihr anschließen zu dürfen. Lightoller erwiderte: »Nein, Männer dürfen erst mitgenommen werden, wenn alle Frauen von Bord sind.« Astor erkundigte sich nach der Nummer des Bootes – wie Lightoller annahm, um sich später zu beschweren – und sah dann zu, wie das nur zu zwei Dritteln besetzte Boot abgefiert wurde. Astor erwartete sein Ende wie ein Gentleman. Seine Leiche wurde später geborgen; man identifizierte ihn an den Buchstaben »J.J.A.« im Kragen. Andere prominente Passagiere im Boot 4 waren Mrs. Arthur Ryerson, Mrs. George Widener und Mrs.

Thomas Andrews, Konstrukteur der *Titanic*, stand im Rauchsalon und starrte vor sich hin, während das Schiff unterging.

John B. Thayer. Thayers Sohn Jack war eine Zeitlang von seinen Eltern getrennt gewesen, konnte aber im letzten Moment noch in das Boot springen.

Um 2.05 Uhr wurde das vordere Welldeck schon ziemlich hoch vom Wasser überflutet, die See stand jetzt knapp drei Meter unter dem A-Deck. Außer dem Notboot A war nur noch ein Rettungsboot übrig geblieben: Notboot D, das man an die Davits des Backbordbootes 2 gehängt hatte. Über 1500 Menschen befanden sich noch auf dem sinkenden Schiff; der Zweite Offizier Lightoller wollte ganz sichergehen und befahl seiner Mannschaft, die Arme zu verschränken, eine Kette um das Boot zu bilden und nur Frauen und Kinder durchzulassen. Das Notboot D (47 Plätze) wurde mit 44 Menschen abgefiert. Dann kletterten Lightoller und einige andere Matrosen auf das Dach der Offiziersquartiere, um das Notboot B loszumachen; es gelang ihnen jedoch nicht, weil sich das Schiff immer steiler aufrichtete. Murdoch und Moody hatten mit dem Notboot A auf der Steuerbordseite mehr Glück; sie konnten es vom Dach herunterholen und an die Davits hängen, von denen aus das Rettungsboot 1 abgefiert worden war. Bevor sie es jedoch beladen konnten, wurde es von Deck gespült und trieb leer im Wasser.

Archibald Gracie klammerte sich mit über dreißig anderen Schiffbrüchigen an das gekenterte Notboot B.

In seinem Buch »A Night to Remember« (dt. »Die Titanic-Katastrophe«) beschrieb Walter Lord die Szene so: »Als alle Boote weg waren, senkte sich eine eigenartige Ruhe über die ›Titanic‹. Die Erregung und das Durcheinander waren vorüber, und die vielen hundert Menschen, die nicht mehr hatten von Bord gehen können, standen schweigend auf den oberen Decks. Sie schienen sich mehr innenbords zu versammeln und von der Reling möglichst fernzuhalten.« Kapitän Smith, in den letzten Stunden seines Schiffs merkwürdig passiv, begab sich noch einmal in den Funkraum und erklärte den Funkern, sie hätten ihre Pflicht getan. »Jetzt muß jeder für sich selbst sorgen.« Ruhig ging er durch das Schiff und erklärte den Besatzungsmitgliedern immer das Gleiche. Dann kehrte er auf die Brücke zurück.

Die Augenzeugenberichte von Smiths letzten Worten und letzten Handlungen sind widersprüchlich. Doch wenn man seinen Charakter und seinen Stolz in Betracht zieht, muß man wohl annehmen, daß er mit seinem Schiff untergegangen ist.

Den Konstrukteur der »Titanic«, Thomas Andrews, sah man wahrscheinlich zum letzten Mal allein im Rauchsalon der 1. Klasse; er starrte in die Luft. (Allerdings erinnert sich ein

Zeuge daran, daß er Andrews später auf Deck bei der Bemannung der Boote hat helfen sehen.)

Archibald Gracie gehörte zu den Unglücklichen, die nach der Fierung aller Boote auf dem Schiff geblieben waren. »Etwa um diese Zeit, eine Viertelstunde, nachdem das letzte Rettungsboot auf der Steuerbordseite zu Wasser gelassen worden war, hörte ich ein Geräusch, das uns alle in Schrecken versetzte. Es war das Wasser, das an die Brücke schlug und durch den Lukenschacht hochgurgelte.« Gracie und sein alter Freund J. Cinch Smith wollten zunächst in Richtung Brücke vordringen und versuchen, den anderen beim Losmachen des Notboots A zu helfen, überlegten es sich jedoch anders und arbeiteten sich zum Achterschiff durch. »Wir hatten kaum ein paar Schritte getan, als vor uns aus den unteren Decks eine mehrere Reihen tiefe Menschenmasse heraufquoll, das Bootsdeck besetzte und uns den Weg zum Heck versperrte.« Es waren Zwischendeckpassagiere, die bisher unter Deck ausgeharrt hatten. Als das Wasser die Brücke überflutete, gelang es Gracie, auf der Steuerbordseite das Dach der Offiziersquartiere zu erklettern; dort schlug eine Welle über ihm zusammen. »Ehe ich wieder auf die Füße kam, steckte ich mitten in einem Wasserstrudel und wurde von ihm endlos herumgeschleudert. Noch einmal versuchte ich, mich an die Reling zu klammern, als das Schiff in die Tiefe schoß. Immer tiefer ging es hinunter; es kam mir sehr lang vor.« Unter Wasser schwamm er sich vom Schiff frei, tauchte wieder auf und erreichte das Notboot B, das beim Schiffsuntergang umgeschlagen und freigekommen war.

Kurz bevor Gracie vom Wasser mitgerissen wurde, stand der junge Jack Thayer an der Reling, bis ihn die Flut fast erreicht hatte und sprang dann ab. Er wurde tief in die eisige See hineingezogen und schwamm um sein Leben – vom Schiff weg, wie er hoffte. Als er schließlich, fast erstickt und vom kalten Wasser steif, wieder an die Oberfläche kam, lag das Schiff etwa 12 Meter entfernt. Von seinem Freund Milton Long, der nur ein paar Sekunden vor ihm abgesprungen war, keine Spur. Thayer sah ihn nie wieder. Die Schiffsbeleuchtung, die fast bis zum Schluß gebrannt hatte, flackerte und

Das vollbesetzte Notboot D war das letzte Rettungsfahrzeug, das von der *Titanic* zu Wasser gelassen wurde.

Rettungsboot Nr. 14 hält mit dem Notboot D im Schlepp auf die *Carpathia* zu.

ging dann aus (nach Beesleys Beschreibung). Jetzt sah er fasziniert zu, ohne die entsetzliche Kälte sonderlich zu spüren, wie sich das angeblich unsinkbare Schiff seinem Ende näherte. Es war 2.18 Uhr.

»Das Schiff schien von einem Lichtschein umgeben zu sein und hob sich vom Nachthimmel ab, als ob es brenne . . . Das Wasser stand schon über dem Fuß des ersten Schornsteins. Die Menschenmenge an Bord wich zurück, auf das Heck zu. Das Rumpeln und Tosen wurde immer lauter; es klang nach berstendem Metall; die Kessel und Maschinen wurden aus ihren Verankerungen gerissen. Plötzlich schien sich der ganze Schiffsaufbau ein Stück vor der Mitte zu spalten und aufzuwölben. Der zweite Schornstein, so groß, daß ihn zwei Automobile nebeneinander hätten durchfahren können, schien sich abzuheben und stieß einen Funkenregen aus. Ich hatte Angst, daß er auf mich fiel. Er verfehlte mich nur um ein paar Meter. Sein Sog zog mich hinunter, immer tiefer hinunter, und ich mußte strampeln und schwimmen, bis mir fast die Luft ausging.«

Als Thayer wieder auftauchte, stellte er fest, daß er wie durch ein Wunder gegen das umgeschlagene Notboot B gestoßen war. Es trieb kieloben; ein paar Männer klammerten sich darauf fest. Sie zogen Jack hoch und retteten ihn. So konnte er die letzten Augenblicke der »Titanic« und ihr Untertauchen in der stillen See wie von einem Logenplatz aus mit ansehen.

»Ihr Deck war uns zugewandt. Wir konnten sehen, wie sich die fast 1500 Menschen an Bord in kleinen Grüppchen und Bündeln, fast wie Bienenschwärme, irgendwo anklammerten, dann wieder in Massen, in Paaren oder einzeln hinabfielen, als sich der größere Teil des Schiffs, ganze 75 Meter seiner Länge, in die Luft erhob, bis er einen Winkel von 65 oder 70 Grad beschrieb. Einen Augenblick schien sie innezuhalten und minutenlang so stehen zu bleiben. Dann wandte die ›Titanic‹ ihr Deck langsam von uns ab, als wolle sie das schauerliche Schauspiel unserem Blick entziehen.«

In diesen letzten Augenblicken wurde das kieloben treibende Notboot vom Sog auf das Schiff zu gezogen; die Männer versuchten verzweifelt, es wegzurudern. »Ich blickte nach oben und sah, daß wir uns genau unter den drei riesigen Schrauben befanden. Sie mußten direkt auf uns fallen. Dann, als die letzten Schotten mit dumpfem Krachen barsten, versank das Schiff sacht von uns weg in der See.«

So endete das größte Schiff, das die Welt bis dahin gesehen hatte. Die Rettungsboote, manche nur zum Teil besetzt, waren über das Meer verstreut. Fast gleichzeitig durchdrangen die Rufe der schwimmenden Überlebenden die stille Nacht, wurden immer zahlreicher und dringender, bis sie sich, um Thayers Worte zu zitieren, »zu einem langen, ununterbrochenen Klageton« verstärkten. Lange vor Morgengrauen war es wieder still.

Die Menschen, die in den treibenden Booten vor Kälte zitterten und auf den Tag, auf Rettung warteten, waren über 73 Jahre lang die letzten, die die »Titanic« gesehen hatten.

Diese Luftaufnahme von Woods Hole in Massachusetts zeigt den Kai des Instituts und das alte Verwaltungsgebäude. Im Hafenbecken liegen die Forschungsschiffe *Atlantis* (links) und *Knorr* (Mitte).

Kapitel 3

Die Suche beginnt

Als ich das erste Mal auf die Idee kam, nach der »Titanic« zu suchen, war das eigentlich nur ein Mittel zum Zweck. Ich meinte, der Zauber des gesunkenen Schiffes könnte mir zu den Finanzmitteln verhelfen, die ich brauchte, um in der Technik der Unterwasserforschung voranzukommen. Dann entwickelte sich die Suche nach dem legendären Wrack allerdings sehr bald zur fixen Idee.

Über zehn Jahre bemühte ich mich erfolglos, eine Expedition zusammenzubringen, die dieses berühmteste aller gesunkenen Schiffe finden und filmen und fotografieren sollte. Einmal hatte ich es fast geschafft, doch eine fürchterliche technische Katastrophe, für die ich nichts konnte, brachte mich um meine Chance. Als ich die Hoffnung schon beinahe aufgegeben und mich damit abgefunden hatte, daß ein anderer meinen Traum wahrmachte, winkte mir das Glück aber doch noch.

Ich bin oft gefragt worden, wann in mir der Wunsch entstanden ist, die »Titanic« zu suchen und zu filmen. Das kann ich nur schwer genau sagen. Ich hatte natürlich längst von dem Schiff gehört, ehe mir in den Sinn kam, danach zu suchen. Man kann nicht sein ganzes Leben am und im Meer verbringen wie ich, ohne diese tragische Geschichte wenigstens in den Grundzügen zu kennen. Mir ging es jedoch vor allen Dingen um die wissenschaftlich reizvolle Aufgabe, die »Titanic« aufzusuchen und zu filmen. Daneben hat dieser Plan aber sicherlich auch einen romantischen Winkel in meiner Seele angesprochen, den Unterwasserabenteurer, den U-Boot-Cowboy. Die Helden meiner Kindheit waren erdachte und erträumte Entdecker an den technischen Grenzen der Naturwissenschaft, Männer wie Kapitän Nemo und seine »Nautilus« bei Jules Verne.

Solange ich denken kann, hat mich das Meer fasziniert. Allerdings habe ich mich schon immer mehr für das interessiert, was unter den Wellen vor sich geht. Die Oberfläche des Ozeans finde ich zwar schön, aber letzten Endes doch langweilig. Wenn ich als Junge in Kalifornien am Strand spazierenging, fand ich immer die Sachen interessanter, die das Meer an die Küste gespült hatte, als etwa die tosende Brandung. Mich reizte das Meeresleben, das man in kleinen Tümpeln beobachten konnte, die die Flut zurückgelassen hatte. Als Halbwüchsiger ging ich tauchen, nicht surfen, und entdeckte die Welt unter dem Wasserspiegel. Später, als Wissenschaftler, stieß ich in größere Tiefen vor. Untergegangene Schiffe ließen mich allerdings kalt. Bevor mir die »Titanic« einfiel, war das einzige Schiffswrack, mit dem ich je zu tun gehabt hatte, ein Segelboot, das ich zusammen mit einem Freund bergen und heben konnte.

Ich war allerdings felsenfest davon überzeugt, daß das Auffinden der »Titanic« eine Pionierleistung wäre. Wenn man sie in so großer Tiefe aufspüren und fotografieren und filmen konnte, verbesserte man damit sicherlich den Stand der Unterwasserkundung. Aber noch hatte mich dieses Schiff nicht gepackt. Es war einfach ein großes Wrack, das tief unten außer Reichweite aller damaligen technischen Geräte lag, als ich 1967 als junger Wissenschaftler und Leutnant der amerikanischen Marine aus Kalifornien wegzog und zur Woods Hole Oceanographic Insitution in Woods Hole im Staat Massachusetts ging.

Bald nach meiner Ankunft schloß ich mich den berühmten Boston Sea Rovers an, einem der ältesten Tauchclubs der Welt, dessen Geschichte bis in die Zeit zurückgeht, bevor Jacques Cousteau die Aqualunge erfand. Auf den Clubabenden wurde fast nur über gesunkene Schiffe gesprochen, und allmählich steckten mich meine Bekannten mit ihrer begeisterten Erkundung dieser archäologischen Tiefseeschätze an. Die Sea Rovers waren eine bunt gemischte Gruppe, in der es Rechtsanwälte und Chirurgen ebenso gab wie Stauer und Tankwarte. Sie alle verband die Liebe zur See und der Wunsch, die Meerestiefen zu erforschen. Ende der sechziger

Ein Treffen der Boston Sea Rovers Anfang der siebziger Jahre: der Autor, Len Pinaud und Stan Waterman (von links).

Jahre war der Club noch auf der Höhe, und zu den Jahrestreffen erschienen viele Berühmtheiten aus der Unterwasserwelt, Leute, die in denselben erlauchten Kreisen verkehrten wie Jacques Cousteau. Einer davon war Jacques Piccard, der Sohn von Auguste Piccard, dem Schweizer Ballonfahrer, der das Tieftauchen eigentlich erfunden hat. Jacques hatte die Arbeit seines Vaters mit den amerikanischen und französischen Bathyscaphen »Trieste« und »Archimède« fortgesetzt. Zum selben Kreis gehörte auch Captain George Bond, der Marinearzt, dessen Erforschung der physiologischen Auswirkungen des Tauchens mit Gerät zur Entwicklung der Marine-Tauchtabellen führte, die mittlerweile alle Taucher benutzen. Bond hatte das »Sättigungs«-Tauchen eingeführt, das es dem Menschen ermöglicht, stunden- oder sogar tagelang in über 30 Meter Tiefe zu arbeiten und dabei den Dekompressionsvorgang nur einmal durchzumachen. An unseren Zusammenkünften nahmen auch einige der besten Unterwasserfotografen und Filmemacher ihrer Zeit teil, z. B. Stan Waterman und Peter Gimbel, die den Film »Blue Water, White Death« gedreht haben.

Ich war jung, voll Ehrfurcht vor diesen Helden der Unterwasserwelt und nicht nur von ihren professionellen Leistungen, sondern auch von ihrem Geschick beeindruckt, diese Leistungen in der Öffentlichkeit darzustellen. Ihre Abenteuer unter dem Meer waren atemberaubend, doch nicht minder eindrucksvoll war ihre Fähigkeit, diese Erlebnisse der Öffentlichkeit mitzuteilen. Stan und die anderen sprachen manchmal über die »Titanic« und dachten sich aus, was es für ein Gefühl sein müßte, dort hinunter zu tauchen und über ihre prächtigen Decks zu schwimmen. Sehr bald hatten sie mich angesteckt.

In Woods Hole war ich zunächst allerdings kaum in der Lage, einen solchen Traum zu verwirklichen. Ich war jung, hatte meinen Doktor noch nicht gemacht, und von einer festen Anstellung konnte keine Rede sein. Mein Ruf als Wissenschaftler war erst im Entstehen begriffen. Woods Hole war dafür der geeignetste Ort.

Die Woods Hole Oceanographic Institution war damals, und ist heute noch, eine der beiden wichtigsten amerikanischen Einrichtungen auf ihrem Arbeitsgebiet. Unser Hauptkonkurrent war seit je das Scripps Institute of Oceanography in La Jolla im Staat Kalifornien (fast in meiner Heimat, weshalb ich mir dort immer eine Lebensstellung erträumt hatte). Ein weiterer ernstzunehmender Konkurrent ist das Lamont-Doherty Geological Observatory in New York. In den sechziger Jahren hatten die Geophysiker von Woods Hole wichtige Entdeckungen über den Meeresboden und die Bewegungen der Erdrinde gemacht. Das Institut war zu einer Zeit gewachsen, als die Ozeanographie Hochkonjunktur hatte und auch das Raumfahrtprogramm auf seinem Höhepunkt stand. Deshalb war von einer »nassen NASA« als Konzept für die Eroberung der Meere die Rede. In jenen Tagen erschienen Ozeanographen ebenso wie Astronauten auf den Titelblättern unserer Nachrichtenmagazine.

Dem Besucher allerdings muß Woods Hole schon damals als recht ungeeigneter Ort für eine derart intensive wissenschaftliche Forschertätigkeit vorgekommen sein. Die Stadt ist bis heute ein verschlafenes Nest in Neuengland geblieben; ihre Bevölkerung beträgt im Winter knapp über 1000 Einwohner. Das hervorstechendste Merkmal ist ein großartiger natürlicher Hafen an der Südwestspitze von Cape Cod. In der Ferne kann man von dort die Gewässer des Nantucket Sound und die Insel Martha's Vineyard erkennen. Im Sommer gibt

Dr. Wilfred B. Bryan vom Woods-Hole-Institut während der Expedition Project Famous 1974 an Bord von *Lulu*, Alvins ursprünglichem Mutterschiff.

es weit mehr Touristen als Ortsansässige, und die Autos stehen Schlange vor den Fähren nach Nantucket oder zum »Vineyard«.

Die Woods Hole Oceanographic Institution (WHOI) wurde 1930 von ein paar Ozeanographen gegründet, die einen ruhigen Ort für ihre Sommerarbeit suchten. Die Institutsbauten sind über viele Quadratkilometer in der ganzen Stadt und auf einem nahegelegenen Gelände verstreut. Die meisten Gebäude passen zur Architektur der Umgebung und sind hinter dem Laub vieler hundertjähriger Bäume fast versteckt. Auf den ersten Blick weist das Institut nichts auf, was das Bild vom ruhigen amerikanischen Provinzstädtchen stören könnten. Seit seiner Gründung ist es aber doch zu einer angesehenen Forschungsstätte geworden.

Es ist eine typisch amerikanische Einrichtung, ein Gemisch aus klösterlicher Abgeschiedenheit und dem scharfen Wind freier Konkurrenz. Jeder festangestellte Wissenschaftler in Woods Hole ist gewissermaßen sein eigener Unternehmer, der nur unter der Flagge von Woods Hole segelt. Woods Hole verleiht ihm den renommierten Namen in der Ozeanographie. Alle Wissenschaftler müssen sich jedoch selbst um die Gelder bemühen, die sie brauchen, um ihr eigenes Gehalt und die Gehälter aller Mitarbeiter zu finanzieren. Wissenschaftler mit Weitblick und Ehrgeiz sammeln schließlich um sich herum eine wissenschaftliche »Firma«; das kann eine große, komplizierte ebenso wie eine kleine, verhältnismäßig einfache Organisation sein.

Woods Hole ist wie ein förderatives System aufgebaut, eine schwache, nur sehr schwammig definierte Zentralregierung dient hauptsächlich einer Gruppe starker »Einzelstaaten«, die oft heftig miteinander konkurrieren und jeweils von einem wissenschaftlichen Leiter geführt werden. Die zentrale Institutsleitung, also die Zentralregierung, bekommt einen Anteil von den Jahreseinnahmen jedes Einzelstaats, läßt aber ihre Einzelstaaten im übrigen verhältnismäßig frei schalten und walten, solange sie nichts tun, was den Ruf des Instituts schädigen könnte oder vielleicht Versprechungen abgeben, die sie nachher nicht halten können.

Ernsthaft habe ich 1973 zum ersten Mal daran gedacht, die »Titanic« zu suchen. Ich war damals gerade aus der Marine ausgeschieden und gehörte als 31jähriger, vorlauter Nachwuchswissenschaftler in Woods Hole zur Gruppe Alvin. »Alvin« ist ein kleines Drei-Mann-U-Boot, nach einem seiner ersten Verfechter, Al Vine, benannt. Die Gruppe Alvin war zu jener Zeit auf dem Weg an die Spitze der technischen Unterwasserforschung. Das Unterseeboot war 1964 für die wissenschaftliche Forschung unter Wasser gebaut worden. Seine Reichweite war allerdings durch den Rumpf aus HY-100-Stahl sehr begrenzt, es konnte nur bis auf etwa 1800 Meter Tiefe tauchen, also nicht einmal die Hälfte der mittleren Meerestiefe von rund dreieinhalb Kilometern erreichen.

In jener Zeit entwickelte sich die Ozeanographie mit Riesenschritten von einer verhältnismäßig primitiven Wissenschaft zu einer Gruppe von Disziplinen mit ausgesprochenem High-Tech-Profil. Zu den Forschungsarbeiten, in deren Verlauf beispielsweise auch die umwälzende Theorie der Plattentektonik entstand, trugen vor allem die Physiker mit ihrem aufwendigen Sonargerät und den Tiefbohrungsschiffen bei. (Die Plattentektonik erklärt die Kontinentalverschiebung, also die Aufteilung der Erdrinde in verschiedene bewegliche Platten, auf denen die Kontinente ruhen.) Diese Geophysiker waren im Begriff, unsere Vorstellung von der Erde von

Grund auf zu verändern. Sie hatten den Mittelozeanischen Rücken und große Teile des Meeresbodens schon in groben Umrissen kartographiert.

Aber ich war Geologe, kein Geophysiker. Ich habe immer einen starken Hang zum Sehen, zum Beobachten und zur direkten Wahrnehmung gehabt und mich deshalb auch für die Geologie entschieden, denn sie ist eine durch Beobachtung gekennzeichnete Wissenschaft. Die Meeresgeologen sind vom Seherlebnis geprägte, praktische Ozeanographen, die Geophysiker eher abstrakte Wissenschaftler, denen nichts über Gleichungen und Theorien geht, die sich jedoch im allgemeinen nicht gern die Hände schmutzig machen. Eines ihrer Lieblingswerkzeuge ist das Sonar; sie lassen lieber Schallwellen vom Meeresboden reflektieren, als selbst hinunterzugehen und sich die Verhältnisse dort mit eigenen Augen anzusehen. Zwischen diesen beiden Schulen der Geowissenschaften herrscht schon lange ein erbitterter Konkurrenzkampf, sogar auf dem Festland und im Weltraum. Anfang der siebziger Jahre waren die Unterwassergeologen meines Schlages, die an die direkte Beobachtung glaubten, etwas ins Hintertreffen geraten. Wir waren in den flachen Gewässern der Festlandsschelfe steckengeblieben, während sich die Geophysiker globalen Fragen widmeten. »Alvin« mit seiner begrenzten Tauchtiefe kam da nicht mehr mit. Bis in die großen Meerestiefen, in denen die tektonischen Platten sich wirklich auseinanderbewegten, konnte er nicht vordringen. Die Geophysiker lachten uns Geologen aus, die noch ein Unterseeboot und die eigenen Augen gebrauchten; »Alvin« war für sie nur ein teures Spielzeug. Unter Wasser könne man ohnehin schlecht sehen, sagten sie. Sonar sei die bessere Lösung.

1973 wurde der Stahlrumpf von »Alvin« durch einen Rumpf aus einer Titanlegierung ersetzt. Durch diesen Umbau sollte die größte Tauchtiefe des Unterseeboots auf 3900 Meter erhöht werden; damit konnte man den Kamm des Mittelatlantischen Rückens erreichen und, nebenbei gesagt, in der Gegend, in der die »Titanic« untergegangen war, sogar bis auf den Meeresboden gelangen. Endlich vermochten die Geologen in der Gruppe mit den Geophysikern gleichzuziehen.

Nach dem Umbau war »Alvin« das einzige moderne Tauchboot, mit dem man die »Titanic« erreichen konnte. Andere bemannte Tauchboote, die bis in diese Tiefen vordringen konnten, waren die Bathyscaphen »Archimède« und »Trieste II«. Im Vergleich zu »Alvin« waren sie jedoch primitive, ungeschlachte, unzuverlässige Geräte, schwierig in der Wartung und schwer zu manövrieren, eigentlich nichts anderes als Unterwasserfahrstühle. »Alvin« dagegen war ein kleines U-Boot mit aller Wendigkeit, die diese Bauart auszeichnet.

Zum Umbau von »Alvin« wurde das »Projekt Titanus« gegründet. Titan, Titanus, »Titanic«: Vielleicht ging mir damals erst auf, wie ähnlich diese drei Worte klingen. Oder hatte sich das ganze Gerede über die »Titanic«, das ich im Lauf der Jahre besonders bei den unermüdlichen Sea Rovers gehört hatte, in meinem Unterbewußtsein festgesetzt? Wie dem auch sei: Die »Titanic« beherrschte allmählich mein ganzes Denken. Immer wieder stellte ich mir vor, wie ich »Alvin« sacht auf dem Bug der »Titanic« landen ließ oder den berühmten Riß suchte, den der Eisberg verursacht hatte.

Das bemannte Tauchboot »Alvin«

wie es 1974 aussah.

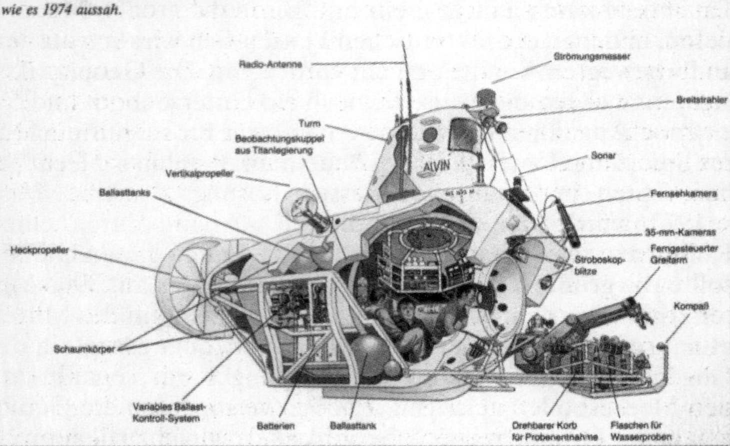

Als Mitglied der Gruppe Alvin konnte ich Grundlagenforschung mit meinem Wunsch nach technischen Herausforderungen und Abenteuern gut verbinden. Damals schien mir praktische Ozeanographie einzig aus Tauchfahrten mit einem winzigen U-Boot bis in große Tiefen und in der eigenen Betrachtung aller Merkmale des Meeresbodens zu bestehen.

Gleichzeitig dachte ich mir jedoch immer neue Möglichkeiten aus, um unser Sehvermögen unter der Meeresoberfläche zu verbessern. Natürlich war es aufregend, wenn man wie ein Unterseeastronaut die drei Kilometer bis zum Meeresboden tauchen konnte. Es mußte aber auch noch eine elegantere Methode geben. Schon damals war ich überzeugt, daß sich dazu am besten Unterwasser-Schleppfahrzeuge mit Spezialkameras und Spezialbeleuchtungen eigneten, zu denen eines Tages vielleicht noch ferngesteuerte Roboter kamen. Unter anderem sparte man mit einer solchen Ausrüstung auch den gewaltigen Zeitaufwand, den bemannte Tauchboote für die Fahrten zum Meeresboden und zurück brauchten. Mir war aber auch klar, daß ich diesen Traum wohl kaum wahrmachen konnte, solange die Geophysiker noch das Sagen hatten. 1973 stand mir die »Titanic« deshalb nicht nur wie ein Abenteuer vor Augen, sondern auch als realistisches Mittel, die Entwicklung besserer bildgebender Techniken für den Einsatz in großen Meerestiefen zu finanzieren. In den ersten sieben Jahren meiner Bemühungen, von 1973 bis 1980, hielt ich mich im wesentlichen an diesen Ansatz. Ich meinte, mit der Aussicht, das sagenumwobene Schiff zu finden, müsse das Geld für die technischen Hilfsmittel aufzutreiben sein, die man brauchte, um die »Titanic« zu entdecken und zu filmen. Förderer wie Jack Grimm bewiesen später, daß man dafür tatsächlich Mittel beschaffen konnte.

Von der Idee bis zur Verwirklichung ist es allerdings ein weiter Weg. In den nächsten Jahren mußte ich noch öfter erleben, daß viele meiner Vorschläge in Sachen »Titanic« abgelehnt wurden.

Während ich jahrelang eine »Titanic«-Expedition zu finanzieren suchte, setzte ich natürlich meine Grundlagenforschung in der Meeresgeologie fort und wurde 1974 promo-

Auf Lulu untersuche ich den größten Röhrenwurm, den wir je heraufgeholt haben; er füllt über die Hälfte des 2,5 m langen Behälters.

viert. Damit winkte mir endlich auch eine Dauerstellung in Woods Hole. 1973 und 1974 gehörte ich dem »Project Famous« an, einer gemeinsamen französisch-amerikanischen Expedition zur Erforschung des Mittelatlantischen Rückens. Dieser Rücken ist eine riesige Bergkette, die sich mitten durch den Atlantischen Ozean zieht, und Teil eines noch größeren Unterwassergebirges, des sogenannten Mittelozeanischen Rückens, der sich 60000 Kilometer lang um die ganze Welt erstreckt. 1973, im ersten Jahr von »Project Famous«, tauchte ich mit französischen Wissenschaftlern im französischen Bathyscaphen »Archimède«. 1974 wurde »Alvin« mit seinem neuen Titanrumpf den französischen Tauchgeräten »Archimède« und »Cyana« beigestellt, und wir setzten unsere Untersuchungen fort. In den folgenden Jahren tauchte ich bis zu 6000 Meter tief in den Caymangraben, befaßte mich mit

Riesige Röhrenwürmer aus der Population, die wir 1977 in der Nähe der hydrothermalen Unterwasserschlote entdeckten, die sich an der Galápagos-Spalte entlangziehen.

Oasen des Lebens unter Wasser auf dem Galápagosrücken, wo es riesige Röhrenwürmer und Muscheln gab, ein Ökosystem unter dem Meer, das auf chemischer Energie statt Sonnenenergie aufgebaut war. Am Ostpazifischen Rücken entdeckte ich die erstaunlichen »Schwarzen Schlote«, hydrothermale Öffnungen, aus denen mineralhaltige Flüssigkeiten austreten, die so heiß sind, daß sie Blei zum Schmelzen bringen könnten.

Im zweiten Jahr von »Project Famous«, also 1974, ging ANGUS, ein akustisch geführtes geologisches Unterwassersuchgerät, auf Jungfernfahrt. Es war mehr oder weniger zufällig bei der Entwicklung des akustischen Zielverfolgungssystems für »Alvin« entstanden. Mit Hilfe dieser Zielverfolgungseinrichtung, die später für unsere Suche nach der »Titanic« unentbehrlich war, konnten die Insassen des Unterseeboots ebenso wie die Mannschaften oben genau feststellen, wo sich »Alvin« gerade befand. Sobald wir das Zielverfolgungssystem hatten, konnten wir jedes Objekt unter Wasser genau orten, das mit einem kleinen Sonar-Abfragegerät ausgestattet war. Die für »Famous« arbeitende Gruppe entwickelte also ANGUS als zusätzliches Hilfsmittel für den Unterwassereinsatz. Zunächst koordinierten wir diesen Einsatz nicht mit »Alvin«. Das kam erst später.

Der Name ANGUS klingt zwar sehr eindrucksvoll, aber das Gerät ist doch recht hausbacken und simpel. Bald hieß es bei uns nur »der Depp im Schlepp«. 1973 bestand es aus einem schweren Stahlschlitten, auf dem Schwarzweißkameras befestigt waren. Der Schlitten wurde an einem langen Schleppseil über die zu untersuchende Fläche gezogen; dabei machten die Kameras ihre Aufnahmen. Das Ergebnis: Tausende von Bildern, die ein Mosaik des Meeresbodens ergaben – eine optische Erkundung.

ANGUS war im Rahmen seiner Möglichkeiten ganz leistungsfähig. Doch bevor man erkennen konnte, was ANGUS gesehen hatte, mußte man warten, bis der Schlitten wieder an Deck, der Film herausgenommen und entwickelt war. Für die Suche nach der »Titanic« war das eine höchst unzulängliche Methode. Bis der Film entwickelt und vergrößert war, hätte das Wrack schon weiter hinter dem Suchschiff gelegen, und man hätte es aufs neue aufspüren müssen. Schon 1974 wußte ich, daß wir eine weitere Generation von Tiefseeschleppfahrzeugen entwickeln mußten, mit denen wir den Meeresboden in Echtzeit beobachten konnten; ich nannte diese Möglichkeit damals »telepresence«. Für das zu schaffende Gerät hatte ich noch keinen Namen; als wir es schließlich fertig hatten, tauften wir es »Argo«.

Auf unserer Expedition zum Caymangraben 1976 spielte ANGUS eine entscheidende Rolle. Er wurde damals zu einem unersetzlichen Erkundungsmittel, als es darum ging, Tauchmöglichkeiten für unser Unterseeboot aufzuspüren. Bald wollte die Gruppe Alvin ohne ANGUS überhaupt nicht mehr starten. So begann die Entwicklung des unbemannten Tauchboots zur Erkundung unter Wasser.

Während ich untersuchte, wie man ANGUS für kartographische Arbeiten unter Wasser einsetzen konnte, beschäftigte ich mich gleichzeitig auch mit ergiebigeren Aufnahmeverfahren im Meer. Dabei halfen mir die Zeitschrift »National Geographic« und vor allem Emory Kristof, ihr hervorragender Fotograf, den ich 1974 beim »Project Famous« kennengelernt hatte. Bald hatten wir nicht nur Farbfilme an Bord, sooft wir ausliefen, sondern auch einen eigenen Container für unser Entwicklungslabor. Eine Zeitlang teilte Emory sogar meinen Traum von der »Titanic«.

Nach der Promotion wurde meine Stellung in Woods Hole etwas sicherer. Aber noch immer hielten mich viele ältere, etablierte Kollegen für unseriös, und mein Interesse an einer Suche nach der »Titanic« galt manchen als unwissenschaftlich und unangebracht für den Mitarbeiter einer Einrichtung, die sich vor allem der Grundlagenforschung widmete. Doch mein Traum, das gesunkene Schiff aufzuspüren, blieb bestehen, auch als ich im wesentlichen für meine wissenschaftliche Laufbahn arbeiten mußte.

Von 1974 bis 1977 kam ich allerdings mit meinen »Titanic«-Plänen nicht weiter. Wenn ich heute zurückblicke, muß ich sagen, daß sich 1977 in dieser Hinsicht als Jahr der Wende erwies. In diesem Jahr erlitten wir den Fehlschlag mit der »Alcoa Seaprobe«, und ich lernte Bill Tantum von der »Titanic Historical Society« kennen.

Als bekannt geworden war, daß ich mich für die »Titanic« interessierte, wurde ich immer häufiger darauf angesprochen. 1977 schrieb mir zum Beispiel eine Firma, die sich »Big Events« (Große Ereignisse) nannte und Erfahrung darin hatte, die Reklametrommel mit Gewinn zu rühren. Einen ihrer größten Erfolge hatte sie erzielt, als sie alte Stahlseile von der Golden-Gate-Brücke gekauft, in kleine Stückchen zerhackt und diese als Andenken verkauft hatte. Ich stellte bald fest, daß sie die »Titanic« zu Briefbeschwerern verarbeiten wollte. Daraufhin gediehen unsere ersten Verhandlungen nicht weiter. Vorher hatte mich jedoch »Big Events« mit Bill Tantum bekanntgemacht, der ebenfalls für ihr Vorhaben eingespannt werden sollte.

Als ich ihm das erste Mal begegnete, war William H. Tantum IV den Fans in ganz Nordamerika als »Mr. Titanic« bekannt. Seine Frau Anne sagt dazu heute: »Er hat wirklich für die ›Titanic‹ gelebt und ist für sie gestorben.« Bill hatte sich 1937 im zarten Alter von sieben Jahren zum ersten Mal für das Schiff interessiert, als er mit seinem Vater auf dem Canadian-Pacific-Dampfer »Duchess of Athol« eine Ferienreise unternahm. Auf dieser Fahrt stieß das Passagierschiff mit dem dänischen Kohlenfrachter »Maine« zusammen, der daraufhin unterging. Zum Glück wurde die »Duchess« kaum be-

Bill Tantum und ich bei der Präsentation für einen potentiellen Sponsor unserer *Titanic*-Expedition

schädigt, aber nach dem Vorfall unterhielten sich die Passagiere über frühere Schiffskatastrophen. So hörte der kleine Bill zum ersten Mal die Namen »Empress of Ireland« (1914 mit hohen Verlusten im Sankt-Lorenz-Strom untergegangen), »Lusitania« (1915, ebenfalls unter großen Verlusten, vor der irischen Küste gesunken) und »Titanic«.

Ich glaube nicht, daß es viele Menschen gibt, die mehr über die »Titanic« wissen. Ihm habe ich es vor allem zu verdanken, daß aus ihr mehr wurde als das Objekt einer Suche in der Tiefsee. Er machte daraus ein faszinierendes Kapitel in der Geschichte der Menschheit. Ich durfte in seiner Sammlung von Büchern und Erinnerungsgegenständen stöbern und vor allen Dingen seinen Geschichten zuhören. Bill erzählte für sein Leben gern, und ich setzte mich ebenso gern zu ihm und hörte zu. Die Geschichte der »Titanic« kannte er auswendig. Er konnte sie auch zu Herzen gehend vortragen. Wenn ich Bill zuhörte, begriff ich erst die ganze Größe dieser Tragödie, und ein Teil seiner Leidenschaft zu diesem Schiff packte auch mich. Als er die letzten Stunden der »Titanic« nachzeichnete, begann das Schiff zu leben, bekam es eine Seele.

Bald konnte ich mir Kapitän Smith vorstellen, wie er mit den Funkern scherzte, während das Schiff schon unterging;

Das Aufspüren und Filmen der *Britannic*, eines Schwesterschiffes der *Titanic*, war vielleicht der Höhepunkt in Bill Tantums Leben.

oder ich sah Archibald Gracie auf dem geneigten Bootsdeck schnaubend und schnaufend hin und her rennen und vergebens nach Mrs. Candee suchen.

Bill war der geborene Schauspieler und konnte einen immer wieder aufrichten, wenn es einem schlecht ging. Er brachte einen zum Lachen, bis man weinte, hatte immer einen neuen Witz oder eine lustige Geschichte auf Lager, obwohl es ihm selbst gesundheitlich schon jahrelang gar nicht gut ging. Als ich ihn das erste Mal sah, hatte er mit Jacques Cousteau zusammen nach der »Britannic« gesucht, dem Schwesterschiff der »Titanic«, das in ein Lazarettschiff umgebaut und schon 1916 in der Ägäis von einem deutschen Torpedo oder einer Mine versenkt worden war.

Die paar Jahre bis zu seinem Tod war er mein Freund und meine wichtigste Stütze. Wenn ich deprimiert war und alles hinwerfen wollte, brauchte ich ihn nur anzurufen; er richtete mich immer wieder auf. Nie verlor er das Vertrauen in mich. Seine Frau Anne schwört heute noch, er sei gleich nach unserer ersten Begegnung überzeugt gewesen, daß ich die »Titanic« finden werde. Ich selbst hatte oft Zweifel daran. Seine Unterstützung war sehr wichtig, vor allem im Herbst 1977, als meine Träume endgültig auf dem Meeresboden zerschellt zu sein schienen.

Im Frühjahr 1977 nahm ich mit der Firma Alcoa Aluminium Gespräche über den Einsatz ihres weiterentwickelten Bergungsschiffs »Alcoa Seaprobe« zur Suche nach der »Titanic« auf. Aber Alcoa war schon einen Schritt weiter als ich: Es liefen bereits Verhandlungen, das Schiff an Woods Hole zu übergeben. Obwohl nichts daraus wurde, spornte mich die Nachricht doch wieder an. Ich nahm das Schiff daraufhin etwas eingehender unter die Lupe.

Die »Seaprobe«, eine Schöpfung des Schiffsbauingenieurs Willard Bascom von Scripps, war eigentlich ein Bohrschiff mit einem großen Bohrkran mitschiffs. Sein herkömmliches Bohrrohr diente nicht zu Bohrungen, sondern wurde dazu eingesetzt, ein schweres Gehäuse auf den Meeresboden abzulassen. Dieser rechteckige Kasten enthielt verschiedene Meß-, Fühl- und Suchgeräte, darunter ein Seitensicht-Sonar und Videofilmkameras und Fotoapparate. Das am Rohr befestigte Gehäuse mußte in jeweils 18 Meter langen Teilstücken abgesenkt werden. Wenn ein Teilstück abgelassen worden war, mußte das nächste angeschraubt und das ganze Rohr soweit gesenkt werden, bis das nächste Teilstück angesetzt werden konnte – ein fürchterlich langsames Verfahren. Für die Verbindung zwischen Gehäuse und Oberfläche sorgte ein am Rohr befestigtes Kabel.

Wenn auf dem Boden etwas gefunden worden war, wurde das Gehäuse angehoben und durch einen Greifer ersetzt; dieser wurde wieder abgesenkt, packte den Gegenstand und holte ihn mühselig in Teilschritten von jeweils 18 Meter an die Oberfläche. Das Bohrrohr konnte über hundert Tonnen Gewicht heben. Das Schiff und sein Bohrgerüst stellten für die Tiefseetechnik gewiß einen kühnen Fortschritt dar, aber für meine Zwecke waren sie keineswegs ideal.

Ich brauchte ein System, das an einem flexiblen Seil geschleppt wurde und relativ leicht zu heben und zu senken war; aber da es nichts Besseres gab, mußte ich mich mit der »Seaprobe« bescheiden. Ich konnte ja einfach einen Prototyp meines geplanten Video-Schleppfahrzeugs bauen und in das Gehäuse am Ende des Bohrrohrs einsetzen.

Vor allem mußte ich jedoch erst einmal Woods Hole dazu bringen, mein Vorhaben zu unterstützen. Ich argumentierte folgendermaßen: Wenn wir mit der »Seaprobe« die »Titanic« fänden, verfügte unser Institut relativ bald über das höchstentwickelte System zur Erkundung und Kartierung der Tiefsee, das man dann auch für wissenschaftliche Arbeiten einset-

Die *Seaprobe* von Alcoa mit ihrem hohen Bohrausleger

zen könnte. Der damalige Direktor, Dr. Paul Fye, war meinem Vorschlag nicht abgeneigt, und obwohl die Institutsleitung geteilter Meinung war, bekam ich wenigstens grünes Licht für eine Reihe von Hochseetests unter erschwerten Bedingungen. Offiziell sollten sie dazu dienen, den potentiellen Wert der »Seaprobe« für das Institut zu untersuchen. Außerdem sollten sie aber auch beweisen, ob ich damit das richtige Instrumentarium für die »Titanic« in der Hand hatte.

Jetzt lieh ich mir überall aufwendiges Gerät zusammen: bei Westinghouse eine Seitensicht-Sonaranlage (ein Sonargerät, das wir am Gehäuse anbringen wollten und das akustisch Gegenstände auf beiden Seiten »sehen« konnte); beim Marineforschungslaboratorium ein Tiefsee-Schlepp-Magnetometer (ein an einem langen Seil knapp über dem Meeresboden gezogenes Gerät, das das Magnetfeld aller vom Sonar erfaßten Gegenstände messen konnte und das damit in die Lage versetzte, sofort alles auszuscheiden, was nicht aus Metall war); von der Marine bekam ich das Bildsystem LIBEC (ein tüchtiges Unterwassersystem für Schwarzweiß-Fotoaufnahmen), das Bucky Buchanan vom NRL entwickelt hatte; bei Benthos wurden mir Unterwasserkameras, vom »National Geographic« noch weiteres Gerät für Filmaufnahmen zur Verfügung gestellt. Die Kameras und das Sonar sollten im Behälter, das Magnetometer an einem Ausleger angebracht werden.

Gleichzeitig trat ich an mögliche Förderer des Vorhabens »Titanic« heran, darunter auch an Alcoa selbst.

Bill Tantum und ich befaßten uns eingehend mit der Frage, wo die »Titanic« wirklich lag und in welchem Zustand sie sich befand. Wenn unsere Versuche auf hoher See erfolgreich ausfielen, konnte ich hoffentlich 1978 auf die Suche nach dem Schiff gehen. Bill und ich arbeiteten gemeinsam alle schriftlichen Unterlagen und Angaben durch, und ich stellte einen Suchplan auf. Nach meiner Meinung mußte die »Titanic« innerhalb einer Fläche von 100 Quadratseemeilen liegen; die Suche schätzte ich auf zehn bis zwölf Tage. Hätte ich ebenso viele Jahre angesetzt, wäre ich der Wahrheit erheblich näher gekommen.

Die historischen Tatsachen waren bekannt: Im offiziellen Notruf der »Titanic« hatte der Funker als Havarieposition 41° 46' N, 50° 40' W angegeben. Die Angaben stammten vom Vierten Offizier Boxhall, nach allgemeiner Einschätzung einem ausgezeichneten Navigator. Und doch sprach einiges dafür, daß sich Boxhall vertan hatte. Kapitän Rostron auf der »Carpathia« war nach dem Notruf der »Titanic« mit Volldampf aus Südosten gekommen und hatte die Rettungsboote wesentlich früher als erwartet erreicht; daraus läßt sich schließen, daß sich der Untergang südöstlich der amtlich angegebenen Position ereignete.

Wenn man sich die vielen mitwirkenden Faktoren überlegt, ist es kein Wunder, daß sich Boxhall vielleicht geirrt hat. Er hatte seine Position per Koppelung bestimmt, also die seit der letzten zuverlässigen Standortbestimmung bei Sonnenuntergang zurückgelegte Strecke ermittelt, indem er auf Grund der geschätzten Geschwindigkeit und der Fahrtrichtung extrapoliert hatte. Die astronomische Navigation war an und für sich schon sehr ungenau, und durch dieses Koppelverfahren vergrößerte sich der Fehler noch mehr. Außerdem waren Boxhall die Meeresströmungen nicht bekannt, und wenn das Schiff vielleicht auch noch etwas langsamer gefahren war, als er gedacht hatte, lag die endgültige Position möglicherweise über 10 Meilen oder noch mehr von der geschätzten Position entfernt.

Wir waren ziemlich sicher, daß die »Titanic« nicht westlich von der Stelle lag, an der sie ihren Notruf gefunkt hatte. Dennoch mußten wir eine Suchfläche eingrenzen, die so groß war, daß sie das Wrack mit Sicherheit einschloß. Später erwies sich, daß die Fläche, die ich mir 1977 ausgedacht hatte, praktisch mit dem ersten Suchgebiet identisch war, das wir 1985 in Angriff nahmen. Bill Tantum hatte sich sogar überlegt, wo die »Titanic« nach seiner Meinung lag; die Stelle, die er auf der Landkarte einzeichnete, war erstaunlich dicht an dem Ort, wo wir das Wrack später tatsächlich entdeckten. Er hatte 50° 01' W, 41° 40' N geschätzt, also etwa dreieinhalb Meilen westlich und etwas südlich vom tatsächlichen Fundort.

Anfang Oktober 1977 war alles für unsere Hochseeversuche gerichtet. Leider konnte Bill Tantum wegen seines schlechten Gesundheitszustandes nicht mitreisen, doch Emory Kristof war dabei, mittlerweile ein vertrautes Gesicht auf unseren Expeditionen; er war von seiner Zeitschrift »National Geographic« zu uns abgestellt worden und sollte mit uns die Tiefseefotografie weiterentwickeln.

Die »Seaprobe« war vielleicht für diesen Einsatz nicht unbedingt das ideale Schiff, aber dem Romantiker, dem Kapitän Nemo, in mir gefiel sie sehr. Mitschiffs befand sich ein großes Loch, durch das das Bohrrohr abgelassen wurde; die Aufbauten wurden von einem riesigen Ladebaum überragt. Am Kranfuß über dem kalten, höhlenähnlichen Raum, in dem die Techniker am Behälter beschäftigt waren, montierten oder verlegten unsere Arbeiter das Rohr beim Ausfahren und Einholen, während das Wasser in unserem riesigen »Moonpool« heftig herumschwappte. Auf einer Seite befand sich hinter Sicherheitsglas, durch das man eine ausgezeichnete Übersicht über diese geräuschvolle Szenerie mit klappernden Maschinen und fluchenden Menschen hatte, der Leitstand – ein sauberer, ruhiger, warmer und heller Raum, angefüllt mit blitzenden Gestellen voll wissenschaftlicher Geräte. Dort lebte Kapitän Nemo. Ich fand es herrlich.

Die »Alcoa Seaprobe« legte planmäßig in Woods Hole ab – wie die »Titanic« auf ihrer Jungfernfahrt. Und wie bei der »Titanic«, so schlug auch bei uns nach wenigen Tagen Fahrt das

Der »Moonpool« von oben gesehen: durch diesen Schlund verschwand unser teures Gerät auf Nimmerwiedersehen.

Schicksal zu. Die Bohrmannschaft hatte den ganzen vorausgegangenen Tag schwer gearbeitet und unseren Trägerbehälter mit seinem teuren Gerät Stück für Stück, 18 Meter um 18 Meter, 900 Meter tief ins Meer abgelassen. Schließlich befanden wir uns nur noch 18 Meter über dem Meeresboden, und die erschöpfte Bohrcrew legte sich schlafen, während ich mich auf die langwierige Erprobung unseres geborgten Westinghouse-Sonars vorbereitete. Bei Anbruch der Nacht war noch keinem von uns bewußt, daß wir einen entscheidenden Fehler gemacht hatten. Kurz vor dem Auslaufen hatte unser Bohrleiter seinen Job hingeworfen, und die übrige Mannschaft wußte nicht, daß ein verstärktes Rohrstück bei allen Schleppoperationen fest verkeilt werden mußte.

Gegen 2 Uhr morgens, als praktisch alles an Bord schlief, arbeitete ich mit drei Mann im Leitstand und bereitete in einem letzten Probelauf des Sonars den ersten Test des Geräteträgers für den nächsten Tag vor. Wir befanden uns in einem Zustand traumähnlicher Konzentration, wie man ihn

Mit dieser Zeichnung erläuterten wir Roy Disney 1978, wie wir die *Titanic* erforschen wollten. Der Tiefseeroboter im Bild ähnelt in vielem dem Roboterfahrzeug Jason junior, das wir schließlich 1986 einsetzten.

manchmal nachts erlebt, wenn es kaum Ablenkungen gibt. Bis auf das Piepsen des Sonars und gelegentliche Gesprächsfetzen herrschte Stille.

Plötzlich krachte es direkt über unseren Köpfen, als sei der Weltuntergang angebrochen. Wir rasten aus dem Raum und standen vor einem Trümmerhaufen. Das Bohrrohr war gebrochen, und das riesige Gegengewicht hoch oben im Ladebaum war uns wie eine Bombe auf den Kopf gefallen. 900 Meter Rohr mit einem Gewicht von rund 30 Tonnen sausten mit solcher Gewalt auf den Meeresboden, daß unser Träger mit seinem aufwendigen Gerät auf ewig begraben wurde. Das gerissene Verbindungskabel peitschte gegen das Bohrgestänge und sprühte gefährlich Funken. Jemand rannte los und schaltete den Strom aus; andere schauten in den leeren »Moonpool« hinunter, als könnten sie noch einen Überrest des verschwundenen Rohrs sehen. Erst langsam ging uns auf, welches Unglück uns getroffen hatte: Unser ganzes Vorhaben war mit einem Schlag erledigt. Das warf uns nicht nur weit zurück, sondern erschütterte vor allem meinen Ruf und mein Selbstvertrauen.

Außer dem Magnetometer brachte ich von unseren geborgten Geräten nichts mehr nach Woods Hole zurück. Zum Glück hatte Alcoa eine Versicherung abgeschlossen, die den Wert der geborgten Geräte von 600 000 Dollar deckte. Doch so bald lieh mir wahrscheinlich niemand mehr eine Ausrüstung. Ich hatte mich wie Hans im Glück gefühlt und dabei wohl meine Grenzen überschritten. Jetzt war ich wieder auf der Erde gelandet.

Doch wegen eines einzigen Rückschlags wollte ich die »Titanic« nicht aufgeben. Selbst wenn mir dieser Gedanke vielleicht gekommen wäre, hätte mich Bill Tantum schon bei der Stange gehalten. Er war noch fester entschlossen als ich, die »Titanic« zu suchen und zu finden.

Kurz nach dem Debakel mit der »Seaprobe« stellte er mich dem englischen Filmproduzenten Alan Ravenscroft vor, der gern einen Dokumentarfilm über die Entdeckung gedreht hätte, nachdem er schon einen Film über die Tragödie der »Titanic« gemacht hatte. Durch die Vermittlung leitender Mitarbeiter vom »National Geographic« und anderer Bekannter nahm ich mit einem ganz neuen Kreis von möglichen Förderern Kontakt auf, darunter der BBC, den wichtigsten amerikanischen Fernsehsendern und Roy Disney.

Nach dem »Seaprobe«-Unfall setzte sich Woods Hole allmählich von meinem »Titanic«-Vorhaben ab. Heute verstehe ich die Gründe dafür, aber damals fühlte ich mich im Stich gelassen. Mir wurde bedeutet, ich möge die »Titanic« nicht weiter unter der Flagge des Instituts suchen. Angesichts der unternehmerischen Partnerschaft zwischen Woods Hole und seinen Wissenschaftlern waren mir damit die Hände gebunden. Ich hatte mich daran gewöhnt, Mittel für meine Projekte unter Benutzung des Prestiges und Rufs der Einrichtung zu beschaffen, die hinter mir stand. Jetzt wurde mir diese gewohnte Unterstützung versagt.

Sicherlich erwartete man, daß ich jetzt meine Zelte abbrach und reumütig zur Grundlagenforschung zurückkehrte (ich hatte sie ja nie aufgegeben). Ich tat etwas anderes: Ich gründete mit Bill Tantum, Emory Kristof und Alan Ravenscroft eine Firma. Sie hieß »Seaonics International« und diente nur einem einzigen Zweck: Mittel aufzubringen, mit denen mit Bildgeräten bestückte Schleppfahrzeuge für den Einsatz auf dem Meeresboden zum Auffinden der »Titanic« gebaut werden konnten. Ich hatte mir gedacht, sobald die notwendige finanzielle Unterstützung vorhanden war, könnte ich die Leitung von Woods Hole einfach vor vollendete Tatsachen stellen. Verständlicherweise war der neue Direktor von Woods Hole, John Steele, darüber gar nicht froh.

Gegen Mai 1978 hatten mir alle aussichtsreicheren Förderer einen Korb gegeben - bis auf Roy Disney. Er war tatsächlich nach Woods Hole gekommen und schien beeindruckt und interessiert zu sein. Anfang Juni bekam ich seine Entscheidung: »Wegen der enormen Mittelinvestitionen, die Sie sofort brauchen, können wir uns unmöglich beteiligen.« (Wir hatten um 1,5 Millionen Dollar gebeten.) Ich hatte das Gefühl, als sei der Geräteträger der »Seaprobe« noch ein zweites Mal auf den Meeresboden gekracht. Natürlich wußte ich, daß ich viel verlangte. Jemand sollte für die Entwicklung meiner Unterwasseraugen und -hände zahlen und auch die Kosten der eigentlichen Suchexpedition bestreiten.

1979, als das Projekt »Titanic« nur noch auf Sparflamme vor sich hin kochte, bekamen Emory Kristof und ich eine Möglichkeit, hochwertige bildgebende Systeme für den Unterwassereinsatz weiterzuentwickeln. Emory und seine Kollegen Pete Petrone und Al Chandler vom »National Geographic« hatten wesentlich dazu beigetragen, neue Kameras zu konstruieren und das Farbfilmlaboratorium aufzubauen, in dem unsere ANGUS-Bilder gleich an Bord ausgearbeitet wurden. Als wir jetzt zum Galápagosrücken zurückkehrten, um uns das Tiefseeleben noch einmal anzuschauen, das wir 1977 entdeckt hatten, brachten wir das Neueste an elektronischen Bildgeräten mit, das in der konkurrenzumkämpften Welt der Fernsehtechnik zu haben war. Wir hofften, damit kontrastreiche Videobilder selbst in großer Tiefe zu bekommen.

Die Fernsehkamera im Taschenformat war außen an dem beweglichen Arm von »Alvin« befestigt, mit dem Proben eingesammelt wurden. Von den hydrothermalen Schloten kamen wir diesmal mit spektakulären Farbvideobildern zurück, die später das Kernstück eines Fernsehfilms von »National Geographic« unter dem Titel »Auf Tauchstation am Rand der Schöpfung« bildeten. Noch stärker ist mir in Erinnerung geblieben, daß auf dieser Reise die Wissenschaftler in »Alvin« zum ersten Mal den Sichtluken den Rücken drehten und statt dessen das viel bessere Bild auf den Fernsehmonitoren betrachteten. Jetzt konnte ich mir den Tag vorstellen, an dem wir an Stelle von »Alvin« ferngesteuerte Augen in die Tiefe schickten.

In den Jahren nach der Katastrophe mit der »Seaprobe« warb ich weiterhin mit aller verfügbaren Zeit und Energie über Seaonics International für das »Titanic«-Projekt, doch allmählich ging mir der Dampf aus. Einmal setzte sich ein texanischer Ölmillionär namens Jack Grimm mit Seaonics in Verbindung; er wollte eine »Titanic«-Expedition unterstützen. Emory Kristof verhandelte kurz mit ihm, aber uns beiden gefiel Grimms Art nicht, und die Gespräche gediehen nicht sehr weit. Wir hatten genug Leute erlebt, denen es nur um einen schnellen Dollar gegangen war. Bill Tantums Begeisterung ließ nicht nach, aber mit seiner Gesundheit ging es immer mehr bergab. Mir war, als ob mein Traum mit ihm starb. Dann hörte ich, daß sich Jack Grimm mit Wissenschaftlern von Scripps und Lamont-Doherty zusammengetan hatte und sie im Sommer 1980 die »Titanic« finden wollten. Der berühmte Dr. Fred Spiess, den ich allmählich als eine Art Nemesis betrachtete, sollte das Unternehmen leiten.

Damit war ich fast am Boden zerstört. Gut, dachte ich, Fred soll die »Titanic« haben. Ich mußte mich schließlich um meine eigene Laufbahn kümmern. Wenn ich eines Tages eine Dauerstellung bekommen wollte, mußte ich mich meinen Veröffentlichungen widmen. Im Juni 1979 packte ich meine Familie und meine Siebensachen zusammen und zog für die Dauer meines akademischen freien Jahrs an die Stanford University in Kalifornien. Es war ein geeigneter Ort zum Arbeiten und gleichzeitig ein gutes Versteck, aus dem ich zusehen konnte, wie andere meine Träume wahrmachten. Ich bezweifelte überhaupt nicht, daß Fred Spiess und Bill Ryan von Lamont das Schiff finden würden; ich wollte aber auch nicht in der Nähe sein, wenn es ihnen gelang. Ich bin sehr ehrgeizig, und jetzt sah es so aus, als verlöre ich einen Wettkampf, den ich unter allen Umständen hatte gewinnen wollen.

Ein Jahr später, Anfang Juni 1980, starb Bill Tantum. Bis zum Schluß hatte er für die »Titanic« und die anderen großen Schiffe gelebt und geatmet, die ihm soviel bedeuteten. Noch drei Wochen vor seinem letzten Schlaganfall war er nach Roimouski im kanadischen Quebec gereist und hatte zur Eröffnung des Museums über die »Empress of Ireland« eine Rede gehalten. Und offenbar glaubte er bis an sein Ende, daß ich die »Titanic« finde. Er hatte mehr Vertrauen als ich.

Kapitel 4

Zum Zuschauen verurteilt

Als Jack Grimms erste »Titanic«-Expedition mit der »Fay« am 14. Juli 1980 von Port Everglades, Florida, auslief, befand ich mich auf der anderen Seite der Erdkugel. Ich arbeitete wieder einmal mit fünf ausgezeichneten französischen Ozeanographen auf dem Forschungsschiff »Le Suroît« in der Nähe der Osterinsel und der Insel Pitcairn im Südpazifik zusammen. Dabei entging mir nicht, daß sich seinerzeit die Meuterer von der »Bounty« auf Pitcairn versteckt gehalten hatten. Mein Verhalten kam mir ähnlich vor.

Jack Grimm, der großspurige texanische Ölmagnat, wegen seiner riesigen Sammlung von klassischen alten Autos auch »Cadillac Jack« genannt, hatte wahrlich genug Aufmerksamkeit erregt. Die Medienrechte an der Geschichte hatte er schon im voraus verkauft, und ständig sprach er davon, wertvolle Stücke aus dem Wrack zu bergen und einige eventuell der Smithsonian Institution zur Verfügung zu stellen. Wie er sich aufführte, konnte man meinen, er habe die »Titanic« schon gefunden.

Grimm war eine merkwürdige Mischung aus eiskaltem Geschäftsmann und naiv-romantischen Schuljungen, leicht zu begeistern und gelegentlich von verrückten Einfällen heimgesucht. Er hatte schon vorher ein paar exzentrische Unternehmungen unterstützt, bei denen es unter anderem darum gegangen war, ein »Loch« im Nordpol, die Arche Noah in der Türkei, die Seeschlange im Loch Ness und sogar den Schneemenschen in Tibet zu suchen. Geld zu verdienen, reichte ihm nicht. Er wollte in die Geschichte eingehen. Da er diesmal nach etwas suchte, das es wirklich gab, waren seine Erfolgsaussichten wesentlich besser.

Grimm ging zwar Risiken ein, aber dumm war er nicht. Als Leiter seiner ersten »Titanic«-Expedition heuerte er Fred

Jack Grimm nach seiner zweiten Expedition im Jahr 1981 am Kai in Boston

Spiess und Bill Ryan an, zwei der weltbesten Ozeanographen, hervorragende Wissenschaftler und damit Gegner, auf die ich stolz sein konnte. Spiess als Geophysiker war der geeignete wissenschaftliche Leiter, denn er hatte unstreitig am meisten Erfahrung darin, Seitensicht-Sonargeräte über den Meeresboden zu schleppen. Er machte mit, weil eine erfolgreiche »Titanic«-Expedition der Sonartechnik einen Riesenauftrieb geben mußte, und das bedeutete mehr Ansehen und auch mehr Geld. Ryan interessierte sich vor allen Dingen für die technische Weiterentwicklung der Unterwasserkartographie und ihre wirtschaftliche Verwertung. Die Expedition paßte also beiden gut ins wissenschaftliche Programm. Außerdem hatten auch beide Spaß an der Suche.

Als ich noch Ozeanographie studierte, stand Fred Spiess schon auf dem Gipfel einer wissenschaftlichen Laufbahn, die ihn zu einem der Besten in seinem Fach gemacht hatte. Im

Sea MARC I wird an Bord geholt (ganz rechts Bill Ryan)

Zweiten Weltkrieg war er bei der amerikanischen Unterseebootflotte mehrfach ausgezeichnet worden. Nach Kriegsende hatte er seinen Doktor in Kernphysik gemacht, war aber dann zum Scripps Institute of Oceanography und damit zu seiner ersten Liebe, dem Meer, zurückgekehrt. Seit 1952 war er dort tätig, seit 1958 als Leiter des Laboratoriums für Meeresphysik. Er entwickelte vor allen Dingen immer wieder neue technische Geräte, die es den Wissenschaftlern ermöglichen sollten, mit Hilfe von Sonargeräten genau nachzuweisen, was es auf dem Meeresboden gab. Unter anderem hatte er eine zum Teil tauchfähige Plattform, FLIP, erfunden, mit der man untersuchen konnte, wie Schallwellen unter Wasser abgelenkt werden. Das lange, dünne, zylindrische Gebilde wurde vor Ort geschleppt, dann wurden seine Ballasttanks geflutet, und es »flippte« in die Senkrechte, so daß die Wissenschaftler im Innern ihre Arbeit verrichten konnten. Im Lauf der Jahre

Fred Spiess vom Scripps Institute of Oceanography (links) mit Bill Ryan vom Lamont-Doherty Geological Observatory

hatte er der Marine auch einige Male beim Aufspüren von untergegangenen Schiffen geholfen.

Weil es nicht so viele Ozeanographen gibt, kennt jeder jeden, und man weiß alles von allen. In Woods Hole hatte ich auch Fred Spiess kennengelernt, und zwischen ihm, der so alt war wie mein Vater, und mir hatte sich so etwas wie eine freundliche Rivalität entwickelt. Spiess hatte mich einmal abgelehnt, als ich mich Mitte der sechziger Jahre für das Graduiertenprogramm bei Scripps beworben hatte. Ich wollte ihm immer noch beweisen, daß er damals falsch entschieden hatte. Wir waren seitdem mehrmals gemeinsam auf Expeditionen gewesen, darunter auch 1979 auf der Fahrt zum Ostpazifischen Rücken, bei der wir die Schwarzen Schlote entdeckt hatten. Gelegentlich hatten wir uns auch darüber unterhalten, ob wir nicht gemeinsam die »Titanic« suchen wollten. Aber ich hatte nie das nötige Geld zusammengebracht.

Bill Ryan vom Lamont-Doherty Geological Observatory in New York hatte zu Anfang seiner Laufbahn in Woods Hole gearbeitet und seitdem mit wichtigen Forschungsergebnissen unsere Kenntnisse über die Bildung von Unterwassercañons und über aktive geologische Vorgänge in der Tiefsee erweitert. Er ist heute einer der führenden Tiefseekartographen. Wie Spiess, so ist auch Ryan ein hundertprozentiger Wissenschaftler, der sich besonders für die Erkundungstechnik interessiert.

Grimms Expedition 1980 litt unter vielen Schwierigkeiten. Die größten wurden dadurch verursacht, daß er die bewährte Scripps-Technik, das »Deep Tow«, nicht einsetzte. Bei dieser Ausrüstung handelte es sich um ein Seitensicht-Kurzstreckensonar, das in großer Wassertiefe nachgeschleppt wurde, es ähnelte dem Gerät, das die Franzosen 1985 im ersten Teil unserer Expedition benutzten. Spiess hatte es Anfang der sechziger Jahre entwickelt und mit der Zeit daraus ein sehr zuverlässiges Vehikel für die Kartographie und für Sucheinsätze gemacht.

Als sich die Expedition Anfang 1980 auf den Weg begab, war »Deep Tow« für den Sommer jedoch schon einem anderen Benutzer zugesagt worden, und leider war es nach wie vor das einzige Sonar, mit dem man solche Aufgaben lösen konnte. Bill Ryan überredete Grimm, als Ersatz die Entwicklung des »Sea MARC I« zu finanzieren, eines Mittelstreckensonargeräts für die großräumige Kartographie, mit dem man geologische Merkmale unter Wasser, wie z. B. Erdrutsche und Cañons, erforschen konnte.

Leider eignete sich »Sea MARC« für die Suche nach der »Titanic« weniger gut. Im Prinzip funktionierte es wie alle Seitensicht-Sonargeräte, die im tiefen Wasser geschleppt werden. Während es an einem langen Kabel 200 m über dem Meeresboden gezogen wurde, leuchtete es wie mit einem Scheinwerfer nach beiden Seiten; dabei strahlte es statt Lichtwellen Schallwellen aus. Was in den Strahl dieses »Scheinwerfers« geriet, warf einen Schatten, und seine Merkmale wurden aufgezeichnet, während die Schallwellen vom Gegenstand zum Fahrzeug reflektiert wurden.

Der große Vorteil, den »Sea MARC« für eine solche Suche mitbrachte, bestand darin, daß es einen Streifen von anderthalb bis drei Meilen Breite auf dem Meeresboden erfassen konnte, also zweieinhalb- bis fünfmal soviel wie das Scripps-Sonargerät. In der kurzen Zeit, die zur Verfügung stand, konnte man damit wesentlich mehr Terrain abfahren. Der Nachteil: Die Bilder waren nicht so gut aufgelöst wie diejenigen von »Deep Tow«, obwohl es ein Objekt von der Größe der »Titanic« durchaus auch noch am Rand seines Sichtwinkels erfassen konnte. Bei schlechtem Wetter waren die Sonaraufzeichnungen von »Sea MARC« allerdings noch unschärfer als sonst, denn Bewegungen an der Oberfläche mindern die Einsatzfähigkeit aller in größeren Wassertiefen geschleppten Geräte. Weil ein solches Instrument einen breiten Streifen abtastet, kann unter Umständen ein großes Objekt im »Schatten« einer komplizierteren Bodenstruktur untergehen. Als weitere Erschwernis kam hinzu, daß Ryan die Kinderkrankheiten dieses neuen, noch unerprobten Geräts beseitigen mußte, während die Suche schon im Gang war. Kurzum: »Sea MARC« konnte die »Titanic« unter Umständen direkt überqueren, ohne sie wahrzunehmen.

Die Expedition sollte Ende Juli das Untersuchungsgebiet erreichen. Das ließ Ryan etwa ein Vierteljahr Zeit, um »Sea MARC« zu entwickeln, zu bauen und die Anlaufschwierigkeiten zu beseitigen. Kein Wunder, daß er und seine Leute immer noch mit dem Gerät beschäftigt waren, als das Schiff in Florida auslief. Die erste Erprobung fand auf der Hinreise zum Suchort statt, und Störungen in letzter Minute machten eine zeitraubende Zwischenpause auf den Bermudas erforderlich. Doch als die Suche losging, hatte Bill das Gerät fertig, wenn auch im Betrieb noch so manche Panne auftrat.

Ehe das Schiff auslief, tat Grimm sein Möglichstes, aus der Expedition ein PR-Volksfest zu machen. So sollte zum Beispiel ein Affe namens »Titan« mit auf die Reise gehen. Nach William Hoffman, der unter dem Titel »Beyond Reach« eine Beschreibung von Grimms zweiter Expedition veröffentlichte, »hatte man dem Affen beigebracht, auf eine Stelle auf der Seekarte zu deuten, wo die ›Titanic‹ liegen sollte. Grimm

R. V. Gyre beim Auslaufen von Woods Hole Harbor am 28. Juni 1981

hielt dies für eine bemerkenswerte Leistung, die seinen geplanten Film über die Expedition unendlich bereichern mußte. Die Wissenschaftler, besonders der berühmte Dr. Spiess, betrachteten es eher als verrückte Zirkusidee, die ihr höchst ernstes Unternehmen nur der Lächerlichkeit preisgeben konnte. Schließlich stellten sie Grimm vor die Alternative: ›Entweder wir oder der Affe.‹ ›Schmeißt die Wissenschaftler raus‹, war Grimms Antwort. Besonnenere Leute konnten sich jedoch schließlich durchsetzen, und der Affe blieb an Land.«

1980 brachten sie allerdings auch nicht mehr zustande als der Affe. Vor der Abfahrt hatten sich die Wissenschaftler nur auf die Vorbereitungen für die wissenschaftliche Seite der Expedition konzentriert; Grimm hatte die historischen Untersuchungen übernommen. Wie sich Bill Ryan erinnert, stützten sie sich jedoch nur auf eine einzige Arbeitshypothese: Die »Titanic« war östlich der Eisbarriere untergegangen, vor der die »Californian« die Nacht über gestoppt hatte. Als die Wissenschaftler diesen Mangel an historischer Aufarbeitung erkannten, versuchten sie in aller Eile, auf dem Weg zum Suchort noch etwas zu retten.

Ihre Suchstrategie bestand im Grunde genommen darin, zunächst die Umgebung der Seenotposition oder CQD-Position der »Titanic« abzufahren. Wenn sie dort nichts fanden, wollten sie sich auf eine größere Fläche konzentrieren, ein Rechteck direkt östlich neben der CQD-Position, das innerhalb von 41° 40’ N bis 41° 50’ N und 50° 00’ W bis 50° 10’ W

Fred Spiess legt Standorte für den Transponder fest, wobei ihm Filmproduzent Mike Harris über die Schulter schaut.

lag. Diese Gegend durchzieht von Nordost nach Südwest ein Tiefseegraben mit vielen Nebentälern, den die Wissenschaftler »Titanic-Cañon« nennen.

Genau nach Plan wurde zuerst die offizielle Seenotposition der »Titanic« erforscht. Vergebens. Dann fuhr man eine Reihe von Nord-Süd-Bahnen und untersuchte mit dem Seitensicht-Sonar »Sea MARC« breite Streifen auf dem Meeresboden so, daß jede Bahn die vorausgegangene etwas überdeckte. Diese Technik heißt auch »Rasenmähen« und ist ein langweiliges, endloses Hin- und Herfahren. Dann kam schlechtes Wetter auf, und die »Fay« erwies sich als ziemlich ungeeignet für diesen Einsatz. Hin und wieder verlor man Zeit, weil das Schiff nur mit dem Wind Fahrt machte und dann so schnell lief, daß man »Sea MARC« in der richtigen Tiefe nicht mehr nachziehen konnte. Nach Fred Spiess blieben 1980 30 bis 50% der Zeit in der Suchgegend wegen schlechten Wetters oder wegen Schwierigkeiten mit den Geräten ungenutzt.

Am 2. August, als die Suche erst eineinhalb Tage gedauert hatte, ereignete sich das Unglück. Die Glasfaser-Heckflosse von »Sea MARC« riß bei einer schnellen Wende ab und nahm das Magnetometer mit in die Tiefe. Nach dem Verlust dieses Geräts, das jede magnetische Kennung großer Metallgegenstände, wie z. B. eines Schiffs mit einem Stahlrumpf, sofort angezeigt hätte, und wegen der Kinderkrankheiten von »Sea MARC« wurde der Rest der Expedition 1980 zu einem Unternehmen ähnlich einer Suche in finsterer Nacht mit einem geschlossenen und einem schielenden Auge. Ryans Sonar war bald repariert, erforschte noch eine Fläche von etwa 500 Seemeilen im Quadrat und identifizierte dabei vierzehn weit verstreute Sonarziele, darunter auch einige, deren Größe durchaus dem Rumpf der »Titanic« entsprachen. Wäre das Magnetometer noch an Bord gewesen, hätte man die meisten, vielleicht sogar alle ausscheiden können, weil sie nicht aus Metall waren. Obwohl die Suche auf einen Bereich westlich von 50° W konzentriert wurde, drang »Sea MARC« bei einer großen Wende fast bis 49° 53' W nach Osten vor.

Auf der ganzen Suchfahrt 1980 wurden Spiess und Ryan nicht nur von schlechtem Wetter und Gerätepannen geplagt, sondern mußten sich auch noch mit Grimms PR-Sprüchen an Land herumschlagen. So hatte er etwa der Presse einmal den Eindruck vermittelt, die »Titanic« sei gefunden worden. Als die Männer auf der »Fay« die Nachrichten hörten, gab es ungläubiges Gelächter. Vor ihrer Ankunft im Hafen von Boston am 21. August verlangte Grimm von den Wissenschaftlern, daß sie seine Behauptung bestätigten. Bill Stevenson erinnert sich noch daran, daß es im Labor des Schiffs zu einer Konfrontation kam, nachdem die »Fay« angelegt hatte. Grimm forderte die Wissenschaftler auf, zu erklären, sie hätten das Schiff gefunden, eines der vierzehn Sonarziele sei die »Titanic«. Als gewissenhafte Profis lehnten Spiess und Ryan dieses Ansinnen ab. Nach langem Streit verständigte man sich schließlich auf eine höchst allgemein gehaltene Pressemittei-

»Scripps Deep Tow«, Fred Spiess' revolutionärer Schleppschlitten mit dem Seitensicht-Sonar, wird zum Aussetzen in die Tiefsee vorbereitet.

lung. Für das viele Geld konnte Grimm nur ein paar große Fragezeichen vorweisen.

Jack Grimms zweite »Titanic«-Expedition verließ Woods Hole am 28. Juni 1981; Menschenmengen verabschiedeten das Schiff, die »Gyre«. Woods Hole als Starthafen war wohl nicht als Affront gedacht (sondern rührte daher, daß die »Gyre« auf ihrer vorausgegangenen Fahrt von Wissenschaftlern aus Woods Hole gechartert worden war); dennoch hatte ich das Gefühl, als reibe Grimm noch Salz in die Wunden meiner Enttäuschung. 1981 schien er von seinem Erfolg überzeugt zu sein.

Diesmal war Grimm mit Fred Spiess und Bill Ryan zusammen selbst an Bord, und als Suchsonar diente das »Deep Tow« von Scripps. (Ryan hatte auch ein Unterwasserbildgerät mitgebracht, ein Colorvideosystem für den Einsatz auf hoher See, mit dem man das Wrack fotografieren wollte. Er hatte nur 1980 auf der Rückfahrt einmal damit gearbeitet und wollte es jetzt am Schiff selbst ausprobieren.) Die »Gyre« war für diese Aufgabe immer noch nicht das ideale Schiff, doch diesmal stimmte wenigstens die Ausrüstung. Leider suchte man wieder die meiste Zeit am falschen Ort.

Nach 1980 hatten Grimm und seine Wissenschaftler ihre Hausaufgaben in Geschichte etwas gründlicher gemacht. Daraus hatten sie auch eine richtige Schlußfolgerung gezogen: Der Vierte Offizier Boxhall mußte in seiner Berechnung der Seenotposition einen Fehler gemacht haben, weil er nicht berücksichtigt hatte, wieviel später die Ortszeit an Bord war, als das Schiff nach Westen fuhr. Demnach konnte die tatsächliche Position bis zu acht Meilen weiter östlich liegen. Aus der Position des Eisfeldes, wie sie von der »Californian« und später der »Mount Temple« angegeben worden war, schlossen sie, daß die »Titanic« sogar bis 50° 03' W weiter östlich liegen konnte. Sie stellten sich vor, mit welcher Geschwindigkeit die »Carpathia« am Unglücksort angekommen war und errechneten daraus, daß die Rettungsboote nicht weiter nördlich als bis 40° 45' N vorgedrungen sein konnten. Nach ihrer Meinung hatte die »Titanic« den Eisberg höchstens bei 50° 00' W gestreift und war dann noch allenfalls vier Meilen abgetrieben, ehe sie untergegangen war.

Nach der Analyse aller Angaben kamen sie zu dem Schluß, daß die »Titanic« mit »großer Wahrscheinlichkeit« nicht westlich von 50° 20' W (die CQD-Position der »Titanic« war 50° 14' W) und nicht östlich von 49° 55' W lag. Außerdem konnte sich ihrer Meinung nach das Schiff nicht weiter nördlich als 41° 55' N und südlich als 41° 35' N befinden.

Wie sich zeigte, lag die »Titanic« ganz knapp innerhalb dieses Rechtecks. Auch 1981 waren die Sucher wieder ganz dicht am Ziel. Doch diesmal waren sie zu sehr damit beschäftigt, altes Terrain noch einmal abzugrasen. Hätten sie sich an ihre eigenen Schlußfolgerungen gehalten und östlich von 50° W intensiv gesucht, wären sie zweifellos auf das Schiff gestoßen. So fuhr »Deep Tow« im Abstand von eineinhalb Meilen am Wrack vorbei, und diese Entfernung lag weit außerhalb der Reichweite seiner Sonaranlage.

Hoffman faßt die beiden Grundprämissen von Grimms Suchstrategie 1981 folgendermaßen zusammen: »Nachdem bei der ausführlichen Suche 1980 vierzehn mögliche Ziele erkannt worden waren, ging man 1981 davon aus, daß die ›Titanic‹ mehr oder weniger unversehrt war, jedoch von nahegelegenen geologischen Gegebenheiten akustisch zugedeckt wurde.« Mit anderen Worten: Man meinte, sie 1980 nur deshalb nicht gefunden zu haben, weil sie im Schatten irgendeines natürlichen Merkmals versteckt gelegen hatte. Diesmal sollten die schärferen Bilder von »Deep Tow« alle diese Schatten aufhellen und das Schiff nachweisen. Hoffman fährt fort: »Die Wissenschaftler wußten recht gut, wo die »Titanic« liegen mußte, sofern sie nicht so schlecht navigiert worden war, daß ihre Seenotposition um mehr als zehn Meilen falsch gewesen war. Das war aber kaum möglich, denn es hätte für die anderen Schiffe entsprechende Fehler bedeutet.« Beide Annahmen waren falsch. Und weil sich Grimm trotzdem daran hielt, verbrachte er die meiste Zeit mit der Erforschung des Titanic-Cañons und seiner Nebentäler. Dieses Unterwassergebilde beschäftigte uns übrigens 1985 auch stark.

Statt also ein neues Gebiet östlich von 50° W zu erkunden (wo die »Carpathia« nach eigenen Angaben die Rettungsboote aufgenommen hatte), verbrachte die Expedition 1981 ihre ganze Zeit auf See damit, eine kleinere Fläche innerhalb der 500 Quadratseemeilen zu erforschen, die »Sea MARC I« im vorausgegangenen Jahr schon abgegrast hatte und sich diese verflixten vierzehn Ziele näher anzusehen. Spiess war wohl fest davon überzeugt, daß sein »Deep Tow« die »Titanic« dort finden mußte, wo »Sea MARC« schon gesucht hatte.

Diesmal schien Grimm seiner Sache sicher zu sein. Als alter Spieler veranstaltete er unter den Teilnehmern an Bord sogar eine Lotterie und ließ seine Kollegen wetten, welches der vierzehn Ziele sich schließlich als die »Titanic« erweisen würde.

Wieder wurde die Suche durch schlechtes Wetter erschwert, doch »Deep Tow« folgte gründlich den Spuren von »Sea MARC«. Nacheinander wurden die Sonarziele eliminiert; es waren alles natürliche Gegebenheiten gewesen.

Nach drei Wochen hatte man nicht einmal das kleinste Anzeichen für irgendwelche Trümmer gesichtet, und Grimm war der Verzweiflung nahe. Als ihre Zeit am vermeintlichen Untergangsort zu Ende ging, brach auch noch die Schiffwinde, so daß man »Deep Tow« bergen mußte. Das schien allen weiteren Einsätzen auf See ein Ende zu machen. Während die Winde in aller Eile repariert wurde, brachte es Grimm fertig, der Reederei noch weitere zehn Stunden abzuringen, ehe die

»Gyre« auf Heimatkurs gehen mußte. Inzwischen hatte man auch die Transponder von »Deep Tow«, die akustischen Unterwassergeräte, wieder geborgen, von denen die Navigation abhängt. Ryan war bereit, sein Videofahrzeug zu einem allerletzten Einsatz abzufieren.

Das Unterwasser-Colorvideosystem war eigentlich nicht als Suchgerät gedacht. Ryan wußte, daß er eine Chance von eins zu einer Milliarde hatte, wollte sich aber die Gelegenheit nicht entgehen lassen, sein immer noch neues Gerät unter schwierigen Einsatzbedingungen zu erproben. So tauchte man denn ein letztes Mal in den Titanic-Cañon ein und fuhr weiter nach Osten, bis es Zeit zur Heimreise war.

Der folgende Teil der Geschichte gefällt mir besonders gut. Ryans Kameraträger, also ein Stück der Videoausrüstung, hatte Grimms »Schraube« gefunden, nicht das Sonargerät. Das Unterwasser-Colorvideosystem liefert in Echtzeit keine anständigen Bilder. Auf dem Bildschirm an Bord sieht man eigentlich nur ein verschwommenes Schwarzweißbild; das qualitativ gute Videofarbbild wird inzwischen aufgezeichnet und gespeichert; man kann es erst betrachten, wenn das Fahrzeug wieder an Bord gehievt worden ist. Dieses Vehikel ist auch mit einem Mikrofon ausgerüstet; man bekommt also einen Farbfilm mit Unterwasserton.

Est als die »Gyre« schon längst wieder mit Kurs auf Boston dampfte, konnte sich die Mannschaft die Aufnahmen ansehen; Grimm, Spiess und Ryan erblickten ganz deutlich, was Ryans Kameraträger gesehen hatte. Die Überraschung kam in der letzten halben Stunde des Videofilms: eine Stelle, an der das Schiff den Titanic-Cañon nach Osten in Richtung auf das Gebiet verlassen hatte, in dem die Rettungsboote aufgenommen worden waren. Hoffman beschreibt es so: »Mitten in einem Meer ohne alles Leben, nur Wasser, war da plötzlich etwas. Es sah so aus wie die 26 Tonnen, die eine Schraube der ›Titanic‹ wiegen mußte. Dieses Fernsehbild war deshalb so eindrucksvoll, weil das Objekt so abrupt auftauchte, ein Koloß, der einem plötzlich vor Augen stand und dann wieder weg war.« Zum Bild hatte das Mikrofon ein metallisches Kratzgeräusch aufgenommen. Vielleicht war der Kameraträger gegen eine große Felsformation gestoßen; vielleicht war er aber auch an das Metallheck der darüber aufragenden »Titanic« geschrammt. (Da der Videoträger nicht mit einem Magnetometer ausgerüstet war, wußte man nichts Genaueres.) Die Kamera zeigte jedoch kein Bild von dem Hindernis, nur die »Schraube«, die so aussah, als hänge sie von oben ins Wasser.

Spiess und Ryan wollten sich natürlich mit einer Identifizierung nicht festlegen. Die Bilder waren nicht scharf genug, und außerdem wurde der optische Eindruck durch keine magnetische Messung bestätigt. Dieselbe Fläche war ja 1980 schon vom Sonargerät »Sea MARC« und 1981 von »Deep Tow« und einem Magnetometer abgegrast worden, ohne daß man das geringste Anzeichen für das Schiff gefunden hatte. Doch alle Seeleute an Bord, auch der Kapitän des Schiffs (und viele, die den Videofilm später sahen), waren sich darin einig, daß das verschwommene Fernsehbild wie eine Schraube aussah und auch von der richtigen Größe und Form war. Die Wissenschaftler hatten nach wie vor Zweifel, aber Grimm war völlig überzeugt und erklärte aller Welt, er habe die »Titanic« gefunden.

Die Medien verbreiteten seine Behauptung pflichtschuldigst, und die Fernsehsender strahlten seinen Videofilm aus, doch die Skepsis wurde immer größer. Grimm verlor allmählich seine Glaubwürdigkeit. Schon das zweite Jahr war er überzeugt davon, daß er das Wrack gefunden hatte, während sich seine Wissenschaftler eher zurückhielten. Schon nach kurzer Zeit verschwand das Thema aus den Nachrichten.

Jack Grimm brauchte zwei Jahre, bis er die Mittel beisammen hatte, um sich seine »Schraube« noch einmal anzusehen. Diesmal hatte er vor Ort nur eine Handvoll Tage zur Verfügung, aber mehr war ja auch nicht nötig. Man mußte nur zu dieser »Schraube« hinausfahren und filmen, wie sie am Rumpf der »Titanic« befestigt war. Die Expedition wurde kurzfristig zusammengetrommelt; Fred Spiess war schon mit anderen Projekten beschäftigt, so daß nur Bill Ryan Grimm an Bord der »Robert D. Conrad« begleitete, als sie im Juli 1983 von Halifax auslief. Als man die Position der »Schraube«

erreicht hatte, wurde das schlechte Wetter noch erheblich schlimmer: Der Wind erreichte 30 bis 40 Knoten, der Seegang 4,50 bis 9 Meter.

Die »Schraube« sollte mit Ryans Sonargerät überprüft werden; wenn das nicht funktionierte, wollte man die Suche weiter östlich von 50° 00' W in einer Gegend fortsetzen, die man seit 1980 nicht mehr erforscht hatte, und dann wollte man in Neuland vorstoßen. Das Sonar zeigte am Standort der »Schraube« nichts, was auch nur entfernt den Proportionen der »Titanic« geähnelt hätte, und das Wetter wurde noch schlechter.

Die restliche Zeit begann Ryan mit der Suche weiter östlich und hoffte, trotz des Wetters noch zwei Nord-Süd-Bahnen zu fahren, die das von »Sea MARC« erfaßte Feld etwa sechs Meilen weiter nach Osten ausdehnen sollten. Nach einem langen Tag legte er sich schlafen und glaubte, bis zum nächsten Morgen werde viel neues Gebiet untersucht worden sein. Während er schlief, befahl Grimm der Wache, das Schiff zu wenden und noch einmal über die »Schraube« zu fahren. Er konnte einfach nicht glauben, daß die »Titanic« dort nicht lag. Als dieses Intermezzo zu Ende war, hatten die Stürme eine Stärke erreicht, bei der weiteres Suchen mit dem Sonar unmöglich war. Ein paar allerletzte Kamerazüge über die »Schrauben«-Stelle, wobei die Kamera gar nicht mehr richtig geführt werden konnte, erbrachten auch nichts, und Grimm fuhr wieder nach Hause. Wenn dort unten eine Schraube lag, war sie jedenfalls nicht an einem Wrack befestigt.

Jack Grimm hatte sich töricht verhalten, und entgegen seinem Ruf hatte er auch Pech gehabt. Bill Ryan zufolge hatte Grimm auf allen drei Expeditionen, also an über vierzig Tagen auf hoher See, nur einen Tag mit einer Windstärke unter 4 erlebt (20 bis 27 Stundenkilometer).

Mit seinen drei Expeditionen hatte Jack Grimm zwar die »Titanic« nicht gefunden, doch für die Unterwassererkundung waren sie von einigem Nutzen. Bill Ryan entwickelte und erprobte sein großflächiges Kartierungssonar und zeigte, was eine bildgebende Technik in großen Meerestiefen leisten konnte. Sein »Sea MARC« war ein paarmal dicht an die »Titanic« herangekommen. Doch war sie in den Aufzeichnungen nicht zu erkennen, weil das Sonar nicht richtig funktioniert hatte. Spiess und sein »Deep Tow« haben die bisher genauesten Angaben über den Meeresboden in dieser Gegend geliefert, auch über den Titanic-Cañon.

Daß Grimm nicht ans Ziel kam, ist meines Erachtens auf vier Gründe zurückzuführen. Erstens vertraute er den Wissenschaftlern nicht genug, die er angestellt hatte. Zweitens hatte er sich nicht genau überlegt, wo er suchen wollte, als er mit seiner Expedition aufbrach. Drittens hielt er sich nicht an eine feste Suchstrategie, sondern kehrte immer wieder zu »Zielen« zurück, die es ihm angetan hatten. Viertens war er auf keiner seiner Reisen jeweils so lange auf See, daß er seinen Suchbereich hätte ausdehnen können, wenn er das Schiff nicht dort entdeckt hatte, wo es seiner Meinung nach hätte liegen sollen. Obwohl niemand damit gerechnet hatte, wartete die »Titanic« nach wie vor auf ihren Entdecker. Bald wollte ich mich dieser Herausforderung wieder selbst stellen.

Funktionsschema des Argo/Jason-Systems, wie ich es 1981 entwickelte. Der Kreisbogen zeigt das von Argos Vorwärtssonar »abgehorchte« Gebiet, die Dreiecke bezeichnen die Reichweite des Seitensicht-Sonars. Trapeze: Abschnitte des Meeresbodens, deren Bild von Argos fünf Kameras zur Oberfläche übermittelt wird.

Kapitel 5

»Jason« und die Argonauten

Nach Bill Tantums Tod und Jack Grimms Suchfahrt hatte ich mich 1980 an die amerikanische Marine gewandt und um finanzielle Unterstützung bei der Entwicklung der bildgebenden technischen Verfahren gebeten, wie ich sie mir für den Unterwassereinsatz vorstellte. Konkret hieß diese Vorstellung »Argo/Jason«. Nach meinem Jahr in Stanford und der Veröffentlichung einiger Arbeiten über hydrothermale Schlote hatte mir Woods Hole eine Dauerstellung angeboten. Jetzt konnte mich das Institut nicht mehr entlassen, solange ich genug Geld zur Finanzierung meiner Forchungsarbeiten aufbrachte. Damit war der Weg zur Verwirklichung meiner alten Pläne frei.

»Argo/Jason« sollte ein ferngesteuertes, in der Tiefsee geschlepptes Videofahrzeug werden, mit dem an einem langen Kabel ein schwimmender Roboter verbunden sein sollte. Ich hatte mir dafür den Namen »Argo« zur Erinnerung an Jason und sein sagenumwobenes Schiff »Argo« ausgedacht, die in der griechischen Legende auf Suche nach dem goldenen Vlies gefahren waren. Das schien mir die passende Bezeichnung für ein Gerät zu sein, mit dem ich die Tiefseeforschung einen großen Schritt weiterbringen wollte.

Im Herbst jenes Jahres hatte ich mir überlegt, daß das Office of Naval Research (ONR), die amerikanische Marinedienststelle, die sich vor allen Dingen mit Forschung beschäftigt, am ehesten als Geldgeber in Frage kam. Das ONR hatte bisher schon oft Einzelpersonen ebenso wie ganze Forschungsprogramme gefördert. Ich wußte auch, daß die Marine bis dahin die Bedeutung von bildgebenden Techniken unter Wasser ziemlich vernachlässigt hatte und mein Ansatz nicht nur für die Forschung und Erkundung, sondern auch für den U-Boot-Krieg einiges bot.

Ich brauche wohl nicht eigens zu betonen, daß die Marine interessiert war.

Nach meinen damaligen Vorstellungen sollte »Argo« ein unbemanntes Tauchboot voll Videokameras sein, das an einem langen Glasfaserkabel von einem Mutterschiff mit 1 bis 2 Knoten Geschwindigkeit über den Meeresboden geschleppt wurde. Das Mehrfachsonar dieses Schiffs sollte die Unterwasserlandschaft kartographisch erfassen, gleichzeitig der »Argo« den Weg bahnen und dabei das Gelände erkunden, die gesammelten Daten digitalisieren und zu einer dreidimensionalen Karte verarbeiten. »Argo« selbst sollte über zwei Sonareinrichtungen verfügen: eine vorwärts gerichtete zum Nachweis von Hindernissen auf dem Weg und eine seitwärts gerichtete, mit der die geologischen Verhältnisse auf dem Meeresboden erkundet werden konnten. Dazu sollten fünf Videokameras an Bord installiert werden, so daß die gemütlich im Leitstand über Wasser sitzende Bedienungsmannschaft eine Art Panoramaansicht vom Meeresboden betrachten konnte. Sobald die Wissenschaftler etwas Interessantes feststellten, konnten sie den Roboter »Jason« in Betrieb setzen, während »Argo« über dieser Stelle am Meeresboden stehenblieb. »Jason« sollte mit einer Leine an »Argo« befestigt werden und mit Scheinwerfern, Stereokameras und einem eigenen Antriebssystem ausgestattet sein, so daß er unter eigener Kraft an gefährlichere Stellen fahren und Proben vom Meeresboden aufsammeln oder aus der Nähe Farbaufnahmen machen konnte. Die hochaufgelösten Bilder von »Argo« und dem Roboter »Jason« sollten auch zur sofortigen Satellitenübertragung um die ganze Welt zur Verfügung stehen.

Im Anschluß an meine Rückkehr nach Woods Hole arbeitete ich einige Zeit mit Emory Kristof an der Weiterentwicklung der Unterwasserfototechnik. 1981 probierten wir den Prototyp einer Kamera mit Restlichtverstärkung, einer sogenannten SIT-Kamera, in der Nähe der Karibikinsel St. Croix aus. Bei dieser Gelegenheit nahmen wir die bis dahin größten Unterwasserbilder auf; sie maßen über 3000 Quadratmeter. (Der Restlichtverstärker dieser Kamera verstärkt das vorhandene natürliche Licht um das 10000fache, so daß man buch-

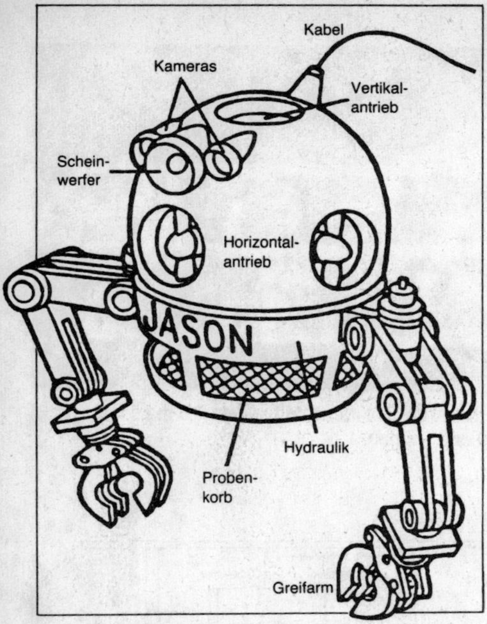

1981 entstand diese Zeichnung von Jason in einer frühen Entwicklungsphase.

stäblich im Dunkeln sehen kann. Die Technik wurde ursprünglich für Zielfernrohre im Vietnam-Krieg entwickelt.) Die Marine war von unseren Ergebnissen beeindruckt, weniger jedoch von unserem Unvermögen, zu erklären, wie wir sie erreicht hatten. Bis jetzt hatten wir uns vorwiegend auf unsere Intuition verlassen. Um weiterhin Zuschüsse von der Marine zu bekommen, mußte ich mir einen viel wissenschaftlicheren Lösungsansatz ausdenken.

Während sich Emory anderen fotografischen Aufgaben zuwandte, arbeitete ich mit einer Gruppe von Bildingenieuren zusammen, die ich in Woods Hole aufgebaut hatte, dem Kern meines neuen Tieftauchlaboratoriums »Deep Submergence Laboratory, DSL«. Sie waren das moderne Gegenstück zu den sagenhaften Argonauten des Jason und sollten mir bei meiner Suche nach dem goldenen Vlies, der »Titanic«, helfen. Gern machten sie da weiter, wo Emory aufgehört hatte. Im Gegen-

Das »Argo«-System

Eine Seitenansicht des abtauchenden Argo-Schlittens. Mit seinen 4,6 m Länge, 1,1 m Höhe und 1,1 m Breite wiegt er 2 Tonnen.

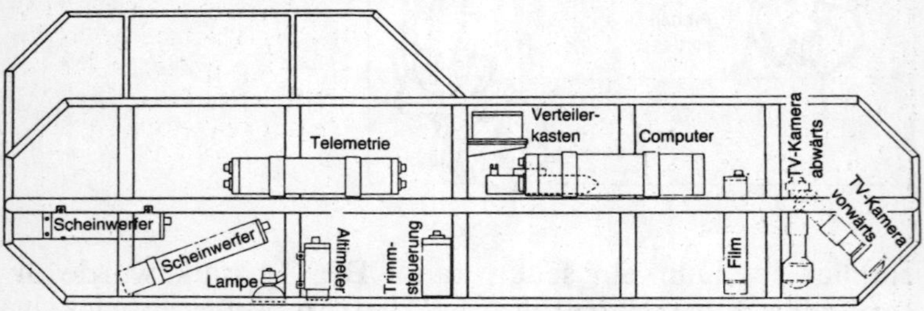

Schemazeichnung von Argos Innenleben

satz zu Emory und mir waren sie auch in den komplizierten Spezialgebieten der Bildtechnik und Elektrotechnik ausgebildet, konnten also genau erklären, was sie da trieben. Ihre Arbeit ging sehr stark in die Physik und Mathematik, die Roboterwissenschaft und Regeltheorie hinein. Schritt für Schritt entwickelten und überprüften sie »Argo« und »Jason«. Meinen Gönnern bei der Marine sagte diese gewohnte Arbeitsweise wesentlich mehr zu.

Der Kern des DSL war die Gruppe ANGUS, die ich in der zweiten Hälfte der siebziger Jahre gegründet und geleitet hatte, als ich noch mit »Alvin« getaucht war. In einer Phase

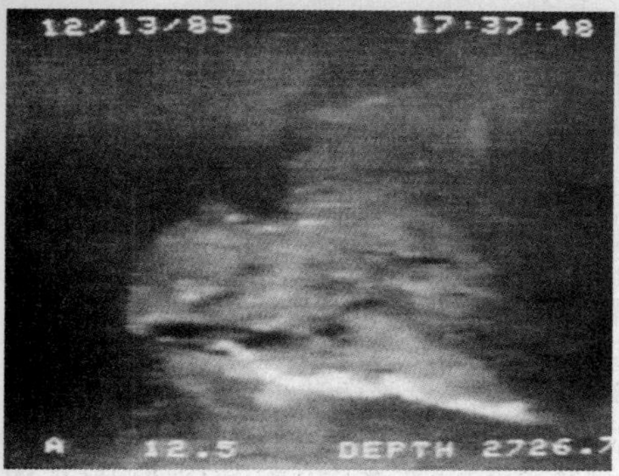

Ein Standfoto aus dem Videofilm, den Argo am Meeresboden aufnahm und auf einen Monitor im Leitstand des Mutterschiffs übertrug. Es zeigt eine Lavaformation im Gebiet des Ostpazifischen Rückens.

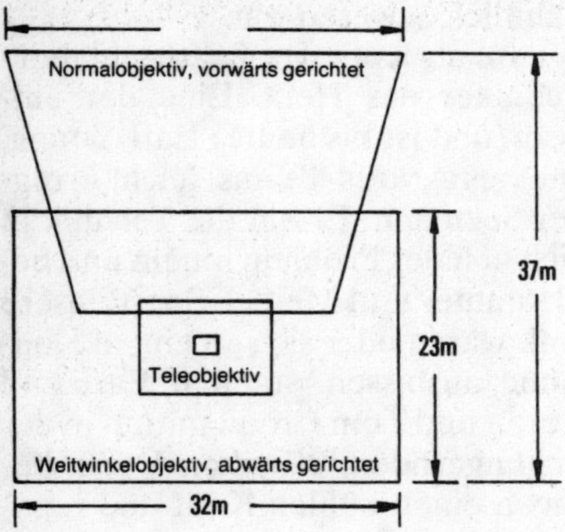

Ein Diagramm von Argos fotografischen »Fußspuren« zeigt das von den drei Kameras erfaßte Gebiet. In dem kleinen Viereck in der Mitte stehen die Brennweiten des Telezoom-Objektivs.

dieser Arbeiten hatte ich mehr Zeit in »Alvin« verbracht und war länger in großer Tiefe auf dem Meeresboden gewesen als alle anderen Wissenschaftler, die mit Tauchbooten gearbeitet hatten. Wenn ich die Zukunft der bemannten Tauchboote in der Tiefsee schon beeinflussen wollte, konnte man mir zumindest nicht vorwerfen, daß ich von der Sache nichts verstand.

Beim Aufbau meines Laboratoriums ging es mir darum, eine Familienatmosphäre zu schaffen, wie ich sie ähnlich in der Gruppe Alvin Anfang der siebziger Jahre selbst erlebt hatte. Wenn man so etwas erreichen will, muß man vor allem darauf achten, daß das Team die Kollegen heuert und feuert, nicht der Leiter. Dadurch fühlt sich das ganze Team für die Stärken und Schwächen jedes einzelnen Mitglieds verantwortlich.

Einer der wichtigsten Männer, die wir für das DSL einstellten, war Stu Harris, später Chefkonstrukteur von »Argo«. Er hatte Elektrotechnik studiert und sich ausführlich mit bildgebenden Systemen beschäftigt, war also für unser Vorhaben der ideale Mann. Er suchte sich als ersten Mitarbeiter für das »Argo«-Team Bob Squires aus, einen Fachmann für Video-Software. Später kam noch Tom Dettweiler zu Stus Team, ein ausgezeichneter Ingenieur mit Erfahrung auf See, der schon mit einem schleppbaren Tiefseegerät gearbeitet hatte, das in mancher Hinsicht »Argo« ähnlich gewesen war.

Wenn man das »Argo«-Team als Kopf des Tieftauchlabors betrachtet, waren die Techniker das Herz. Eine der eindrucksvollsten Gestalten war (und ist bis heute) Earl Young, ein altgedientes Mitglied meines ANGUS-Teams, leicht erregbar und ein ausgezeichneter Seemann. Er hat die Technik in den Fingerspitzen, denkt sich in jedes Problem hinein und behebt etwaige Schäden mit Hammer und Meißel. Sooft unsere Ingenieure an Bord seekrank waren oder sich an einem Konstruktionsproblem die Zähne ausbissen, standen Earl und seine Kollegen Emile Bergeron und Tom Crook mitten in der Nacht draußen auf dem schlingernden, eiskalten Deck, behielten trotz aller Belastungen einen kühlen Kopf und reparierten so manchen Schaden.

1980 bis 1984 waren die Aufbaujahre für das Team ebenso wie für das neue Fahrzeug zur Tiefsee-Erkundung. Als Jack Grimm im Sommer 1983 mit leeren Händen zurückkehrte, hatte das Tieftauchlabor seine endgültige Ausbaustufe erreicht, und »Argo« war im Bau. (»Jason« gab es damals erst auf dem Papier.) Es bot sich fast an, »Argo« in der Gegend zu erproben, in der die »Titanic« gesunken war, am besten gleich am Rumpf der »Titanic« selbst, einem in großer Tiefe liegenden Wrack, das noch niemand fotografiert hatte.

Jahrelang hatte ich von der Suche nach dem Schiff geträumt, war schon ganz dicht am Ziel gewesen, hatte dann fast alle Hoffnung verloren – und jetzt überstürzten sich die Ereignisse. Anfang 1984 erklärte sich die Marine bereit, für den Sommer 1985 eine dreiwöchige Erprobung zu finanzieren. Mir war klar, daß die Zeit knapp war, aber wir mußten »Argo« einfach bis dahin fertig haben.

So lange hatte ich mir gewünscht, bis auf Fotografierentfernung an die »Titanic« heranzukommen, daß ich mein Glück noch gar nicht fassen konnte. Immer hatte ich gesagt: »Gebt mir ein Schiff und setzt meine Mannschaft und mein Gerät darauf; alles übrige ist ein Kinderspiel.« Ich wußte, daß ich das beste Team hatte, doch 100 Quadratmeilen zerfurchten Geländes unter Wasser zu erforschen ist eine gewaltige Aufgabe, und drei Wochen kamen mir etwas knapp vor, wenn ich das Schiff sicher finden wollte. (Grimm hatte ein paar Wochen mehr Zeit gehabt und es selbst dann nicht geschafft.) Sobald ich wußte, daß unsere Expedition für 1985 genehmigt war, setzte ich mich ins Flugzeug nach Paris und besuchte die Zentrale von IFREMER, dem französischen staatlichen Institut für Ozeanographie. Man konnte sich eigentlich immer darauf verlassen, daß die Franzosen mitmachten, besonders wenn dabei High Tech im Spiel war. Außerdem hatten wir schon früher gut zusammengearbeitet, und ich wußte, daß sie für Unterwasserabenteuer etwas übrig hatten. So war ich fast überzeugt, daß ich sie herumkriegen konnte.

Nachdem die Regierung Mitterand an die Macht gekommen war, hatte es an der Spitze von IFREMER ein paar Veränderungen gegeben; als neuer Direktor amtierte jetzt Yves Sillard; vorher war er im französischen Raumfahrtprogramm tätig gewesen. Doch ich hatte noch immer Freunde bei Hofe. Den zweiten Mann von IFREMER, Claude Riffaud, kannte ich schon seit der Planung für das »Project Famous«, das er damals auf der französischen Seite geleitet hatte. Der Ingenieur Jean Jarry, mit dem ich auf der Expedition »Famous« eng zusammengearbeitet hatte, war von der Außenstelle Brest auf eine verantwortliche Position in die Zentrale versetzt worden. Auch er mußte eigentlich an unserem Vorhaben interessiert sein. Schließlich war da auch noch Jean-Louis Michel, ein weiterer Mitstreiter aus den Tragen des »Project Famous«; er arbeitete immer noch als Ingenieur im Außenein-

Jean Jarry, der französische Projektleiter

satz. Jean-Louis verfügte jetzt über ein fantastisches neues Seitensicht-Sonar, das SAR-Gerät, ein schleppbares Echolot, das mindestens so gut war wie das »Deep Tow« von Scripps, wenn nicht sogar besser.

Als ich in Paris angekommen war, gab Claude Riffaud in seiner Wohnung ein Abendessen für Sillard und Jarry (Jean-Louis war in Brest). In dieser entspannten Atmosphäre, bei Wein und gutem Essen, erklärte ich meinen Plan, nach der »Titanic« zu suchen, sie zu finden und dann mit »Argo« und ANGUS zu filmen. War IFREMER bereit, sich an einer gemeinsamen Expedition zu beteiligen? Mit vereinten Kräften, also mit mehr Zeit und mehr Technik, mußten wir das Schiff finden. Um Sillard zu überzeugen, verglich ich die Suche nach der »Titanic« mit der Mondlandung. Es wäre ein großer Augenblick in der Geschichte der internationalen Zusammenarbeit in der Wissenschaft und eine erstrangige wissenschaftliche Leistung. Als das Abendessen vorbei war, glaubte ich ziemlich sicher, daß IFREMER mitmachte. So war es auch.

Stolz weht die Trikolore über der Heckplattform von *Le Suroît.*

Jean Jarry sollte Projektleiter auf der französischen Seite sein, Jean-Louis Michel die Expedition gemeinsam mit mir auf See leiten. Ich machte mich ans Planen. Den Löwenanteil der Vorbereitungen sollten die Franzosen übernehmen, weil ich ja offiziell nicht zur Suche nach der »Titanic«, sondern zur Erprobung eines neuen Geräts, »Argo«, mitfuhr. Zwar segelte ich unter der Flagge von Woods Hole, aber das Institut unterstützte mich offiziell nicht. Für IFREMER stellte dagegen die »Titanic« das amtliche Ziel dar, und die Franzosen erkannten darin nicht nur eine Chance, ihr Gerät und ihr Knowhow zu demonstrieren, sondern sahen das ganze Vorhaben auch als eine mögliche Einnahmequelle. Wenn das Schiff gefunden wurde, war zwangsläufig mit Büchern und Dokumentarfilmen zu rechnen.

Die Franzosen erklärten sich bereit, noch einmal die Wetterlage im Suchbereich zu überprüfen, um den besten Zeitplan aufzustellen: Wir wußten, daß das Wetter im Nordatlantik ohnehin unberechenbar ist. Grimms Expeditionen hatten ja genug darunter gelitten. Ich sollte vor allen Dingen die Topographie des Meeresbodens erkunden und besonders Cañons feststellen, die unsere Arbeit erschweren konnten. (Cañons erzeugen Störechos, und in diesem Rauschen können selbst große Objekte untergehen.) Wir wußten schon, daß die Wasserbedingungen in der Tiefe der »Titanic« für die Suche mit optischen Geräten geeignet waren. (Jahre zuvor hatte Bill Tantum die Internationale Eispatrouille einmal überredet, Emory Kristof und zwei Fotografen mitzunehmen, die das Wasser auf dem Meeresgrund untersuchen sollten.) Allerdings bestand immer noch die große Frage, wo wir suchen sollten. Hervorragende Wissenschaftler mit ausgezeichnetem Gerät hatten sich schon dreimal vergeblich auf die Reise gemacht.

Bill Ryan bei Lamont zeigte Jean-Louis entgegenkommenderweise die 1980 mit »Sea MARC« gemachten Aufzeichnungen, während Fred Spiess nicht bereit war, ohne Grimms Zustimmung die Daten freizugeben, die er 1981 mit »Deep Tow« gesammelt hatte. Obwohl »Deep Tow« nach unserer Überzeugung nichts entgangen war, konnte man die Möglichkeit doch nicht ganz von der Hand weisen. Schließlich war der Meeresboden in dieser Gegend kompliziert, vor allem in der Umgebung des Titanic-Cañons. Außerdem war gar nicht gesagt, daß das Schiff noch aus einem großen Stück bestand, wie Spiess und Ryan angenommen hatten. In Ermangelung der »Deep Tow«-Aufzeichnungen und angesichts der schlechten Qualität vieler »Sea MARC«-Daten kamen wir zu dem Schluß, noch einmal dieselbe Fläche zu bearbeiten, die Spiess und Ryan schon untersucht hatten, um ganz sicher zu sein.

Ich konzentrierte meine begrenzten Mittel auf die Fertigstellung von »Argo«, während IFREMER Geld und Zeit in weitere geschichtliche Untersuchungen steckte. Jean-Louis und ich gingen die verschiedenen Beschreibungen der Katastrophe immer wieder durch und versuchten, uns in den widersprechenden Angaben zurechtzufinden, die von den Ereignissen vor und nach dem Untergang überliefert sind. Schließlich legten wir als Hauptsuchgebiet eine Fläche von 100 Quadratseemeilen und zusätzlich eine vorwiegend östlich davon gelegene Fläche von noch einmal 150 Quadratseemeilen fest (die die erste Suchfläche zum Teil einschloß).

Im Tieftauchlaboratorium war das Frühjahr 1985 eine hektische Zeit. Wie so oft, wenn man einen knappen Termin einhalten muß, wurde fast alles in letzter Minute fertig. Die Zulieferer stellten wichtige Bauteile mit Verspätung her. Und ich mußte mich noch überzeugen, daß die ganze Anlage einwandfrei funktionierte, bevor wir in See stachen. Unser Schiff, die »Knorr«, sollte am 17. Juni zu einer weiteren wissenschaftlichen Expedition von Woods Hole auslaufen. Bis dahin mußte »Argo« fertig sein.

Die nächsten fünf Wochen machten die DSL-Argonauten Überstunden, arbeiteten nachts und an Wochenenden, denn unser Termin rückte immer näher. Nur selten ließ der Teamgeist nach; die Frauen und Kinder leisteten uns Gesellschaft und veranstalteten zwanglose Grillfeste, während wir »Argo« mit allerletzten Feinabstimmungen der Meßwertübertragungsanlage einsatzfertig machten. Endlich hatten wir es geschafft; nur das Schleppkabel war noch nicht eingetroffen. Es sollte per Luftfracht auf die Azoren gesandt werden, wo unser Team Anfang August auf die »Knorr« zusteigen wollte. Wenn das Kabel bis dahin nicht eintraf, war »Argo« nutzlos.

Unser Expeditionsplan sah eine Operation in zwei Phasen vor. In der ersten Phase (ungefähr vier Wochen vor Ort) sollte das französische Schiff »Le Suroît« unter Leitung von Jean-Louis Michel die »Titanic« mittels systematischer Suche im ausgewählten Gebiet mit Hilfe des neuentwickelten SAR-Tiefsee-Schleppsonars suchen. In der zweiten Phase (rund 12 Tage vor Ort) wollten wir an Bord des amerikanischen Schiffs »Knorr« mit Hilfe von »Argo« die verschiedenen Sonarziele optisch untersuchen, die SAR aufgefangen hatte. Das Ziel, das sich schließlich als »Titanic« herausstellte, sollte dann mit »Argo« und ANGUS dokumentiert werden, unserem alten Schlitten mit Unterwasser-Fotokamera, der uns schon zu vielen hunderttausend Aufnahmen in allen möglichen Meerestiefen verholfen hatte.

Am 24. Juni 1985 legte »Le Suroît« in Brest ab. Nach kurzem Zwischenaufenthalt auf den Azoren nahm sie Kurs auf die Gegend, in der die »Titanic« gesunken war. Ich wollte etwa in der Mitte der ersten Expeditionsphase zusteigen und hoffte nur, daß die Franzosen die »Titanic« nicht fanden, bevor ich dabei war.

Kapitel 6

Die Entdeckung

In der unwirtlichen Ecke des Nordwestatlantiks, wo die »Titanic« unterging, sind die Elemente nur wenige Wochen im Jahr erträglich. Dieses »Wetterfenster« im Hochsommer liegt zwischen Mitte Juli und Mitte September, aber selbst dann kann es entsetzliche Stürme geben, wie Jack Grimm zu seinem Leidwesen feststellen mußte. Wir kannten durchaus das Risiko, das wir mit der Entscheidung auf uns genommen hatten, die Suche schon Ende Juni zu beginnen. Doch angesichts der Größe unserer Suchfläche blieb uns gar keine andere Wahl. Wenn wir berücksichtigten, wie lange zuerst das französische Schiff »Le Suroît« und dann die amerikanische »Knorr« brauchten, um das Suchgebiet zu erreichen und wieder zurückzufahren, blieben uns für die eigentliche Arbeit knapp fünf Wochen. In dieser Zeit wollten wir die »Titanic« nicht nur finden, sondern der Welt auch noch detaillierte fotografische Aufzeichnungen vom Wrack mitbringen. Die »Titanic«-Expedition 1985 erwies sich als ständiger Kampf gegen die Zeit und die Natur.

Auf dem Papier nahm sich unsere Suche einfach aus. Die Strategie lag fest, unser Gerät befand sich am Ort und war einsatzbereit. Außerdem hatte ich ja immer gesagt, daß es einfacher sein müßte, die »Titanic« zu finden, als sie dann auf den Film zu bekommen. Jack Grimm, Fred Spiess und Bill Ryan hatten die Aufgabe allerdings nicht ganz so leicht gefunden, und Jean-Louis Michel auf »Le Suroît« mußte dieselbe Erfahrung machen.

Jean-Louis Michel und seine französische Besatzung erreichten das Zielgebiet am 5. Juli und begannen sogleich mit dem ersten Teil der Sonar-Suche. Ich war noch vor der mexikanischen Pazifikküste emsig damit beschäftigt, »Alvin« einer Reihe von Tauchversuchen zu unterziehen und »Jason ju-

Unser Fotograf Emory Kristof imitiert auf dem SAR Slim Pickens' Bombenritt aus dem Film »Dr. Strangelove oder Wie ich lernte, die Bombe zu lieben«.

nior«, einen Prototyp des Roboters »Jason«, der dem »Argo«-System angehängt werden sollte, erstmals zu testen. Am 22. Juli kam ich endlich auf der französischen Insel St. Pierre südlich von Neufundland im Sankt-Lorenz-Golf an, wo »Le Suroît« nach zwei Wochen Suche die Vorräte ergänzte.

Bislang hatten die Franzosen nichts gefunden. Sie hatten schon eine ganz schöne Fläche abgesucht, aber leider war die Strömung stärker gewesen als erwartet. Die Expedition lag schon jetzt nicht mehr im Terminplan, obwohl sie erst angefangen hatte.

Mit mir befanden sich an Bord des französischen Schiffs noch drei Amerikaner, die als Dokumentationsteam unsere Suche verewigen sollten, wenn sie gelang. Bill Lange, der Jüngste der drei, kam aus Woods Hole. In seinem Lerneifer und seiner Begeisterung über diese Reise war er Helfer und Lehrling der beiden Veteranen, Ralph White, der die Expedition auf 16-mm-Film aufnehmen sollte, und meines alten

Bei ruhiger See verläßt *Le Suroît* St. Pierre für die zweite Phase der französischen Sonarsuche nach der *Titanic.*

Partners Emory Kristof, des berühmten Fotografen vom »National Geographic«. (Das »National Geographic« unterstützte die Dokumentation unserer Expedition finanziell und sollte dafür als erste Zeitschrift eine ausführliche Geschichte unserer Suche veröffentlichen, wenn wir Erfolg hatten.)

Ich hatte mir Emory für diese Fahrt nicht nur gewünscht, weil er einer der besten Fotografen ist und ich schon oft mit ihm gearbeitet hatte, sondern auch deshalb, weil er die Teilnahme an dieser Entdeckung verdient hatte. Angesichts unserer bisherigen Zusammenarbeit an der »Titanic« war es nur recht und billig, daß er dabei war, wenn sich unser beider Traum endlich erfüllte.

Ralph und Emory sind das journalistische Gegenstück zur Betriebsfeuerwehr: Fotografen, die immer da sind, wenn und wo man sie braucht. Solche Leute sind in der Hitze des Gefechts unerläßlich, doch solange die Schlacht noch nicht entbrannt ist, können sie nur abwarten und zuschauen.

Jean-Louis mit seiner Erfindung SAR

An Bord von »Le Suroît« befanden wir uns auf fremdem Territorium. Ich war im Lauf der Jahre schon häufig auf französischen Schiffen gefahren, und Jean-Louis Michel und ich waren gute Bekannte, aber Kristof, White und Lange müssen das Gefühl gehabt haben, auf einem anderen Planeten gelandet zu sein. Keiner von ihnen sprach Französisch, und sie bekamen ihr Quartier in einem getrennten Container im Achterschiff zugewiesen. Dadurch sonderten sie sich von den anderen ab, spielten Karten, hörten Musik, lasen und warteten darauf, daß etwas geschah.

An Bord eines französischen ozeanographischen Schiffs fällt einem als erstes auf, wie wichtig das Essen ist. Überall riecht es nach Essen, üppige Düfte von Fleisch und Knoblauch durchziehen die Räume, und die Mahlzeiten bilden das Kernstück eines äußerst förmlichen Bordrituals. Ein Drittel des ganzen Expeditionsbudgets wird offenbar für Proviant ausgegeben. Natürlich ist alles höchst kultiviert, doch für meinen Geschmack war die Atmosphäre an Bord viel zu steif.

»Le Suroît« war auch arg eng. Bei etwa fünfzig Mann an Bord konnte man sich in kein privates Eckchen zurückziehen, vor allem bei schlechtem Wetter. Das Schiff ist klein und war mit Geräten und Menschen vollgestopft. Ständig stieß ich mit dem Kopf oder den Knien irgendwo an, und ich hatte die

Im engen Labor an Bord von *Le Suroît*, dem Leitstand während der französischen Phase unserer Fahrt, beugt sich Jean-Louis Michel über den Navigationstisch, um mit einem Navigator der Expedition das Suchraster festzulegen.

größte Mühe, auch nur einen Meter Platz zum Abeiten zu finden. Selbst die Schlafräume waren überfüllt; Waschräume und Toiletten waren völlig unzureichend. Man kam sich vor wie im Schlafsaal eines schwimmenden Internats.

Gott sei Dank war Jean-Louis an Bord. Er hatte ein Jahr in Woods Hole gearbeitet und sprach jetzt ganz gut Englisch mit einem entzückenden Akzent à la Maurice Chevalier; er war ein guter, alter Freund. Daß er mitfuhr, ließ mich die Enge und das steife Gehabe auf diesem ausländischen Schiff leichter vergessen und ermöglichte mir die Konzentration auf unsere eigentliche Aufgabe: die »Titanic« zu finden. Die nächsten drei Wochen verbrachten wir viel Zeit miteinander.

Als »Le Suroît« auslief, hatte ich recht gemischte Gefühle. Ich hoffte, daß die Franzosen die »Titanic« fanden; auf der anderen Seite hoffte ich es auch wieder nicht. Wenn sie scheiterten, hatte die amerikanische Phase der Expedition nur noch wenig Zeit, das Wrack zu finden und zu fotografieren. Aber schließlich war es nur menschlich, daß ich das Schiff selbst entdecken wollte. Damit will ich nicht sagen, daß Jean-Louis und ich die Rechte und Pflichten der Leitung nicht redlich teilten. Wir waren ein Team, und er konsultierte mich bei jeder Entscheidung, die er traf; doch solange wir uns auf einem französischen Schiff befanden, hatte Jean-Louis das letzte Wort. Später sollten wir dann die Rollen tauschen.

Jean-Louis und ich waren immer gut miteinander ausgekommen. Außenstehende mag das überraschen, denn wir sind grundverschieden. Er ist sehr ruhig, zurückhaltend und ernst, das Musterbeispiel des gewissenhaften Ingenieurs, auf seine Aufgabe konzentriert, genau und methodisch bis zur Sturheit, sehr vorsichtig und dabei mit einem stillen Humor begabt. Auch unter Druck behält er einen kühlen Kopf. Er ist ein angenehmer Kollege, sehr stolz darauf, Franzose zu sein, und sehr stolz auf die Leistungen der französischen Ozeanographie.

Ich bin anders, ich mache immer meine Witzchen (und trete dabei manchmal anderen auf den Schlips oder mache mich lächerlich). Der Hauptunterschied liegt aber darin, daß Jean-Louis vorsichtig und konservativ vorgeht, während ich ab und zu lieber ein Risiko auf mich nehme. Ich suche immer den kürzesten Weg, mache dabei auch Phantasiesprünge. Aber weil wir die starken Seiten des anderen respektieren, ergänzen wir einander gut und bilden zusammen eine perfekte Kombination. Zusammen gehen wir auch kalkulierte Risiken ein: Ich denke sie mir aus, und Jean-Louis ist für die Kalkulation zuständig.

Als »Le Suroît« die Gegend erreicht hatte, wo die »Titanic« untergegangen war, blieben uns bis zum Abschluß der Sonar-Suche nur siebzehn Tage. Bei gutem Wetter hätte es noch gelingen können. Wenn seine Strategie funktionieren sollte, mußte Jean-Louis bis auf zehn, fünfzehn Meter genau wissen, wo sich sein SAR-Sonar befand, während es in über 3500 Meter Tiefe unter dem Mutterschiff nur 180 Meter über dem Meeresboden geschleppt wurde.

Das SAR war Jean-Louis' Erfindung, er hatte es konstruiert und gebaut. Es war ein wunderschönes Gerät, das aussah wie

SAR wird von der Heckplattform von *Le Suroît* zu Wasser gelassen.

ein roter Torpedo. Die neueste Signalverarbeitungstechnik machte es zu Frankreichs leistungsfähigstem geschlepptem Seitensicht-Sonar. Seine Schattenbilder waren noch besser als die des Scripps-Geräts »Deep Tow«; sie waren so gut, daß sie fast schon wie Schwarzweißfotos vom Meeresboden aussahen. Diese mit Schallwellen aufgenommenen optischen Bilder waren wirklich erstaunlich. Aber wenn die Suche zum Ziel führen sollte, mußte das SAR mit größter Genauigkeit über den Meeresboden hin- und hergezogen werden, damit seinem scharfen Ohr nichts entging. Es war dasselbe mühselige Verfahren wie das »Rasenmähen«, mit dem schon Spiess und Ryan gearbeitet hatten.

Diese Technik ähnelte dem Versuch, einen Drachen an einer vier Kilometer langen Schnur steigen zu lassen. Die Bewegungen von »Le Suroît« an der Oberfläche bestimmten schließlich, welchen Weg das SAR einschlug. Die Position von »Le Suroît« konnte man mit Hilfe eines umfangreichen Netzes von akustischen Transpondern genau bestimmen, also mit einer Art von akustischen Funkpeilgeräten, die zu Beginn der französischen Suche auf dem Meeresboden abgesetzt worden waren. Etwa alle 10 Sekunden schickte »Le Suroît« ein akustisches Signal vom »Schleppfisch« aus, einem kleinen Gerät, das knapp unter der Wasseroberfläche nachgezogen wurde. Sobald jeder Transponder dieses Signal empfing, sandte er sein ganz spezielles Antwortsignal aus. Das SAR ließ sich ebenfalls in regelmäßigen Abständen vernehmen, und diese Wechselgespräche mit den fest verankerten Transpondern, die zunächst von »Le Suroît« und dann vom Schleppfahrzeug aus geführt wurden, zeigten den Leuten an Bord recht genau, wo sich »Le Suroît« und das SAR jeweils befanden.

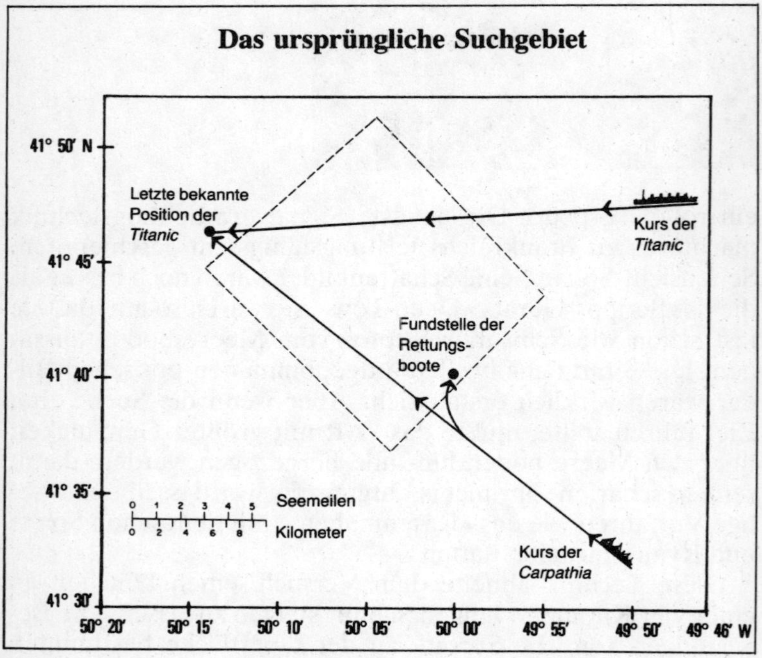

Das geplante französische Suchgebiet (unser erster Suchquadrant)

Wenn das SAR ein Ziel erfaßt hatte, wurde dies sofort mit der Aufzeichnung des Magnetometers verglichen, das hinter dem »Torpedo« geschleppt wurde und das Magnetfeld bestimmte. Wir rechneten mit zahlreichen Sonarzielen im Suchgebiet, die vielleicht wie die »Titanic« aussahen; doch nur die »Titanic« lieferte hoffentlich die magnetische Kennung eines großen Schiffs aus Metall.

Bei gutem Wetter hielt »Le Suroît« die Schnur straff und zog den Drachen (SAR) unter Wasser auf gerader Bahn. Aber schon Jack Grimm hatte feststellen müssen, daß das Wetter oder starke Strömungen an der Meeresoberfläche dieses »Rasenmähen« sehr erschweren können. Jede Bahn dieses akustischen Rasenmähers war etwa 1000 Meter breit. Ein Seiten-

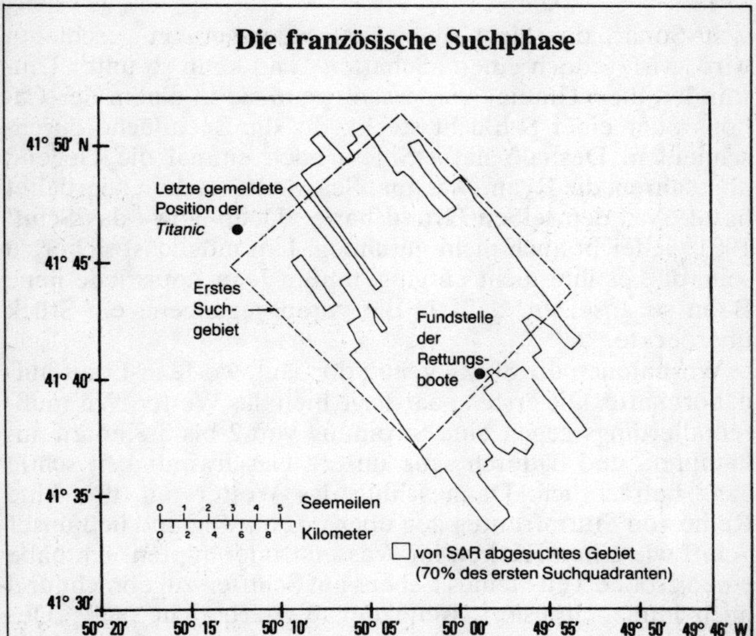

Das tatsächlich mit SAR überprüfte Gebiet im Vergleich zum ursprünglichen Suchgebiet

Als sich die französische Suchphase ihrem Ende näherte, wurden Jean-Louis und ich immer mutloser.

sicht-Sonar, das dicht über dem Meeresboden geschleppt wird, wirft jedoch einen »Schatten« und kann so unter Umständen die »Titanic« verpassen, wenn sie in einem der Cañons oder einer Schlucht steckt, die die Suchfläche durchschneiden. Deshalb hatte Spiess noch einmal die Gegend abgefahren, die Ryan 1980 mit »Sea MARC« schon bearbeitet hatte. Aus demselben Grund hatte »Deep Tow« das Schiff 1981 vielleicht auch nicht gefunden. Um möglichst sicher zu sein, daß es ihm nicht entging, mußte Jean-Louis jede neue Bahn so ansetzen, daß sie die vorausgegangene ein Stück überdeckte.

Wir nahmen die Suche genau dort auf, wo Jean-Louis aufgehört hatte. Die ersten paar Tage hielt das Wetter. Wir mußten allerdings gegen eine Strömung von 2 bis 3 Knoten ankämpfen, und dadurch sank unsere Geschwindigkeit schon ganz beträchtlich. Dann schlug das Wetter um, und eine Reihe von Sturmfronten zog über uns hinweg und ließ unser Schiff wie einen Korken im Wasserstrudel hüpfen. Ich habe einen großen Teil meines Lebens auf Schiffen zugebracht und mich immer amüsiert, wenn der Wetterbericht sagt: »Der Sturm ist sicher aufs Meer abgezogen.« Gern würde ich einen dieser Wetterfrösche einmal von seinem festen Platz auf dem Land auf eines unserer winzigen Schiffe mitnehmen, damit er

Das Forschungsschiff *Knorr* auf See

so einen »sicher abgezogenen« Sturm aus nächster Nähe erlebt.

Bei schlechtem Wetter wurde das Leben auf »Le Suroît« ungemütlich. Der ohnehin volle, enge Kahn verursachte Platzangst, wenn wir einen Sturm abwettern mußten. Draußen schlugen die Brecher über das Deck, und wir waren oft triefnaß und froren erbärmlich. Diese rauhe, unangenehme Zeit wurde noch zusätzlich durch unsere Ungeduld erschwert. Wir wollten endlich wieder an die Arbeit gehen.

Sooft das Wetter schlecht wurde, setzte Jean-Louis die Suche tapfer so lange fort, bis sich die Bahn des SAR auf dem Meeresgrund einfach nicht mehr steuern ließ und man gar nicht mehr wußte, wo sich das Sonar befand oder das Fahrzeug überhaupt zu verlieren drohte. Dann mußte er sein Sonar einholen, die schwere See abreiten, und wieder ging wertvolle Zeit verloren. Grimms Pech schien auch die Franzosen zu verfolgen, aber Jean-Louis verlor nie die Geduld und gab auch seine ursprüngliche Suchstrategie nicht auf. Selbst wenn er sich Sorgen machte oder niedergeschlagen war, zeigte er es nicht. Er hielt sich streng an seinen Suchplan und schleppte seinen Unterwasser-Sonardrachen über den Meeresboden hin und her. Diese Art Suche ist geisttötend. Wenn noch schlechtes Wetter dazukommt, wird sie zu einer körperlichen und seelischen Belastungsprobe.

Obwohl wir bis zum Ende der dritten Woche die »Titanic« nicht gefunden hatten, erzählte uns das SAR allmählich eine faszinierende Geschichte, die unter Umständen unsere Chance, das Schiff zu finden und zu filmen, ernsthaft beeinträchtigen konnte. Der »Titanic«-Cañon, der die östliche Hälfte unseres Suchgebiets schräg durchzieht, ist ein enger, verwinkelter Unterwassergraben mit zahlreichen Seitentälern, die eine ganze Reihe von falschen Sonarzielen und verwirrenden magnetischen Anomalien erzeugen (also Bereichen, in denen der Magnetismus höher als normal ist). 1929, siebzehn Jahre nach dem Untergang der »Titanic«, war die Gegend 314 Meilen weiter nordwestlich von einer starken Erschütterung, dem sogenannten Grand-Banks-Erdbeben, heimgesucht worden, das zahlreiche Transatlantikkabel zerstört und riesige Schlammassen in Bewegung gesetzt hatte.

Wenn nun diese Schlammrutschen bis zur »Titanic« vorgedrungen waren und das Schiff unter sich begraben hatten? In diesem Fall fänden wir vielleicht mit dem Magnetometer Hinweise auf ihre Existenz, bekämen sie aber nie zu sehen. Dieser Gedanke verfolgte mich den Rest unserer Suche nach dem untergegangenen Schiff. Vielleicht gab es gar nichts mehr zu finden.

Die folgende Woche setzte »Le Suroît« die Sonarsuche geduldig fort, doch als auf die erste Woche die zweite und auf die zweite die dritte folgte, ohne daß unsere Mühe Früchte trug, verbreitete sich auf dem Schiff allmählich Enttäuschung. Das SAR hatte sich unter rauhen Einsatzbedingungen hervor-

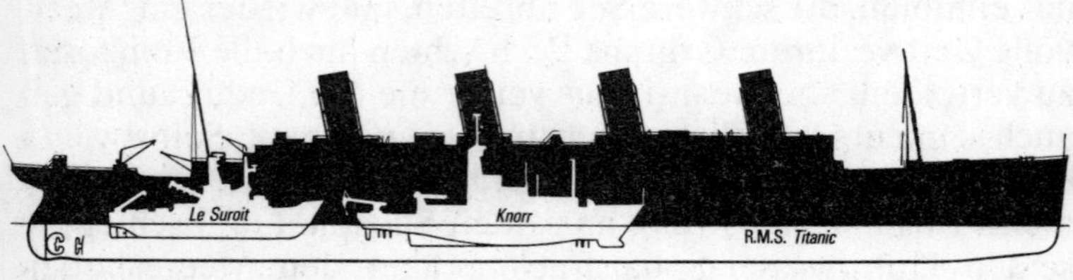

Ein Größenvergleich: die Silhouetten von *Titanic, Le Suroît* und *Knorr*

ragend behauptet; über 70 % der Suchfläche, auf die Jean-Louis und ich uns geeinigt hatten, waren nach dem Rasenmäherprinzip »abgegrast« worden. Die SAR-Datenbank war ein technisches Kunstwerk, von einem Meister verwaltet, wir hatten daraus entnehmen können, wo die »Titanic« nicht lag. Aber trotz aller guten Leistungen des SAR war Jean-Louis die Enttäuschung anzumerken. Er war stolz, und es war ihm nicht gelungen, unserem Ziel nahezukommen. Als nächstes hatte ein amerikanisches Schiff mit einem amerikanischen Team die Chance, die Suche fortzusetzen.

Als am späten Vormittag des 6. August das SAR zum letzten Mal eingeholt werden mußte und wir wieder Kurs auf den Hafen nahmen, schien ein dunkler Schatten über »Le Suroît« zu fallen. Das enge, volle Schiff wirkte auf einmal leer, weil sich alle Besatzungsmitglieder in irgendeine stille Ecke verkrochen, um über den Fehlschlag zu sinnieren. Es war ein düsterer, kalter, verhangener Tag; ich kann mich noch daran erinnern, daß ich auf der Steuerbordseite zum Heck ging, wo das SAR nach getaner Arbeit vertäut lag. Ich schaute auf die kabbelige See und den grauen Himmel hinaus. Plötzlich riß die Bewölkung auf, ein paar Sonnenstrahlen leuchteten, und irgendwo aus dem Nichts entstand ein wunderschöner Regenbogen. Ich bin eigentlich ein nüchterner Naturwissenschaftler, doch als Auch-Seemann bin ich ein bißchen abergläubisch. Vielleicht bedeutete der Regenbogen, daß uns eine bessere Zukunft bevorstand.

Am 12. August, vier Tage und viele Anschlußflüge nach der Abreise von »Le Suroît« in St. Pierre, kamen Jean-Louis und ich in Punta Delgada auf den Azoren an. Auf uns warteten das amerikanische ozeanographische Forschungsschiff »Knorr« und mit ihm das amerikanische Wissenschaftlerteam vom Tieftauchlaboratorium aus Woods Hole. Emory Kristof und Ralph White sollten bis zur Abfahrt zu uns stoßen. Auch das wichtige Schleppkabel für »Argo« war per Luftfracht gerade noch rechtzeitig eingetroffen.

Nach der Enge und dem steifen Zwang auf dem französischen Schiff fühlte man sich an Bord der »Knorr«, als sei man soeben aus dem Pensionat in einen Country Club gekommen.

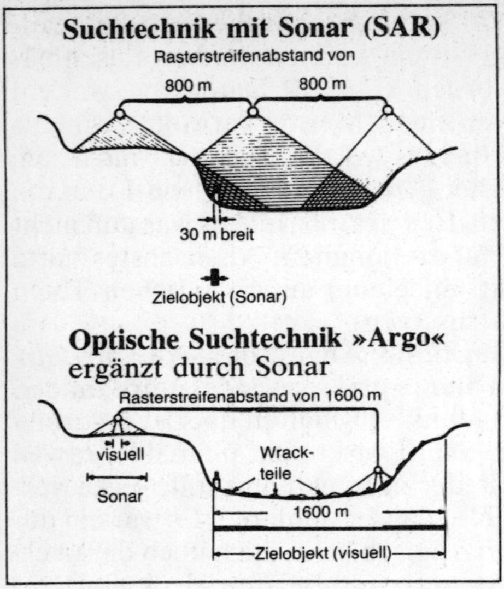

Da der Meeresboden zahlreiche Pseudoziele aufweist, sollte eine Überprüfung mindestens 100 % des Suchgebiets abdecken. Um ganz sicherzugehen, daß sie die *Titanic* nicht übersahen, mußten die Franzosen Sonarbahnen in 760 m Abstand anlegen. Mit Argo konnten wir die Bahnen unserer optischen Suche rund 1600 m breit halten.

Die »Knorr« ist ein elegantes Schiff mit geräumigen Kabinen und einem besonderen Antrieb, der ihr auch bei schlechtem Wetter zu optimaler Stabilität und Manövrierfähigkeit verhilft. Die beiden Voith-Schneider-Propeller der »Knorr« sehen aus wie riesige Schneebesen; einer ist unter dem Bug, der andere unter dem Heck angeordnet. Das Schiff kann deshalb gleich gut vorwärts- und rückwärtsfahren, auf einem Markstück wenden oder bei schwerer See auf dem Fleck stehenbleiben. Es verkörperte damals den neuesten Stand der Technik.

Im Vergleich zu »Le Suroît« wirkte die »Knorr« vielleicht riesig, aber neben der »Titanic«, die beinahe viermal so lang war, wäre sie fast verschwunden. In Wirklichkeit war sie auch absolut kein Country Club, sondern einfach das geeignetste Schiff für diesen Einsatz – bis auf eines: An Bord gab es keinen Raum, den ich als Leitzentrale hätte benutzen können. Ich war zwölf Jahre auf der »Knorr« gefahren und wußte, daß ich in ihrem Hauptlabor niemals die intensive Konzentration hätte aufbringen können, die ich auf unserer Suchfahrt brauchte. Der Mittelgang des Schiffes führt genau durch diesen Arbeitsraum. Dort ist ständig viel Betrieb, und das lenkt sehr ab.

Deshalb befand sich, als ich auf den Azoren an Bord ging, auf dem Achterdeck der »Knorr« an der Steuerbordseite ein fünfeinhalb mal sechs Meter großes, rechteckiges Gebilde aus zwei transportablen Containern, die wie eine Art Wohnmobil miteinander verbunden waren. Das war der »Argo/ANGUS«-Leitstand, die Einsatzzentrale für die amerikanische Expeditionsphase. Schräg gegenüber stand auf der Backbordseite etwas weiter hinten ein dritter Container: das Fotolabor für die Entwicklung der Standfotos. Auf der Heckplattform waren die weißen Stahlschlitten für »Argo« und ANGUS fest vertäut; jeder Schlitten war fast fünf Meter lang. Sonst gehörte zur Deckausrüstung vor allen Dingen noch die Aufwickeltrommel gleich hinter dem Leitstandcontainer nahe der Steuerbordreling. Das Kabel lief von hier zur Zugeinrichtung auf dem Labordach, wo es eine elektrische Winde auf- oder abwickelte. Vom Labordach wurde das Kabel über die Heckplattform zurück zu einem Dreiecksrahmen geführt, der über der Steuerbordreling gleich hinter der Aufwickeltrommel stand. Von dort lief es ins Wasser.

Die Erbauer der »Knorr« hatten wohlweislich genug Raum für unseren Deckscontainer gelassen, indem sie die Schiffsaufbauten nach Backbord verschoben und so auf der Steuerbordseite eine große Decksfläche freigelassen hatten. Trotz unserer vielen klobigen Geräte war noch genug Platz zum Fußballspielen. Bei gutem Wetter wurde dieses Deck auf der Heckplattform zum allgemeinen Treffpunkt, wo man sich in der Freizeit zu einem Bier, einem Schwätzchen und zur Entspannung zusammensetzte, dabei aber trotzdem alles beobachten und verfolgen konnte, was auf Deck vor sich ging.

Wenn man von der Heckplattform in den Decksaufbau hineinging, kam man als erstes ins Hauptlabor, das wir zur Datenverarbeitungsanlage umfunktioniert hatten. Weiter den Mittelgang entlang folgte als nächstes die Sanitätsstation; dann kam der Speiseraum für die Offiziere und Wissenschaftler. Dahinter lagen die Kombüse und die Mannschaftsmesse.

Die nächsten beiden Decks enthielten hauptsächlich Schlafräume. Im zweiten Deck befanden sich außerdem ein Naßlabor, eine Bibliothek und der Funkraum. Im dritten Deck lagen vorn die Kabinen für den Wissenschaftlichen Leiter und den Kapitän. Die vierte Ebene war die Brücke, das Reich von Kapitän Richard Bowen. Ich war mit Kapitän Bowen schon vorher gefahren und hatte ihn dabei als ausgezeichneten Seemann schätzen gelernt. Er ist ein wortkarger Neuengländer, der sein Schiff mit sicherer Hand führt. Ich war froh, daß er an Bord war.

Zum vollkommenen Schiff kam das ideale Team: alte Mitarbeiter von ANGUS, wie Earl Young, Emile Bergeron, Tom Crook, Steve Gegg und Martin Bowen; dazu müssen die

Die Arbeitstechnik auf der Knorr

Der kleine »Fisch« (akustischer Sender und Empfänger dicht unter dem Rumpf), spricht sowohl mit den verankerten Transpondern als auch mit dem beweglichen Schleppgerät.

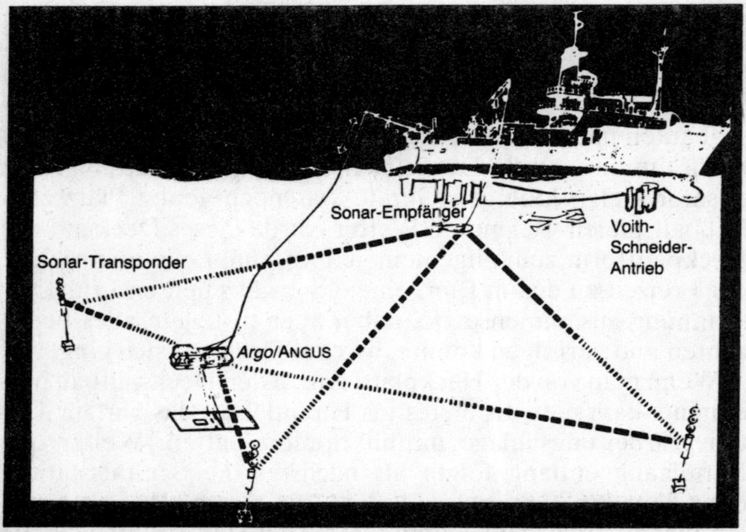

»Argo«-Spezialisten und der Konstrukteur von »Argo«, Stu Harris, und seine Ingenieure Tom Dettweiler und Bob Squires genannt werden. Sie wurden durch Navigatoren, Datenverarbeitungspersonal und die Operateure für das Sonargerät ergänzt; mich eingerechnet, ergab das eine Mannschaft von 25 Personen. Das Team setzte sich hauptsächlich aus der Familie zusammen, die ich im Tieftauchlabor um mich gesammelt hatte. Ich wußte von früheren Erfahrungen, daß es wie Pech und Schwefel zusammenhielt, sobald die Expedition in Gang war.

In der amerikanischen Phase der Suche stießen zu Jean-Louis Michel zwei weitere Vertreter von IFREMER, Jean Jarry und Bernard Pillaud. Jarry, jetzt vorwiegend in der Pari-

Das zweite Suchgebiet

Das erweiterte oder zweite im Vergleich zum ursprünglichen oder ersten Suchgebiet

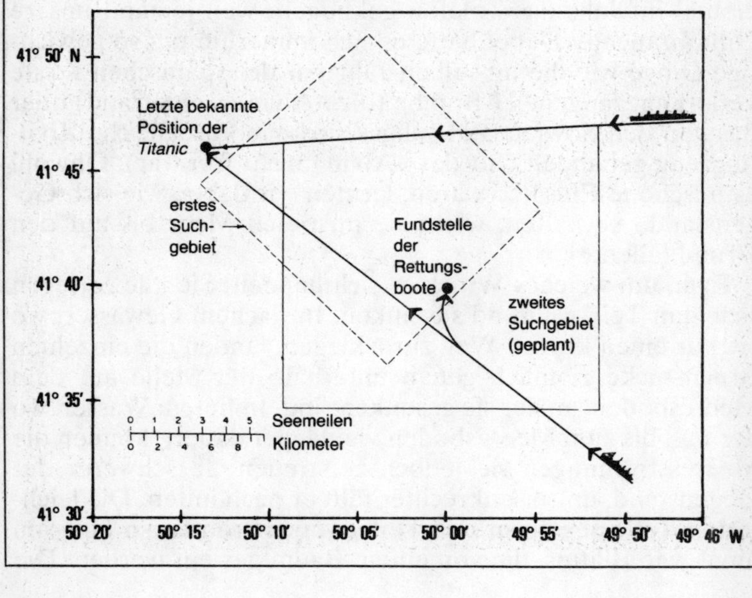

ser Zentrale von IFREMER beschäftigt, freute sich auf diesen kurzen Ausflug an die Front. Bernard, ein zu IFREMER delegierter Offizier der französischen Marine, hatte Erfahrung mit Schiffen, die dasselbe Antriebssystem aufwiesen wie die »Knorr«. Als Profis waren sie uns bei unserem Unternehmen hoch willkommen.

Auf der Fahrt über den Atlantik hatten wir endlich Zeit, unsere Suchstrategie für den Fall abzustimmen, daß eine optische Erkundung des Titanic-Cañons (und der von SAR und auf den Grimm-Expeditionen ermittelten Sonarziele) keine Hinweise auf das Schiff lieferte. Die Franzosen hatten für die Unterwassersuche ihre gewohnte Sonartechnik eingesetzt. Mit meiner Ausrüstung und meinem Interesse an bildgebenden Verfahren wollte ich etwas ganz anderes versuchen: mit »Argo« eine optische Suchaktion veranstalten.

Bei dieser neuen Strategie stützte ich mich auf meine Erfahrung im Suchen nach im Meer verlorengegangenen Gegenständen. Seit sich Woods Hole 1964 mit »Alvin« sozusagen auf Tauchstation begeben hatte, hatte bei mir mindestens einmal im Jahr das Telefon geklingelt, weil jemand unsere Hilfe brauchte. Dabei hatte es sich immerhin um so gewichtige Dinge wie die im selben Jahr vor der spanischen Küste verlorengegangene H-Bombe (die »Alvin« wiederfand) oder das von den Sowjets 1984 abgeschossene koreanische Zivilflugzeug gehandelt (für das »Alvin« nicht frei war). Obwohl es unschöne Einsätze waren, lernten wir dabei, wie sich Gegenstände verhalten, wenn sie im tiefen Meer bis auf den Grund fallen.

Egal, um welches Wrack es sich handelt: Sie alle zerlegen sich zum Teil, während sie sinken. In flachem Gewässer, wo sie nur einen kurzen Weg zurücklegen, landen die einzelnen Bruchstücke ziemlich genau unterhalb der Stelle auf dem Meeresboden, an der sie gesunken sind. In tiefem Wasser, wo der Fall bis zum Meeresboden viel länger dauert, können die Meeresströmungen sie jedoch zerstreuen. Je schwerer der Gegenstand, umso senkrechter fällt er nach unten. Die leichtesten Teile segeln in den Unterwasserströmen so langsam hinab wie Blätter, die von einem Baum geweht werden. Die

Ein Picknick auf der Heckplattform veranstalten Emile Bergeron, Cathy Offinger und Bernard Pillaud (von links nach rechts).

Folge ist ein Kometenschweif von Trümmern auf dem Meeresboden, wobei die schwersten Objekte auf der Luvseite des Feldes liegen. Bei normalen Meerestiefen von etwa dreieinhalb Kilometern, also der Tiefe, in der auch die »Titanic« sank, herrschen Strömungen von etwas über einem Knoten; hier haben wir Trümmerfelder von durchschnittlich einem bis zu anderthalb Kilometern Länge und noch mehr gefunden.

An Hand dieser Vorgaben traf ich eine Entscheidung, die sich später als richtig erwies: In einer etwaigen nächsten Suchphase wollten wir das Trümmerfeld der »Titanic« und nicht das Schiff selbst suchen. Dafür waren optische Geräte besser geeignet als das Sonar, denn im Gegensatz zur Kamera kann ein Sonar nicht zwischen kleinen künstlichen Gegenständen und natürlichen Trümmern auf dem Meeresboden unterscheiden. Die Kamera mußte dort Erfolg haben, wo das Sonargerät versagt hatte.

Während wir auf die Suchzone zudampften, besprach ich die neue Strategie mit Jean-Louis und den anderen Franzosen. Sie waren zwar an dieses Suchverfahren mit optischen Mitteln nicht gewöhnt, sahen aber ein, daß wir nur so das verbleibende Gelände in der restlichen Zeit mit »Argo« bearbeiten konnten. Die Zeit wurde knapp.

Jean-Louis und ich unterhielten uns noch über eine Erweiterung des ursprünglich vorgesehenen Hauptsuchgebiets. Wir waren beide überzeugt, daß wir weiter westlich gesucht hatten, als sich die »Titanic« überhaupt befunden haben konnte. Das zweite Areal, das wir abgesteckt hatten, lag östlich unse-

Emile Bergeron führt Argo vom Leitstand aus.

res ersten, doch wir wollten es noch weiter nach Osten ausdehnen als ursprünglich vorgesehen. Vielleicht war die »Titanic« viel langsamer gefahren, als ihr Kapitän gemeint hatte. Vielleicht war in jener Nacht die Strömung noch stärker gewesen, als wir berechnet hatten. Die Südgrenze unseres neuen Suchreviers war einfacher festzulegen: Es war die Stelle, an der die Rettungsboote gefunden worden waren. Sie waren ja auch die leichtesten Trümmerstücke der »Titanic« gewesen, denn sie waren nicht gesunken, sondern mit der Strömung südwärts getrieben.

Aus dem Logbuch der »Californian« hatten wir Geschwindigkeit und Richtung ihrer Abdrift in jener Nacht berechnen können. Sie war am Abend des 14. April 1912 um 22.21 Uhr auf das Eisfeld gestoßen und bis zum nächsten Morgen um

6 Uhr eine Strecke von 5 Seemeilen gedriftet. Die Strömung bewegte sich also mit 0,7 Knoten in Richtung Süd-Südost. Die »Titanic« mußte demnach nördlich vom Fundort ihrer Rettungsboote liegen.

Die Strömung hatte noch einen weiteren wichtigen Hinweis geliefert. Wenn die Rettungsboote nach Süden abgetrieben waren, mußte das auch für die Trümmer unter Wasser gelten. Folglich mußten die »Titanic« und ihre Überreste nördlich der Position der Rettungsboote etwa auf einer Nord-Süd-Geraden von einer Meile Länge liegen, und die leichtesten Trümmer mußten sich am südlichen Ende befinden. Wir mußten unser Suchfeld also in Ost-West-Linien bearbeiten, um das Trümmerfeld im rechten Winkel zu schneiden.

Jetzt war nur noch festzulegen, wo wir in diesem erweiterten Bereich zu suchen anfangen wollten. Nach unserer Analyse der alten Beschreibungen einigten wir uns auf den Mittelpunkt, eine Stelle, an der die »Titanic« liegen mußte, wenn alle unsere Annahmen zutrafen. Leider wußten wir genau, daß die »Titanic« dort nicht lag, denn das SAR hatte sie dort schon gesucht. Außerdem habe ich es mir zur Regel gemacht, nie im Mittelpunkt anzufangen. Ich lege mein Suchgebiet immer so groß an, daß das Ziel darin liegen muß, und fange dann am Rand an. Nach dieser Methode mußten wir vom südlichen Ende des Bereichs ausgehen, in dessen Nähe die »Carpathia« das erste Rettungsboot der »Titanic« aufgenommen hatte.

Damit lag unser Vorgehen fest. Um Zeit zu sparen, wollten wir unsere Bahnen im Abstand von einer Meile fahren. Wenn wir beim ersten Versuch das Wrack verpaßten, wollten wir hinterher jeweils auf der Mitte zwischen den ersten Suchlinien noch einen Durchgang versuchen und hätten dann den Meeresboden in Abständen von jeweils einer halben Meile abgegrast. Damit kamen wir viel schneller voran. Vorher mußten wir uns allerdings zum letzten Mal den Titanic-Cañon und die verschiedenen Sonarziele ansehen, um sicher zu sein, daß Jean-Louis in dessen Klüften und Schlüften nichts übersehen hatte.

Die Entscheidung, den Cañon noch einmal abzusuchen, obwohl das SAR nichts Schlüssiges zutage gefördert hatte, war ebenso von den geologischen Verhältnisse im Cañon wie von der emotionellen Sogwirkung dieses Geländes bedingt. Grimm, Spiess und Ryan hatten sich wie besessen zu diesem Cañon hingezogen gefühlt. Zum Teil lag es sicherlich daran, daß er in dieser Gegend das eindrucksvollste Unterwassergebilde darstellt. Andererseits war zu vermuten, daß sich in solchen Cañons gern Trümmer ansammeln. Der riesige Erdrutsch, den das SAR aufgezeichnet hatte, war vor dem Cañon zum Stillstand gekommen; der Cañon hatte wie ein Burggraben gewirkt und den ganzen Schlamm aufgenommen. Wenn sich das Wrack irgendwo in der Nähe des Cañons zur Ruhe begeben hatte, waren im Lauf der Jahre vermutlich ein paar Stücke in ihn hineingeraten. In diesem Fall mußte »Argo« optische Beweise für die »Titanic« finden.

Als wir uns dem Titanic-Cañon näherten, lief das Leben auf der »Knorr« schon nach einem festen Schema ab. Im Gegensatz zu »Le Suroît« war die Atmosphäre hier zwanglos und locker, und auch bei den Mahlzeiten ging es viel weniger förmlich zu. In der Freizeit lasen viele die an Bord vorhandenen Bücher über die »Titanic« oder sahen sich einen der beiden Filme über dasselbe Thema an, »A Night to Remember« und »Raise the Titanic«, die wir auf Videokassetten mitgebracht hatten. Manche spielten Karten, andere fingen Tintenfische oder Delphine oder stellten den paar Haifischen nach, die dem Schiff folgten.

In der Dämmerstunde versammelten sich die meisten auf der Heckplattform. Sie lagen in Liegestühlen, tranken das portugiesische Bier, von dem wir auf den Azoren reichlich Vorräte an Bord genommen hatten, und beobachteten den Sonnenuntergang. Bei warmem Wetter diente auch unser »Schwimmbad« zur Freizeitgestaltung, ein kleiner, umschlossener Bereich auf dem Heck, den wir mit Wasser vollgefüllt hatten. An solchen Abenden hätte ein Beobachter vom Ernst unseres Auftrags oder dem Können der Teammitglieder nur wenig gemerkt. Doch die eigentliche Arbeit kam noch.

Am frühen Abend des 24. August erreichten wir das Gebiet des Titanic-Cañons. Es blieben uns noch zwölf Tage. Wie durch ein Wunder war die See spiegelglatt und ruhig, fast so, als hätte Neptun gesagt: »Hier liegt sie, nehmt sie euch.« Welch ein Gegensatz zur französischen Phase der Reise, in der wir fast durchweg graue, kabbelige See gehabt hatten, wenn es nicht gerade gestürmt hatte. Bei ruhigem Wetter werden erfahrene Seeleute unruhig. Wer dann pfeift, beschwört nach einem alten Aberglauben damit einen Sturm herauf. An diesem Abend pfiff auf der »Knorr« kein Mensch.

Die Satelliten auf ihrer Umlaufbahn hoch über der Erde gaben uns unsere Position viel genauer an als die astronomische Ortsbestimmung, auf die sich die »Titanic« und alle anderen Schiffe 1912 hatten verlassen müssen. Ich stand allein im abgedunkelten Kartenraum (die Jalousien waren heruntergelassen, um Spiegelungen auszuschalten) auf der Schiffsbrücke gleich hinter dem Ruder; die rote Instrumentenbeleuchtung glomm unwirklich (sie wird nach Einbruch der Dunkelheit auf allen Schiffen benutzt, weil sie die Sehfähigkeit bei Nacht nicht beeinträchtigt), und ich dachte wieder einmal darüber nach, warum die »Titanic« einen so starken Zauber ausübt. Nur ein paar Meilen von unserem jetzigen Standort entfernt mußten ihre Überreste liegen.

Um 19 Uhr Ortszeit drosselte Kapitän Bowen die gewaltigen Maschinen der »Knorr«, kuppelte den hinteren Voith-Schneider-Propeller aus und verringerte die Geschwindigkeit auf 4 Knoten. Der Antrieb im Heck macht großen Lärm; wir mußten jedoch unter Wasser gut hören können, um das Signal vom akustischen Transponder aufzufangen, den »Le Suroît« hatte stehenlassen. Die nächsten achtzehn Stunden arbeiteten wir stramm durch, und am frühen Nachmittag des nächsten Tages, am 25. August, war unser Transpondernetz mit unserer amerikanischen Marinekarte vom Cañon zur Deckung gebracht. Das Netz von »Le Suroît« und unser Netz stimmten überein. Die Jagd konnte losgehen.

Die Männer begaben sich auf ihre Plätze im Leitstandcontainer. »Argo« war tauchbereit. Jeder »Argo«-Einsatz, jede Suchoperation wurde von unserem Leitstand aus durchgeführt. Wir hatten ihn mit einem Kartentisch und ein paar Schreibtischen vor mehreren Reihen von Fernsehmonitoren ausgestattet. Was für die Suchaktion wichtig war, erschien auf

Jean-Louis Michel und ich bereiten den nächsten Einsatz von Argo vor.

einem dieser Bildschirme. Alle Suchschritte konnten von diesem Raum aus eingeleitet werden.

Ich stellte mir den Leitstand wie die Brücke eines imaginären Unterseeboots vor; seine riesigen Fernsehmonitoren waren so etwas wie Fenster zum Meer. Wenn ich diesen Raum betrat, konnte ich bis auf den Meeresgrund tauchen, ohne dabei die Gefahren und Unbequemlichkeiten echter Tauchboote, wie zum Beispiel »Alvin«, auf mich zu nehmen und auch ohne zeitliche Begrenzung. Für mich steht außer Zweifel, daß »Argo« und seine Nachfolger die Zukunft der Unterwassererkundung bestimmen.

Von meinem Platz am Auswertetisch in der Mitte des Leitstands konnte ich alle Mitglieder der siebenköpfigen Besatzung in den aufeinanderfolgenden Wachen beobachten, während »Argo« in Betrieb war. (ANGUS verfügte über weniger Instrumente und konnte deshalb von nur drei Mann Besatzung bedient werden.) Da es drei Wachen gab, wurden für jede der sieben Aufgaben drei verschiedene Leute eingeteilt. Links vor mir saß der »Flieger«; er betätigte die Winde für das Kabel von »Argo« und mußte »Argo« im optimalem Abstand vom Boden (Höhe) fliegen und dabei vor allem Zusammenstöße vermeiden. Die drei Flieger waren meine erfahrensten Techniker: Earl Young, Martin Bowen und Emilie Bergeron.

Argo wird zu Wasser gelassen.

Etwas weiter rechts vor dem Flieger saß der Navigator. Er (oder sie) mußte jederzeit wissen, wo sich »Argo« und »Knorr« befanden. Der Navigator mußte sich in der neuesten Satellitennavigation und der Schwarzen Kunst des Navigierens mit akustischen Transpondern gleich gut auskennen. Meine drei Könner auf diesem Platz waren Steve Gegg, Tom Crook und Cathy Offinger.

Gleich rechts neben dem Navigator hatte der Steuermann seinen Platz. Er steuerte das Schiff und bestimmte seine Geschwindigkeit. Sobald wir die »Titanic« gefunden hatten, übernahm Kapitän Bowen diese Aufgabe, aber auf unseren geraden Suchbahnen konnte auch ein Mitglied der jeweiligen Wache diesen Dienst versehen. Die Steuerungsmechanik erinnerte mich an die Bedienungselemente des Computerspiels »Pac-Man«: zwei kurze Hebel mit runden, schwarzen Knöpfen, je einer für die Voith-Schneider-Propeller im Heck und im Bug. Während der Expedition waren die drei Steuermänner meist auch gleichzeitig Wachleiter: Jean-Louis Michel, Jean Jarry und Bernard Pillaud. Sie achteten vor allem darauf, das Schiff mit dem Flieger im Tandembetrieb zu steuern. Sooft taktische Entscheidungen getroffen werden mußten, die in meinen Anweisungen nicht vorkamen, entschieden sie oder weckten mich. Wenn Steuermann und Flieger gut zusammenarbeiteten (das beste Team bildeten Jean-Louis Michel und Earl Young), kamen wir am schnellsten voran.

Rechts vom Steuermann lag der Arbeitsplatz für die »Argo«-Ingenieure Stu Harris, Tom Dettweiler oder Bob Squires, der die komplizierte Software für »Argo« schrieb. Stu war als Chefingenieur von »Argo« wohl der wichtigste Mann in unserem Wissenschaftlerteam. Wenn etwas kaputtging, mußte er den Fehler suchen oder den geeigneten Mann zur Reparatur abstellen. Er blieb auch dann unterschütterlich, wenn die Spannung stieg. Allerdings fuhr er nicht gern zur See; auf der ganzen Fahrt trug er ein rundes Pflaster mit einem Medikament hinter dem Ohr, das ihn vor der Seekrankheit bewahren sollte.

Hinter dem »Argo«-Ingenieur saß unser Sonar-Operateur. Leutnant George Rey von der amerikanischen Marine war von der U-Boot-Entwicklungsgruppe 1 in San Diego in Kalifornien für diese Reise zu uns abkommandiert worden. Einer seiner beiden Ersatzmänner war Terry Snyder vom Sonarhersteller Klein, der das Seitensicht-Sonar von »Argo« gebaut hatte. Die beiden hatten schon Tausende von Sonarklecksen und -streifen gesehen und waren Meister in der Interpretation solcher Schatten. Der dritte Sonar-Operateur war Jim Saint; die Firma Colmek in Utah, die die empfindlichen Kameras für »Argo« hergestellt und auch an der Datenfernübertragung mitgebaut hatte, hatte ihn uns geliehen.

Auch die Mitglieder des Dokumentationsteam schoben Wache: Bill Lange, Emory Kristof und Ralph White. Sie mußten alle wichtigen Ereignisse festhalten.

Das letzte Mitglied jeder Wache rotierte zwischen den Arbeitsplätzen, meist vom Platz des Navigators zu dem des »Argo«-Ingenieurs und weiter zum Auswertetisch: Sharon

Callaghan, Georgina Baker oder Lisa Schwarz. Sie mußten die »Generalstabskarte« auf dem neuesten Stand halten, die auf dem Kartentisch lag. Es war eine topographische Karte des Suchgebiets, die zeigte, wo das SAR schon gearbeitet hatte, und die auch die vorgesehenen Suchbahnen für »Argo« enthielt. Während sich »Argo« in kleinen Schritten vorwärtsbewegte, riefen die Datenerheber Informationen bei den einzelnen Arbeitsplätzen ab und trugen auf der Karte ein, was wir mit Sonar und optischen Suchgeräten erfaßt hatten. Außerdem lieferten sie dem Navigator und dem Steuermann die nötigen Kursangaben.

Das letzte Mitglied des Teams war für keine feste Wache eingeteilt, hielt sich aber oft im Leitstand auf: Dana Yoerger, frischgebackener Doktor der Roboterwissenschaft vom Massachusetts Institute of Technology und künftiger Vater von »Jason«. Er war mitgefahren, um die Mühen der ozeanographischen Forschung selbst zu erleben. Da er nicht Wache zu schieben brauchte, verbrachte er die meiste Zeit mit dem Umschreiben der Zielverfolgungssoftware von »Argo« und erledigte damit eine dringend notwendige Arbeit.

Wenn ich in den Leitstand kam, konnte ich auf einen Blick von der Karte die Schlachtordnung ablesen. Als Wissenschaftlicher Leiter der »Knorr«-Expedition brauchte ich keinen Wachdienst zu leisten, war aber fast die ganze Zeit im Leitstand zu finden, wenn ich nicht gerade schlief. Ich mußte dort sein, wo etwas los war, sei es um 2 Uhr früh oder um 14 Uhr nachmittags; schlafen konnte ich, wenn es ging. Solange die Sucharbeit nach Schema ablief und kein Anzeichen von irgendwelchen Wracktrümmern auftauchte, hatte ich genug Zeit zur Ruhe und zum Nachdenken. Im Leitstand hielt ich mich fast immer am großen Kartentisch in der Mitte des Raums auf, denn von dort aus konnte ich alles wie aus der Vogelschau überblicken. Manchmal ging ich auch von Platz zu Platz, um mir einzelne Phasen der Suche aus der Nähe anzusehen.

Während der Wache lief meist Musik, von Reggae bis Ravel, und oft durchzog den Leitstand der Duft von frisch geröstetem Popcorn, das jemand aus der Küche mitgebracht hatte.

Als das Wetter später kalt und naß wurde, war der Leitstand eine Oase der Wärme und Kameradschaft. Man fand immer irgendwo ein Plätzchen, wo man sich im Hintergrund »verkrümeln« konnte und war so am Ort der Handlung, störte aber nicht. Wenn es draußen heiß war, also fast den ganzen ersten Teil der Reise hindurch, hielten die vier Klimaanlagen den Leitstand angenehm kühl. Störend war nur der Zigarettenqualm. Auf jeder Wache rauchte etwa die Hälfte der Mitglieder; manchmal wurde der Qualm so dicht, daß ich Rauchzeiten einteilen mußte, damit die Luftumwälzanlage (und die Lungen der Nichtraucher) nicht überlastet wurden.

Auf unserem ersten Ausflug am Nachmittag des 25. August bediente Earl Young »Argo«. Er hatte sich einen steifen Hut verkehrt herum aufgesetzt und fluchte bei der geringsten Ablenkung fürchterlich vor sich hin. Von allen an Bord kam Earl der Vorstellung vom ollen Seebären wohl am nächsten. Seit ich erlebt hatte, wie er auf hoher See seelenruhig ein unter Hochspannung stehendes Gerät repariert hatte, wußte ich, was Seeleute aus Neuengland alles können, diese zähen Typen, die in vielen hundert Jahren der Not und Gefahr auf dem Meer herangewachsen sind. Schon lange nannte ich ihn »Grumpy«, weil er stets miesepeterig dreinblickte und ständig nörgelte. Aber ich konnte mir keinen besseren Mann als ihn am Steuer vorstellen. Wir hatten schon ein paar Schlachten zusammen geschlagen, und er hatte nie aufgegeben, war die See noch so rauh, die Stunde noch so spät, die Arbeit noch so anstrengend gewesen.

Jetzt beobachtete ich Earl, wie er sich einsatzbereit machte, die Windenhebel packte und den Höhenmesser überprüfte, der anzeigte, wie weit sich »Argo« über dem Meeresboden befand. Dann blickte er rasch auf den Bildschirm, um zu sehen, was die nach vorn gerichtete Unterwasserkamera von »Argo« gerade aufnahm. Wenn plötzlich etwas auf dem Bildschirm auftauchte, mußte Grumpy sein Gerät schleunigst zurückziehen und das 17 Millimeter dicke Kabel von »Argo« so schnell aufspulen, daß das Fahrzeug über alle Hindernisse hinweggetragen wurde. Mit ANGUS, dem Zwillingsbruder von »Argo«, hatte er schon einige Verkehrsunfälle erlebt. Aber diesmal verfügte er über Augen, die unter Wasser in Echtzeit sahen und konnte so verfolgen, was er mit »Argo« tat, während ANGUS mit Hilfe eines nach unten gerichteten Sonargeräts blind geführt werden mußte.

Earl drückte den Steuerhebel nach vorn, gab Kabel, und »Argo« begann die erste richtige Tauchoperation seiner kurzen Laufbahn. Bei den Tests hatte alles gut funktioniert, doch jetzt war es ein echter Einsatz. Rechts neben Earl beobachtete Tom Crook, der Navigator, seine Bildschirme, um sicherzugehen, daß sich »Argo« am richtigen Ort befand. Auch Tom war schon lange in Woods Hole tätig, unser ältester Navigationsexperte auf hoher See und die sichere Hand an unseren Bedienungselementen.

Phase I der Suche mit »Argo«

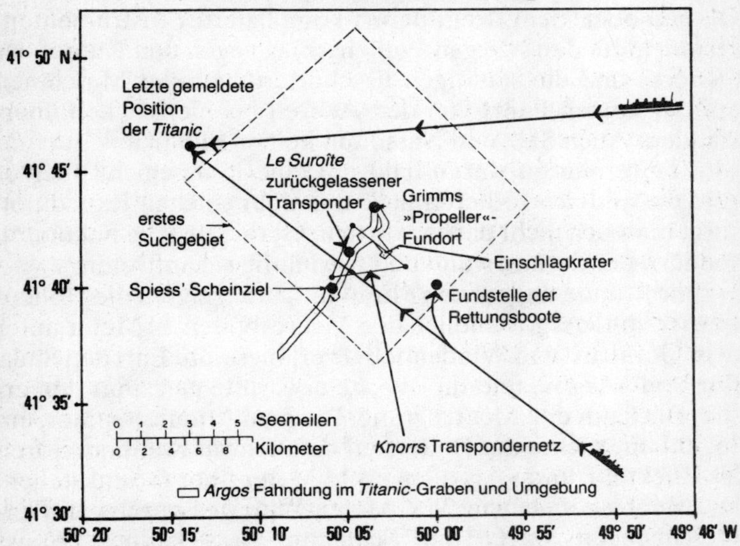

Das Diagramm zeigt, wie Argo den *Titanic*-Cañon und dessen Umgebung absuchte und sich dabei hauptsächlich an die Längsachse des Cañons hielt. Eingezeichnet sind auch Grimms »Propeller«-Fundort und ein Sonarziel, auf das Fred Spiess immer wieder zurückkam.

Bisher war es ein Bilderbuchstart gewesen. Aber kaum hatten wir uns etwas zurückgelehnt, als Stu Harris am »Argo«-Platz technische Schwierigkeiten meldete. Durch einen Masseschluß war offenbar die Datenfernübertragung von »Argo« ausgefallen, und auf den Fernsehmonitoren im Leitstand erschien nur noch Schnee. Das hieß, daß wir »Argo« wieder hochziehen mußten.

Als der weiße Schlitten bald darauf neben unserem Decksaufbau stand, machten sich die Ingenieure über ihn her wie Bienen, die ihre Königin füttern müssen. Innerhalb von 22 Minuten war »Argo« erneut auf dem Weg nach unten. Alle Mann wußten, daß wir keine Minute zu verschwenden hatten.

Zu Anfang einer so von der Technik abhängigen Expedition gibt es immer Schwierigkeiten. Wenn diese Expedition zudem noch ein ganz neues Gerät in Betrieb nimmt, wie in unserem Fall »Argo«, dann vervielfachen sich die Störungen. Ob neu oder nicht: Kein derart kompliziertes Instrumentensystem hätte den stetigen Wellenschlag gegen den Rumpf der »Knorr« und die ständigen Erschütterungen der Maschinen auf der langen Fahrt von den Azoren bis hierher heil überstanden. Auch Salz und Nässe tun keiner Elektronik gut; unsere Leiterplatten waren bald mit einer Salzschicht überzogen, die alles korrodieren ließ. Bei einer solchen Expedition sorgt man sich nicht darum, ob man Geräteausfälle bekommt, sondern nur darum, wann und wie häufig sie auftreten.

Eine Stunde und vierzig Minuten später zeigten die Höhenmesser von »Argo« endlich den Meeresboden 30 Meter unter dem Gerät an. Am Windenhebel verlangsamte Earl den Sinkflug von »Argo«, und die Wache erwartete gespannt den ersten Blick auf den Meeresgrund. Ein paar Minuten später, um 15.30 Uhr, rückte der Boden auf den Schwarzweißmonitoren ins Blickfeld, und »Argo« blieb 15 Meter über Grund stehen. Die Meerestiefe betrug 3869 Meter. Winzige Spuren von Tiefseeschnecken waren im Schlamm zu erkennen. Sonst nichts . . .

Die nächsten paar Stunden erforschten wir einen Abschnitt ein paar Meilen östlich vom Cañon; die Wache arbeitete nach dem Rhythmus und der Melodie von »Argo«: den Piepsern vom Navigationssystem, dem »Argo«-Sonar und dem Echolot des Schiffs; der Blattschreiber sang dazu eine lange Reihe von Daten. Der Duft von Butter und Popcorn durchzog den Leitstand, und eine Stimmung entspannter Konzentration verbreitete sich. Nach der langen, öden Fahrt tat sich endlich etwas.

Mit Hilfe des Sonars untersuchten wir eine Reihe von »Bombenkratern«, von denen ich auf Grund früherer Erfahrungen annahm, daß sie vielleicht durch den Aufprall schwerer Teile von der »Titanic« entstanden waren. Die meisten waren leer; in einem sahen wir einen riesigen Gletscherbrokken. Es wäre wirklich eine Ironie des Schicksals, dachte ich, wenn dieser Brocken ausgerechnet von dem Eisberg stammte, der unser Ziel versenkt hatte und durch einen gewaltigen Zusammenstoß von Eis und Stahl abgebrochen worden wäre. Außer diesen Kratern zeigten die Kameras nur sanftes Hügelgelände aus Schlammsediment.

Während die Uhr die nächsten zwei Tage unerbittlich weitertickte, gingen wir den verschiedenen Sonarzielen nach, die Grimm auf seinen Expeditionen und das SAR identifiziert hatten. Jean-Louis und ich wußten, daß wir uns nur an Strohhalme klammerten, aber wir wollten unter allen Umständen die möglichen Ziele im Cañon und seiner Umgebung abhaken, ehe wir uns erneut auf die Suche machten. Drei von Grimms Sonar- und Magnetometerzielen nahmen sich besonders interessant aus. Eins war die Stelle mit der »Schraube«. Das zweite nannten wir »Ryans Wahnsinn«, nach Bill Ryan von Lamont, der es gefunden hatte. Das dritte hieß bei uns »Spiess' Manie« zu Ehren von Fred Spiess, der an diesem Ziel einen besonderen Narren gefressen hatte und während Grimms Expedition 1981 immer wieder dorthin zurückgekehrt war.

Damals wußte ich noch nicht, daß Grimm uns einen Streich gespielt hatte. Die Position des Ziels »Schraube«, dem wir so sorgfältig nachspürten, war falsch. Grimm hatte sie auf der Karte des Suchgebiets in seinem Buch »Beyond Reach« absichtlich verkehrt angegeben. Doch auch keines von Grimms richtigen Sonarzielen zeigte etwas Interessantes, sondern nur

Überreste von Gletschern und zutage liegende Teile des Cañons. Der Cañon und seine Seitentäler enthielten nichts, soweit es das SAR und »Argo« feststellen konnten.

Bei unserer Tour durch den eigentlichen Cañon hatten wir eine faszinierende Slalomfahrt unternommen und dabei auf unserem Zickzack-Kurs vorwärts und zurück die herrlichsten zutage liegenden abgeschliffenen Wände erblickt. Die Steilhänge erinnerten an den Grand Cañyon; die tief gefurchten Schichten kündeten von einer langen, verwickelten Aufeinanderfolge von Ablagerungen, Erosion und erneuten Ablagerungen. Fast am Südrand unseres Suchgebiets wurde der Boden des Cañons uneben, und eine Reihe von Seitentälern durchschnitt die Hänge. Ehe wir die Suche abbrachen, drangen wir noch über die Südgrenze unserer Suchfläche hinaus, weil wir meinten, im Lauf der Jahre seien Trümmer vielleicht in großer Entfernung vom eigentlichen Wrack abgelagert worden. Wir hatten kein Glück, aber »Argo« hatte einen Rekord zu verzeichnen: Das Gerät war zum ersten Mal über die 3900 Meter Tauchtiefe hinausgelangt, die »Alvin« erreicht hatte. Neue Perspektiven taten sich auf.

Noch nie war jemand so gemütlich durch eine Unterwasserschlucht gefahren. Vor Jahren hatte ich ähnliche Unterwassertäler vor der Küste Neuenglands in der Enge und Kälte unseres Tauchboots »Alvin« erforscht. Jetzt saß ich in einem bequemen Stuhl, trank ein Coke Classic, aß ein Stück warme Pizza, ein Band mit Musik von Willy Nelson erfüllte den Raum, während die Unterwasserlandschaft an uns vorbeizog. So gefiel mir das Entdeckerleben.

Am späten Vormittag des 27. August, fast genau zwei Tage, nachdem wir unsere Tour durch den Titanic-Cañon angefangen hatten, saß »Argo« wieder auf der Heckplattform; wir hatten alle möglichen Sonar- und Magnetometerziele früherer Expeditionen abgefahren und eliminiert. Noch neun Tage blieben uns. Die Krise war da. Plötzlich war das Meer riesengroß, so groß wie meine Selbstzweifel. Lag die »Titanic« wirklich in unserem sorgfältig ausgearbeiteten Suchgebiet? In diesem Fall hätten doch irgendwelche Überreste im Cañon zu finden sein müssen. Suchten wir am verkehrten Ort?

Während wir über dem *Titanic*-Cañon nach Osten fuhren, um mit der optischen Überprüfung des erweiterten Suchgebiets zu beginnen, führt Elektriker Harry Rougas einige Reparaturen an den Winden aus.

Eigentlich hatte ich damit gerechnet, daß wir im Cañon etwas fanden, ein winziges Stück des Wracks, einen Hinweis auf die Lage der »Titanic«. Jetzt geriet ich langsam in Panik, und alle anderen an Bord schienen es zu spüren. Die Spannung stieg, die Atmosphäre wurde fast hektisch. Diese Nuß war viel schwerer zu knacken, als wir es uns vorgestellt hatten.

Wie gewöhnlich, ließ Jean-Louis keine Anzeichen von Besorgnis erkennen. Vielleicht war es für ihn einfacher, denn es war ja nicht sein Schiff. Doch wenn wir die »Titanic« nicht fanden, hatten wir beide versagt. Die Strategie der Suche mit optischen Geräten war allerdings meine Erfindung. Wenn sie funktionierte, stand ich toll da. Wenn nicht . . . bekam ich die meiste Prügel.

Am 27. um 13.40 Uhr, nachdem wir einen ausgefallenen Transponder eingeholt, repariert und wieder ausgesetzt hatten, fuhren wir ostwärts in die unerforschten Gewässer unseres erweiterten Suchbereichs. Ein kleiner Keil am Ostrand des ersten Suchquadranten war dem SAR vorher wegen der Strömung entgangen, und deshalb überdeckte der neue Suchbereich den alten ein Stückchen. Das Transpondernetz im Titanic-Cañon ließen wir vorsichtshalber stehen. Wenn wir nichts fanden, konnten wir immer noch zum Cañon zurückkehren und es noch einmal versuchen. Wir trennten uns ungern von der Vorstellung, daß die »Titanic« irgendwo in diesem Cañon lag.

Auf unserer nur zehn Meilen langen Fahrt nach Südosten reparierten die Techniker der »Knorr« das große Windensystem von »Argo«. Nichts durfte uns nachher aufhalten, und beim letzten Ablassen hatten wir gemerkt, daß sich die Aufwickeltrommel, auf der das teure Führungskabel von »Argo« aufgespult wurde, langsam von der Achse schob. Wenn das nicht behoben wurde, konnte »Argo« verlorengehen – und mit ihm jede Aussicht, die »Titanic« zu finden.

Am Nachmittag waren wir bereit, ein neues Transpondernetz zu errichten, das uns bei dieser letzten Suchaktion unseren Standort angeben sollte. Da uns nur noch knapp neun Tage blieben, wollte ich Zeit sparen. Statt der drei Gruppen von je drei Transpondern, die eine ideale Navigation ermöglicht hätten, ließ ich nur eine Dreiergruppe in Form eines Dreiecks in der Mitte des verbliebenen Suchquadranten aufstellen. Damit konnten wir viel Zeit gutmachen, aber die Zielverfolgung nach Norden und Süden war mühsam, sobald wir uns etwas weiter von diesem Netz entfernten. Die Suchstrategie mit optischen Geräten, bei der eine genaue Überlappung der Linien nicht unbedingt notwendig war, ließ das Risiko jedoch tragbar erscheinen. Ich hoffte, daß es auch so funktionierte.

Am Morgen des 28. August um 1.44 Uhr hatten wir das neue Transpondernetz eingemessen und befanden uns auf einer Position knapp südlich der Stelle, an der die »Carpathia« die ersten Rettungsboote aufgenommen hatte. Jetzt konnten wir »Argo« in unbekannte Gewässer entsenden.

Als der kleine weiße Schlitten mit seiner bunten Heckflosse in die sanfte Atlantikdünung eintauchte, überlegte ich mir, was noch vor uns lag. Bisher hatte fast ideales Wetter geherrscht; in der Dunkelheit des frühen Morgens war es kühl, die See war ruhig. Die abzufahrende Fläche betrug etwa hundert Quadratmeilen. Wir brauchten also zehn bis zwölf Übergänge in Ost-West-Richtung im Abstand von je einer Meile. Wenn alles gut ging, nahm das fünf bis sechs von unseren restlichen achteinhalb Tagen in Anspruch. Falls wir das Schiff dann nicht gefunden hatten, konnten wir nur noch einen Teil der Strecke zwischen diesen Bahnen untersuchen.

Zweieinhalb Meilen unter uns war das Wasser wesentlich klarer als im Cañon, so daß wir »Argo« etwas höher fliegen lassen und gleichzeitig auch weiter seitwärts blicken konnten. Dieser Gewinn an Erfassungsbreite war für unseren jetzigen Einsatz zwar nicht wichtig, zeigte aber doch, wie nützlich »Argo« für künftige wissenschaftliche Expeditionen sein konnte.

Uns kam es auf die Möglichkeit an, von »Argo« in Echtzeit ununterbrochen Fernsehbilder vom Meeresboden in unseren Decksaufbau zu übertragen, sie sofort zu analysieren, wiederzugeben und darauf zu reagieren. Als erstes zeigte uns »Argo« jedoch einen Boden mit engen Folgen von Sandwellen und großen Sanddünen. Jean-Louis, der beim Absetzen mit im Leitstand war, erinnerte es an den Strand in der Bretagne. Leider war der Strand leer.

Die drei Wachen hatten mittlerweile deutlich erkennbare eigene Züge angenommen, und zwei hatten es sogar schon zu Spitznamen gebracht. Jean-Louis Michels Wache von Mitternacht bis 4 Uhr früh und von Mittag bis 16 Uhr nannte sich in gewohnter Kühnheit »Wache der ruhigen Vortrefflichkeit«. Gelegentlich hießen ihre Mitglieder auch »Harris' Helden« nach Stu Harris, dem technischen Genie von »Argo«. Vortrefflich war diese Wache, weil der schweigsame Jean-Louis am Steuer und der brummige Earl an der Windenbetätigung zu einem besonders kompetenten Team zusammengewachsen waren, das aus »Argo« das meiste herausholte. Seit Jean-Louis im amerikanischen Teil der Expedition das Kommando abgegeben hatte, hatte ich immer darauf geachtet, daß er die beste Wache bekam. Aus irgendeinem Grund ist offenbar die Mitternachtswache immer diejenige, in der etwas passiert.

In 3750 Meter Wassertiefe konnte man »Argo« nicht schnell schleppen, weil das lange Kabel, das bis zur Oberfläche hinaufreichte, im Wasser zuviel Reibung aufbaute. Es hatte zwar nur 17 Millimeter Durchmesser, aber auf eine Länge von fast vier Kilometern ergibt das eine ganz schöne Fläche. Je schneller Jean-Louis oder einer seiner französischen Kollegen das Boot fuhren, umso stärker neigte »Argo« dazu, wie ein Drachen im Wasser aufzusteigen und außer Sichtweite zu geraten. Dieser Tendenz hatten wir dadurch etwas entgegengewirkt, daß wir »Argo« schwerer gemacht hatten. Jetzt wurde das Gerät ganz knapp hinter dem Schiff geführt, das Kabel stand fast senkrecht, und Schiff und Unterwasserschlitten im Gespann ließen sich viel leichter manövrieren, besonders bei der Wende nach jedem Durchgang. Seit »Argo« nahezu lotrecht unter uns hing, konnten wir auch besser übersehen, wo sich der Schlitten befand. Allerdings belastete »Argo« durch sein höheres Gewicht das Kabel und auch den ganzen Windenmechanismus stärker.

»Argo« zu schleppen, wurde zu einem Balanceakt zwischen möglichst hoher Geschwindigkeit über dem Meeresboden und der Notwendigkeit, die größte Sichthöhe nicht zu überschreiten. Jean-Louis und Earl gingen an diese Aufgabe heran wie erfahrene Seiltänzer. Sobald »Argo« wie ein Drachen vom Grund abhob, gab Earl mehr Kabel. Wenn Earl kein Kabel mehr hatte, nahm Jean-Louis die Geschwindigkeit zurück, indem er entweder den vorderen Voith-Schneider-Propeller benutzte oder den Bug leicht in den Wind drehte. Während die »Knorr« langsamer wurde und »Argo« wieder sank, konnte Earl Kabel aufnehmen, um zu verhindern, daß das Vehikel auf den Boden krachte. So ging es Stunde um Stunde, Tag für Tag.

Die Wache von 8 Uhr früh bis zum Mittag und von 20 Uhr bis Mitternacht verdiente sich ihren Spitznamen »Crash Crew« durch einen Zwischenfall mit »Argo«, der die Expedition beinahe zu einem vorzeitigen Ende gebracht hätte. Am 28. August hatten wir nach dem Frühstück auf der Heckplattform wieder einen schönen Sonnenaufgang miterlebt, während sich das Schiff dem Ende der ersten Suchbahn genähert

Nahaufnahme des beschädigten Kabels, das sich um die Achse der Winde gewickelt hatte.

Grimmig besehe ich mir den Schaden, während sich Bootsmann Jerry Cotter an die heikle Aufgabe macht, Argo zu retten.

hatte. Ich war in den Leitstand zurückgegangen, als wir ein Manöver ausführten, das später zur Routine wurde: Das Schiff wurde nach Norden gedreht, damit die nächste Suchbahn in einer Meile Abstand angefangen werden konnte. Bernard Pillaud steuerte das Schiff, Martin Bowen bediente die Winde. Martin, mit Kapitän Bowen nicht verwandt, ist im Tieftauchlaboratorium für ferngesteuerte Roboter zuständig. Der ausgebildete Meeresbiologe hatte auf Technik umgesattelt und war zudem alter Mitarbeiter bei ANGUS. Er sollte nächstes Jahr »Jason junior« auf dessen Jungfernfahrt steuern. Die Bedienung von »Argo« war ihm schon zur zweiten Natur geworden.

Mit einer kürzeren Leine ließ sich die Wende leichter bewerkstelligen; deshalb brachte Bernard das Schiff zum Stillstand, so daß »Argo« zu Boden sank, und Martin nahm Kabel auf. Er war jedoch nicht schnell genug, und »Argo« steuerte auf eine Bruchlandung zu. Instinktiv schob Martin den Windenhebel nach vorn, und der Antrieb über dem Hauptlabor an Deck spulte Kabel auf die Aufwickeltrommel über 4 Meter weiter unten auf dem Steuerborddeck. Das war im Prinzip richtig, aber die frisch reaparierte Aufnahmetrommel drehte sich unerwartet langsam. Bei dieser zu niedrigen Aufwickelgeschwindigkeit konnte sie mit den zugeführten Kabellängen nicht mehr Schritt halten. Martin sah auf dem Bildschirm (der das Kabel auf dem Weg vom Antrieb bis zur Aufnahmetrommel zeigte) nur noch, wie sich eine große Kabelschlinge bildete und über den Hauptgang des Schiffs ergoß. Wenn dort jemand entlangkam, während sich die Schlinge straff zog, mußte er mitten durchgeschnitten werden.

Ich stand am Auswertetisch, kehrte den Arbeitsplätzen den Rücken zu und überlegte mir den nächsten Einsatz, als ich Martin brüllen hörte. Ich fuhr herum, warf nur einen Blick auf Martins Gesicht und raste zur Tür hinaus. Inzwischen hatte Martin den Bedienungshebel herumgeworfen, um »Argo« Kabel zu geben und die Lose aufzunehmen, aber damit war alles nur noch schlimmer geworden. Als ich aus dem Deckscontainer herauskam, konnte ich nur ohnmächtig mitansehen, wie das jetzt schlaffe Kabel vom Antrieb absprang und sich langsam um die Windenachse wickelte. Während die Achse das Kabel allmählich durchschnitt, blieb die ganze Geschichte stehen, und die Anlage schaltete sich automatisch ab.

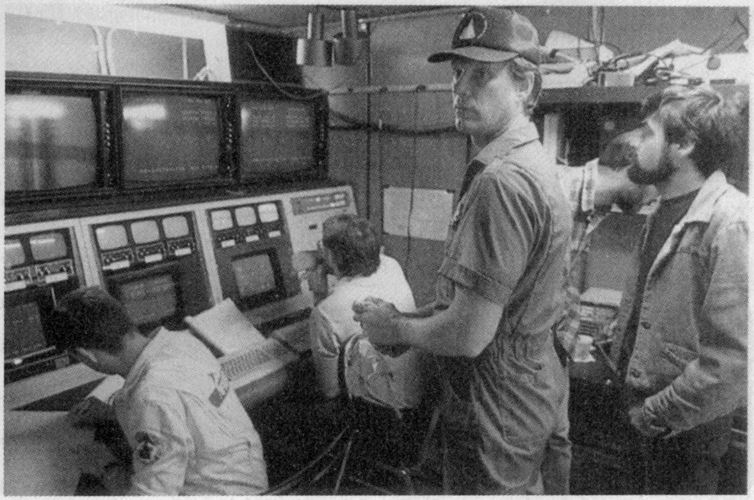

Gespannt warten wir im Leitstand, während Stu Harris das beschädigte Kabel von Argo prüft.

Im Nu war ich die Treppe hinauf zum Antrieb gerannt und sah mir die Katastrophe an. Das Kabel rückte und rührte sich nicht und mußte jeden Moment unter hohen Druck geraten. »Argo« war nur noch durch beherztes Eingreifen zu retten.

Daß die Maschine stehengeblieben war, hatte wahrscheinlich einen Kabelbruch verhindert, aber im Leitstand konnte Martin die Tiefe von »Argo« nicht mehr überwachen, und der Schlitten sauste unaufhaltsam zu Boden. Draußen auf dem Oberdeck sah ich, daß die Windenachse den starken Außenmantel des Kabels schon völlig durchgesägt hatte; wenn wir das Schiff beschleunigten, um »Argo« dadurch vom Boden abzuheben, mußte das Kabel reißen, und dann war »Argo« ein für allemal verloren. Unsere einzige Hoffnung bestand darin, »Argo« abstürzen und auf dem Boden schleifen zu lassen, während wir hier oben verzweifelt versuchten, die Winde wieder in Gang zu bringen.

Die schlimme Lage wurde noch dadurch verschärft, daß das Schiff jetzt am alleräußersten Punkt unseres Transpondernet-

Der kleine »Fisch«, manchmal auch »Kaulquappe« genannt, wird ausgesetzt und hält mit unseren Transpondern sowie mit Angus und Argo Verbindung.

zes manövrierte und die Navigation somit höchst ungewiß wurde. Da wir keine gute Zielverfolgung mehr hatten, konnten wir auch nicht genau feststellen, wo sich das Schiff im Verhältnis zu »Argo« befand, der sich mittlerweile in den weichen Meeresboden eingegraben hatte und dort als Anker wirkte, allerdings an einer sehr zerbrechlichen Kette. Die geringste Bewegung in der falschen Richtung mußte die Spannung erhöhen und das beschädigte Kabel zum Reißen bringen. Ich beschloß, das Schiff treiben zu lassen, während wir Rettungsmaßnahmen einleiteten. Zum Glück waren die See ruhig und der Wind schwach.

Die Kabelspannung blieb bei 7500 Kilogramm stehen, während Earl Young, Bootsmann Jerry Cotter, die Decksmannschaft des Schiffs und ich uns fieberhaft an die Arbeit machten. Wenn die Spannung auf 9000 Kilogramm stieg, war das Kabel gefährdet, bei 11500 mußte es reißen. Ich hatte viele Geschichten von Kabeln gehört, die unter Spannung gerissen

Nach der »Mini-Meuterei« wird die nächste Argo-Bahn festgelegt.

waren und im Weg stehende Leute verstümmelt oder geköpft hatten. Von allem, was uns im Verlauf der »Titanic«-Expedition 1985 widerfuhr, war dies der gefährlichste Augenblick.

Wir arbeiteten gegen die Uhr; jeder war ganz bei der Sache: Nur gelegentlich fielen eine knappe Bemerkung oder ein Befehl: »Ich brauche ein Messer.« »Gib mir Leine.« »Paß auf die Spannung auf.« »Vorsicht! Vorsicht!« Wir starrten vor Fett, unsere Knöchel bluteten, aber wir wußten, daß wir uns in einem verzweifelten Wettlauf mit der Zeit befanden.

Innerhalb von zwanzig Minuten bauten wir in aller Hast ein Gerüst auf dem Achterschiff unter dem beschädigten Kabelstück auf, spleißten unterhalb der kaputten Stelle einen Befestigungspunkt ein und leiteten die Spannung auf eine provisorische Leine ab, die wir an einem Pfosten auf der Heckplattform befestigt hatten. Jetzt war das beschädigte Kabelstück spannungsfrei, und wir konnten etwas aufatmen. »Argo« ließ sich jetzt auch bergen, aber wohl zum letzten Mal. Selbst wenn wir uns eine Möglichkeit ausdachten, »Argo« noch einmal einzusetzen, war er wohl blind, denn die Leiter im Kabel waren gewiß irreparabel beschädigt.

Bernard und Martin hinten im Leitstand waren untröstlich. Aber der Unfall hätte in jeder Wache passieren können; niemand hatte damit gerechnet, daß die Reparatur der Aufnahmetrommel zu neuen Pannen führen könnte. Die anderen rings um mich sprachen kein Wort; lastende Stille herrschte im Raum. Wir standen alle unter Schockeinwirkung und sahen das Ende unserer Expedition vor Augen. Dabei hatten wir doch erst eine Bahn unserer Suchfläche abgefahren.

Doch dann bekamen wir noch einmal eine Gnadenfrist, als sei der berühmte reitende Bote des Königs kurz vor der Hinrichtung erschienen. Stu Harris war in den Raum gekommen und hatte beschlossen, »Argo« wieder einzuschalten, um den Schaden zu überprüfen. Während die »Knorr« Fahrt aufnahm, befreite sich »Argo« vom Boden. Die Fernsehbilder waren auf einmal kristallklar. Der Kabelmantel war zwar durchschnitten, aber die inneren Kabelstränge waren intakt geblieben. Schnell überprüften wir die angezeigte Kabellänge und die Tiefenkarten des Suchgebiets. Zweiter Gnadenakt: Auf unserer Suchfahrt mußten wir allmählich in flacheres Wasser kommen, während wir uns auf den Kontinentalanstieg zur Großen Neufundlandbank hin bewegten. Wir konnten zwar nicht mehr Kabel geben, um unsere Geschwindigkeit noch zu erhöhen, aber wir konnten die Suche fortsetzen.

So kam die Wache von 8 bis 12 zu ihrem Namen »Crash Crew«. Da sie sonst weiter kein Aufhebens von sich machte, blieb er an ihr hängen. Zum Glück verursachte sie auf dieser Fahrt keine weiteren Unfälle, um ihren Ruf zu bestätigen.

Kurz nach Mitternacht, in den frühen Morgenstunden des 29. August, als wir gerade die dritte Bahn abfuhren, tauchte in den Logbüchern der verschiedenen Arbeitsplätze zum ersten Mal das Wort »langweilig« auf. Die Routine im Leitstand war fast unerträglich geworden; Stunde um Stunde starrte man Fernsehbilder vom flachen, schlammigen Meeresboden an; nur gelegentlich waren sie von der Spur einer Seeschnecke oder einem Krater unterbrochen. Wenn man eine Stunde auf den Bildschirm oder die Anzeige eines Sonargeräts geblickt hat, tun einem die Augen weh, man wird unkonzentriert, nervös, und dann passiert etwas. Manchmal kam ich in den Leitstand, wenn die Wache zu lauter Reggae-Musik Boogie tanzte. Immer öfter dachten sich die Leute Streiche aus, um die Langeweile etwas aufzulockern.

Die schlimmste Zeit, in der auch die meisten Sachen vorkamen, war die Wache von 4 Uhr bis 8 Uhr früh. Mitten in der Nacht zur Arbeit aufstehen zu müssen, bringt einen schon etwas aus dem Takt, und diese Wache war von Anfang an leicht verrückt. Einmal zogen sie um 4 Uhr früh im Gänsemarsch in den Leitstand und sangen dazu den Chor der sieben Zwege aus »Schneewittchen«: »Heiho, heiho, das Wrack ist irgendwo . . .« Solchen Einfällen verdankte sie ihren Spitznamen die »Zoo-Crew«.

Trotzdem sank die Moral immer tiefer, als wir am 30. August die Mitte unserer fünften Bahn erreicht hatten. Aus dem Logbuch des Navigators ist alles zu entnehmen: »Kein GPS, kein Loran, keine Satelliten, kein AC-NAV (alles Hinweise für Positionsbestimmungen), volle Fahrt gegen den Wind, wo sind wir? Zielverfolgung sinnlos; brauchen volle Kraft, um Kurs und Fahrt zu halten.« Zur Langeweile kam ein Wetterumschlag; der Wind frischte auf, die See wurde rauher. Als wir nach Norden fuhren, um die sechste Bahn anzufangen, verwickelte sich das Kabel von »Argo« in das zweite Kabel, an dem der kleine »Fisch« hing, der zu den Transpondern sprach. Wertvolle Zeit verstrich, während der »Fisch« eingeholt wurde und die Knoten entwirrt wurden. Unsere Konzentration und Einsatzfreude schienen immer mehr nachzulassen; dabei hatten wir nur noch sechs Tage Zeit.

Das erste ernstzunehmende Unmutsgrollen kam natürlich von der widerspenstigen Wache, der »Zoo-Crew«, und sein Epizentrum war mein alter Freund Emory Kristof. Verständlicherweise war Emory ungeduldig und mit der Entwicklung der Dinge unzufrieden. Außerdem hatte er wahrscheinlich vom Wacheschieben genug. Emory wäre am liebsten bei einem Einsatzkommando von Fallschirmspringern, doch nicht bei der Infanterie gewesen. Er und sein Kumpel Ralph

Bill Lange packt sich seine Videokamera auf.

White hatten Zeit genug gehabt, sich eigene Gedanken zu machen, wo die »Titanic« lag und wie sie auf dem Sonar aussehen mußte.

Schon seit Tagen waren neue Theorien darüber, wo man nach der »Titanic« suchen mußte, im Leitstand gehandelt worden. Hinz und Kunz, die von der »Titanic« nichts gewußt hatten, bevor sie an Bord der »Knorr« gegangen waren, hatten sich am Auswertetisch mit den verschiedenen historischen Berichten vertraut gemacht und waren damit quasi über Nacht zu selbsternannten Fachleuten geworden.

In der Wache von 16 Uhr bis 20 Uhr am Abend des 30. August, während die »Zoo-Crew« die sechste Bahn über das Suchgebiet fuhr, sahen Jean-Louis und ich uns plötzlich mit einer kleinen Meuterei der Besatzung konfrontiert. Das Sonar von »Argo« hatte ein Ziel entdeckt, das in Größe und Stärke dem größten Wrackteil der »Titanic« zu entsprechen schien – jedenfalls nach Ansicht der »Zoo-Crew«. Jean-Louis und ich waren überzeugt, daß es sich allenfalls um die Spitzen hoher Sandwellen handeln konnte. Wir hatten allmählich Übung darin, sie auf den SAR-Sonarbildern zu erkennen, und wußten auch ziemlich genau, wie die »Titanic« auf einem Schattenbild aussehen mußte. Dies hier war sie auf keinen Fall.

Doch mit sinkender Moral und unerträglicher Langeweile wurden die Sonarziele immer größer und immer bedeutender. Emory verlangte recht nachdrücklich, wir sollten unsere sorgfältig überlegten Suchpläne aufgeben und dieser Spur nachgehen. Andere im Leitstand hielten das offenbar auch für richtig. Doch der damit verbundene Zeitaufwand bedeutete vielleicht den Unterschied zwischen der Entdeckung der »Titanic« und einem Fehlschlag.

Was sich hier abspielte, war keine richtige Meuterei, jedoch eine erstzunehmende Gefährdung der Autorität; mit jedem neuen Sonarziel hätte sich daraus ein Rattenschwanz neuer Schwierigkeiten ergeben. Fast jede Expedition kommt irgendwann an diesen Punkt, und wir hatten ihn jetzt erreicht. Ich wußte, daß schnelles und entschlossenes Handeln gefordert war.

Im Leitstand wuchs die Spannung. Da eine vernünftige Aussprache längst nicht mehr möglich war, bat ich Jean-Louis, mit mir draußen zu überlegen, wie wir vorgehen wollten. Auf der Heckplattform besprachen wir die Sachlage. Die Abendluft war kühl, und der feuchte Wind drang durch unsere Sommerkleidung – ein sicheres Anzeichen dafür, daß die Sturmfront näherkam. Wir hatten schon über die Hälfte unserer Suchfläche abgefahren und noch kein einziges Zeichen eines Wracks gefunden. Unser Selbstvertrauen befand sich auf dem Nullpunkt. Vielleicht hatten wir unrecht, und Kristof und die anderen hatten recht.

Wir schüttelten diese Zweifel ab und einigten uns auf einen Kompromiß, der nach unserer Meinung die »Meuterei« im Keim ersticken mußte. Wir wollten umkehren und einen zusätzlichen Streifen zwischen der 5. und der 6. Bahn einlegen. Ursprünglich hatten wir vorgehabt, wenn wir bei den ersten Durchgängen die »Titanic« nicht fanden, jeweils eine weitere Bahn zwischen den ersten Linien abzufahren; unser Zugeständnis bezog sich also auf eine Bahn, die wir vielleicht ohnehin hätten fahren müssen. Danach wollten wir jedoch die Suche genau nach Plan fortsetzen.

Jean-Louis und ich kehrten in die Zentrale zurück. Wortlos ging ich zum diensthabenden Navigator, Steve Gegg, und teilte ihm den neuen Plan mit. Danach begaben Jean-Louis und ich uns wieder zum Ausgang, ohne noch einen Ton zu sagen. Da kam Emory und fragte mich mit glühendem Blick und grimmiger Stimme, was ich jetzt vorhabe. »Geh zum Navigator«, war meine Antwort. Dann folgte ich Jean-Louis auf Deck hinaus.

Die 7. Bahn brachte nichts. Die geheimnisvollen Ziele waren tatsächlich Sanddünen. Danach gab es kein weiteres Anzeichen einer Rebellion an Bord.

Am 31. August nahmen wir nach einer kurzen Verzögerung wegen einiger Korrekturen an »Argo« um die Mittagszeit den achten Durchgang in Angriff. Das Wetter wurde noch schlechter, die See ging immer höher. Der Sturm mußte uns jeden Augenblick treffen. Gegen Abend hatten wir immer noch nichts gefunden. In der Mannschaft blieb es ruhig, und ich hatte mich schon mit dem Scheitern abgefunden. In fünf Tagen mußten wir die Rückreise antreten. In meiner Kabine wusch ich mir nach dem Abendessen das Gesicht und blickte in den Spiegel. Das »Titanic«-Abzeichen, ein Geschenk von Jean-Louis Michel, auf der Brusttasche meines blauen Overalls starrte zurück. Alle Wissenschaftler hatten sich stolz eines dieser eigens entworfenen Abzeichen angenäht, als wir von den Azoren aufgebrochen waren. Das war schon Lichtjahre her. Oder waren es wirklich erst drei Wochen? Gleichgültig, was passierte: ich wollte das Abzeichen auch noch tragen, wenn wir unseren Heimathafen Woods Hole wieder erreichten. Allerdings fand unsere Rückkehr dann vielleicht besser im Schutz der Dunkelheit statt.

Ich kehrte in den Leitstand zurück, wo die »Crash Crew« ihre Wache gerade angefangen hatte. Wir befanden uns jetzt auf der 9. Bahn. Vielleicht wollten Martin und Barnard den Schaden wieder gutmachen und das erste Zeichen eines Wracks erkennen. Aber ich hatte meine Zweifel. Müde zeichnete ich die nächste Bahn auf dem Auswertetisch an, damit Cathy Offinger als Navigatorin wußte, welcher Kurs einzuschlagen war, wenn Bahn 10 angefangen wurde. Unser neues Suchgebiet hatten wir fast ganz abgefahren. Auf der 9. Bahn stießen wir direkt an den Nordostrand unserer vorher vom

SAR erfaßten Fläche und überstrichen damit den Teil, der damals nicht gemessen worden war, ein eine Meile breites und fünf Meilen langes Stück Meeresboden.

Ich blieb bis zum Wachwechsel um Mitternacht im Leitstand. Jean-Louis und die anderen Mitglieder der »Wache der ruhigen Vortrefflichkeit« kamen hereingestolpert, rieben sich den Schlaf aus den Augen, holten sich eine Tasse Kaffee und erfüllten den eben noch stillen Raum mit Lärm und Geschäftigkeit. Sieben verschiedene Gespräche schwirrten gleichzeitig durch den Leitstand, während jeder seiner Ablösung den Stand der Dinge mitteilte. Durch dieses anregende Gemurmel drang gelegentlich ein Ruf über den mit der Brücke verbundenen Lautsprecher. Untermalt wurde das Ganze vom stetigen Hintergrundgeräusch der Drucker und der piepsenden Sonare. Nach zehn Minuten oder einer Viertelstunde war die alte Wache abgezogen, und die neue hatte sich eingerichtet. Das war immer die ruhigste Zeit, bevor die Musik und die Unterhaltung wieder anfingen. So begann auch die Friedhofsschicht am 1. September 1985.

Auf seiner Wache sollte Jean-Louis die 9. Bahn abfahren, bis »Argo« den schon vom SAR erfaßten Bereich erreichte, und dann eine Meile nach Norden weiterfahren und die 10. Bahn anfangen; kurz vor dem Wachwechsel um 4 Uhr früh mußte es soweit sein. Seit dem Schaden am »Argo«-Kabel hatten Jean-Louis und Earl ihren Ruf als beste Flieger immer wieder bestätigt und mehr Terrain abgefahren als die anderen Wachen. Sie hatten einfach ihren Arbeitsstil geändert, das Schiff so lange beschleunigt und das heile Kabel ausgegeben, bis »Argo« auf maximale Sichthöhe geklettert war, und dann die Fahrt wieder verlangsamt.

Wenn Jean-Louis das Kommando führte und Harris' Helden im Leitstand saßen, wußte ich »Argo« in guten Händen. Jetzt konnte ich endlich eine kurze Ruhepause einlegen. Bevor ich hinausging, hörte ich noch die nächtliche Prognose von Billy Lange. Die letzten Nächte hatte er sich angewöhnt, den genauen Fundort der »Titanic« vorherzusagen. Er suchte sich dazu einen Punkt auf der Karte aus und schätzte dann, wann »Argo« ihn erreicht hatte. Heute, so erklärte er, werde

Anhand dieses 1911 aufgenommenen Fotos vom Zusammenbau der *Titanic*-Kessel im Werk konnte das Bild einer Kesselvorderseite (darunter) identifiziert werden, als es am 1. September 1985 zum ersten Mal auf dem Monitor von Argo erschien.

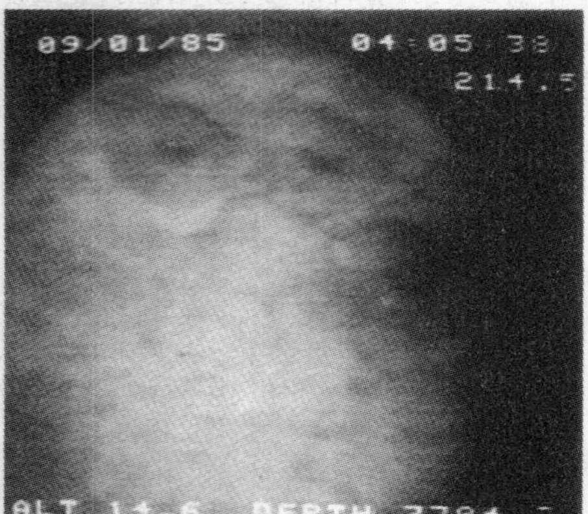

man das Schiff zwischen 2 Uhr und 2.30 Uhr finden. Die »Titianic« war um 2.20 Uhr gesunken. Lange wird allmählich abergläubisch, dachte ich mir, aber wider besseres Wissen hoffte ich, daß er heute Nacht recht haben möge. Als ich den Leitstand verließ, tönte aus der Stereoanlage gerade »Der Wind hat mir ein Lied erzählt«.

In meiner Kabine zog ich mir einen warmen Schlafanzug an, setzte mich in meine Koje und las in der Autobiographie von Chuck Yeager. Allmählich vergaß ich dabei alle Meerestiefen und erhob mich in die Stratosphäre.

Ohne daß ich etwas merkte, bahnte sich im Leitstand unter mir ein Drama an. Etwa zwölf Minuten vor 1 Uhr drehte sich Bill Lange zu Stu Harris um und sagte: »Womit halten wir uns denn heute Nacht wach?« Bisher hatten sie nichts als Schlamm, endlose Kilometer einförmigen, ewig gleichen Meeresboden gesehen. Stu gab keine Antwort. Wie gebannt starrte er auf den »Argo«-Monitor. Etwas Neues war auf dem Bildschirm erschienen. »Da ist was«, sagte er einfach und deutete auf den Fernsehschirm. Mit einem Schlag waren die eben noch so müden Männer wach, aber keiner dachte an etwas anderes als den gewohnten falschen Alarm. Vielleicht hatte ihnen jemand einen Streich gespielt. Oder hatte etwa die »Zoo-Crew« die »Wache der ruhigen Vortrefflichkeit« angesteckt?

Keineswegs. Stu schaltete die Kameras von »Argo« von Vorwärts- auf Abwärts-Zoom; ein paar Sekunden später fiel er aufgeregt ein: »Da kommt was!« Gleich darauf rief Bill Lange aus: »Ein Wrack!« Kein Zweifel: Auf dem Bildschirm erschienen unverkennbar von Menschenhand gefertige Gegenstände. Stu jubelte: »Bingo!«, und dann widerhallte der Leitstand von ungeheurem Gebrüll, Gepfeife und Kriegsgeheul.

Gleich darauf meldete Leutnant Rey vom Sonarstand: »Ich stoße auf etwas Hartes.« Ein paar Minuten erkannte man bis auf ein paar kleine Findlinge nichts. Hatten sie Gespenster gesehen? Eine Diskussion entspann sich, ob man Ralph White wecken sollte, damit er mit den Filmaufnahmen anfangen konnte. Zwei Minuten vor 1 Uhr tauchten immer mehr Bruchstücke von Trümmern auf. Da beschlossen sie, Ralph zu rufen.

Was mich betrifft, so wollte mich niemand nach der langen, öden, fruchtlosen Suche und der kleinen Meuterei vom Vortag so ohne weiteres aus dem Bett holen. Nichts ist schlimmer, als wenn man einmal falschen Alarm gegeben hat. Bill Lange meinte als erster: »Jemand sollte Bob wecken.« Kein Mensch rührte sich. Vier Minuten nach 1 Uhr waren alle überzeugt, daß sich etwas tat. Doch weil ständig weitere Wrackteile auf dem Bildschirm vorbeiströmten, wollte niemand weggehen. Dann erklärte Stu Harris: »Jetzt holen wir Bob«, aber noch immer meldeten sich keine Freiwilligen. Ausgerechnet der Schiffskoch, der sich noch nie in den Leitstand getraut hatte, kam in diesem Moment zur Tür herein. Er hatte sich den besten Augenblick ausgesucht, um einen Eindruck zu bekommen. Gleich trug ihm die Crew auf, mich aus dem Bett zu holen.

Während der Koch nach achtern in mein Quartier hinauf eilte, tauchte unter den nicht zu identifizierenden Wrackteilen auf dem Bildschirm etwas Neues, Kreisrundes auf ... »Ein Kessel?« überlegte jemand. »Es ist ein Kessel!« verkündete Bill Lange. Jetzt gab es gar keinen Zweifel mehr. Jean-Louis konnte immer noch nicht glauben, was er sah. Er schlug das Buch mit dem Faksimilenachdruck des mittlerweile berühmten Artikels aus der Zeitschrift »Shipbuilder« von 1911 über die »Olympic« und die »Titanic« auf und suchte die Seite mit den Bildern der Kessel. Er guckte auf den Bildschirm, dann wieder auf die Seite, wiederholte das Ganze mehrmals, als müsse er sich erst selbst überzeugen. Dann: »Ja, es ist ein Kessel.«

Als der Koch den Kopf in meine Kabinentür steckte, durchbrach ich mit Yeager immer noch die Schallmauer. Endlich hatte ich die »Titanic« vorübergehend vergessen. »Die Leute meinen, Sie sollten in den Leitstand runterkommen«, erklärte er. Es dauerte ein paar Sekunden, bis ich begriffen hatte, was er damit sagen wollte. Dann sprang ich aus der Koje, Yeagers Buch flog in die Ecke, ich zog mir den Overall über den Schlafanzug, stieß den Koch aus dem Weg und raste hinunter. Die drei Decks und den Rest des Weges mußte ich in etwa dreißig Sekunden zurückgelegt haben.

Als ich in den Leitstand gestürzt kam, erklärte mir Stu, »Argo« sei gerade über einen riesigen Schiffskessel geflogen.

Der erste Überschwang war etwas abgeklungen, aber bei der geringsten Kleinigkeit wären die Wogen der Begeisterung sicherlich gleich wieder hochgegangen. Schnell legten sie das Band auf, und ich sah deutlich das Bild von einem großen Schiffskessel – dem Kessel der »Titanic«. Ich machte keine Freudensprünge und vollführte auch kein Triumphgeschrei. Ein paar Sekunden konnte ich gar nichts sagen. Weil mir die Worte wegblieben, wiederholte ich leise und ungläubig nur immer wieder »verdammt, verdammt . . .«

Ich drehte mich zu Jean-Louis um. Sein Gesicht sprach Bände. Die »Titanic« war gefunden. Wir hatten uns nicht geirrt. Dann meinte er still: »Das war kein Glückszufall. Wir haben es verdient.«

Unsere Jagd war fast zu Ende. Ganz in der Nähe lag die »Titanic«.

Rings um uns ertönten erneut Hochrufe und Jubel. Ich machte die Runde und gratulierte den Mitgliedern der Wache, schüttelte Hände, klopfte Leuten auf die Schulter. Bei

Phase II der Suche mit »Argo«

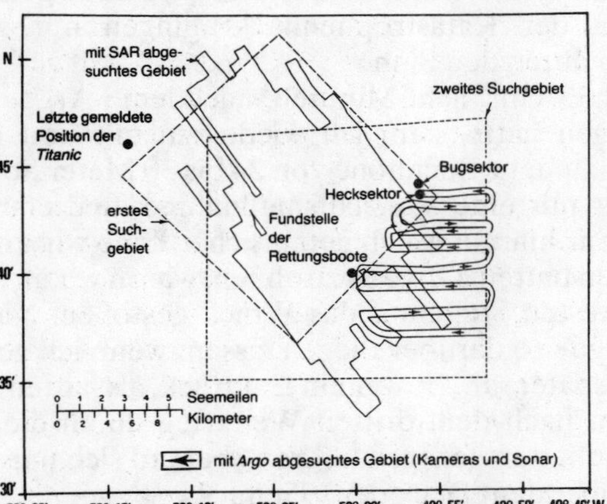

Wie das Suchraster von Argo zum Wrack der *Titanic* führt, zeigt diese Karte der Phase II.

aller Hochstimmung wurde ich mir aber allmählich auch der Gefahr bewußt, in der wir uns befanden. Unter »Argo« zogen immer größere Trümmerstücke vorbei, und Earl mußte das Kabel etwas einholen, damit »Argo« nirgends anstieß. Noch wußten wir nicht, wo das Hauptwrack lag. Wenn große Stücke davon unversehrt waren, konnten sie so plötzlich auftauchen, daß nicht einmal Grumpy an ihnen vorbeikam. Ich mahnte die Wache: »Paßt auf die Höhe auf!« Doch wir waren alle so von dem gebannt, was wir da sahen, daß es noch ein paar Minuten dauerte, bis ich die Warnung in einen Befehl kleiden mußte.

Als die Bilder auf dem Fernsehschirm immer deutlicher und immer aufregender wurden – große Teile von verbogenem Rumpfblech, Bullaugen, ein krummes Stück Reling –, kam mir zum ersten Mal in den zwölf Jahren meiner Suche die ganze menschliche Tragödie der »Titanic« mit voller Wucht zum Bewußtsein. Hier lagen auf dem Meeresboden nicht nur die letzten Überreste eines großen Schiffs; dieser Ort war auch die einzige passende Erinnerung an die über 1500 Menschen, die mit untergegangen waren. Wir waren nach 73 Jahren die ersten, die auf diesem Friedhof ihrer gedachten. Bilder von der Katastrophennacht gingen mir schmerzhaft deutlich durch den Sinn.

Um 1.13 Uhr, acht Minuten, nachdem »Argo« den Kessel überflogen hatte, kam ich wieder zu mir und gab Befehl, »Argo« auf eine Suchhöhe von 24 bis 30 Meter hochzuziehen. Das war nur eine Vorsichtsmaßnahme, und erst viel später wurde mir klar, in welch gefährlicher Lage wir uns eigentlich befunden hatten. Ohne es zu ahnen, waren wir an der denkbar schlechtesten Stelle auf das Wrack gestoßen. Niemals hätte ich »Argo« so darüber fliegen lassen, wenn ich gewußt hätte, was ich später sah. Es war ein Eindruck, als hätten wir unseren Schlitten nach dem dritten Weltkrieg durch die Innenstadt von Manhattan gezogen. »Argo« befand sich nur dreieinhalb Meter über dem Deck der »Titanic«.

Die Nachricht hatte sich wie ein Lauffeuer durch das Schiff verbreitet, und immer mehr Leute kamen in den Leitstand, machten ihn zum Tollhaus. Die Scheinwerfer von »Argo« wa-

Jubel im Leitstand: Mit portugiesischem Wein aus Pappbechern feiern den Erfolg (von links) Martin Bowen, Stu Harris, Dana Yoerger, Bill Lange, Jean Jarry, der Autor und Cathy Scheer.

Dana Yoerger (links) und Leutnant George Rey mit strahlenden Gesichtern über einer Karte mit den zur *Titanic* führenden Suchbahnen ren ausgeschaltet, und die Hinzukommenden sahen jetzt das Bild vom Meeresboden nicht in Echtzeit, sondern in einer Reihe von Schnappschüssen, die alle acht Sekunden aufgenommen wurden – eine Art Discoeffekt. Um 1.25 Uhr hatten wir das Trümmerfeld überquert, und ich ließ »Argo« hochziehen. In dieser Nordwestecke unseres neuen Suchgebiets war der Kurs nur mit Mühe zu halten. Ich wollte ein neues Transpondernetz einrichten, ehe wir das Wrack genauer untersuchten. Außerdem war im Leitstand der Teufel los; wir mußten unbedingt erst feiern, ehe weitergearbeitet wurde. Die Leute reichten schon Pappbecher mit portugiesischem Wein herum, den wir auf den Azoren eingekauft hatten. Zumindest perlte das Zeug und war damit von allem, was wir hatten, Champagner am ähnlichsten.

Diesen Siegesjubel werde ich so schnelll nicht vergessen. Emory Kristof schlug mir auf den Rücken und fotografierte dann weiter. Ralph White drehte wie wild drauflos. Jean-Louis grinste über das ganze Gesicht. Alle redeten gleichzeitig, gratulierten einander und versuchten dabei auch noch, ihre Aufgaben zu erledigen.

Auf dem Höhepunkt dieser Siegesfeier kippte die Stimmung plötzlich um, als sei »Argo« auf den Meeresgrund gestürzt. Ich weiß nicht mehr, wer auf die großen Doppeluhren wies, von denen eine Greenwichzeit und die andere Ortszeit anzeigte, und »Ach du meine Güte!« murmelte. Es ging auf 2 Uhr Ortszeit, fast genau die Stunde, als die »Titanic« untergegangen war. Das reichte, unsere gute Laune völlig kaputtzumachen. Eben noch hatten wir himmelhoch gejauchzt, doch plötzlich war uns ganz elend. Vielleicht trug dazu auch bei, daß wir jetzt zum ersten Mal seit Beginn der Suche ohne ein richtiges Ziel waren. Das Berufliche fiel von uns ab, das Menschliche kam zum Vorschein. Es wurde sehr still im Leitstand.

Ich sagte ungefähr: »Ich weiß nicht, wie es euch geht und möchte euch meine Gefühle nicht aufdrängen, aber so in zwanzig Minuten gehe ich hinaus auf die Heckplattform. Wer mitkommen will, kann kommen. Wenn nicht, ist es auch in Ordnung.« Das war alles. Dann ging ich hinaus.

Ich weiß nicht mehr genau, was ich die nächsten zwanzig Minuten gemacht habe. Ich habe mich in eine ruhige Ecke verkrochen, wo ich mit meinen Gedanken allein sein konnte. Vielen anderen ist es wahrscheinlich genauso gegangen. Als ich zur Heckplattform kam, hatte sich dort eine ganz ansehnliche Menge versammelt. Ich zog die Flagge von Harland & Wolff auf, der Werft in Belfast, die die »Titanic« gebaut hatte. Ich wollte nicht theatralisch sein, aber das kam mir in diesem Augenblick passend vor. Der Sturm, der die ganze Zeit gedroht hatte, war in sicherer Entfernung abgezogen; das Wetter war wieder schön, der Himmel sternenklar, die See ruhig. Bis auf den Mondschein war es genauso wie in der Nacht, in der die »Titanic« untergegangen war. Ich sprach nur ein paar Worte: »Ich möchte nicht viel sagen; ich glaube, wir sollten eine Gedenkminute einlegen.«

Daß wir gewonnen und das Schiff gefunden hatten, war das eine. Jetzt hier zu sein, war aber etwas ganz anderes. Es war gespenstisch. Ich konnte die »Titanic« sehen, wie sie mit dem Bug voraus in das glasige Wasser schoß, rings um mich waren die geisterhaften Schemen der Rettungsboote, die durchdringenden Rufe und Schreie der Menschen, die in dem eiskalten Wasser erfroren.

Unsere kleine Gedenkfeier dauerte fünf, vielleicht zehn Minuten. Dann sagte ich nur: »Ich danke euch allen. Jetzt gehen wir wieder an die Arbeit.«

Kapitel 7

Die »Titanic« ist gefunden

In der Dämmerung des kalten, grauen Sonntagmorgens am 1. September 1985 zeigte uns das Radargerät der »Knorr«, daß unser kleines Boot von anderen Schiffen umgeben war. Plötzlich donnerte ein U-Boot-Jäger vom Typ Orion P-3 über uns hinweg und nahm fast die Brücke mit, als er sein Magnetometer an der »Knorr« ausprobierte. Gleich darauf schoß ein Jagdbomber mit einem großen, roten kanadischen Ahornblatt an uns vorbei. Himmel und Meer waren auf einmal voller Flugzeuge und Schiffe. Wußte denn die ganze Welt schon, daß wir die »Titanic« gefunden hatten? Wie sich herausstellte, waren wir durch Zufall mitten in einem NATO-Manöver gelandet; unsere Entdeckung war der Welt noch nicht bekannt – oder doch?

Als ich Woods Hole anrief, um die gute Nachricht durchzugeben, traf mich fast der Schlag. Der Wachmann am anderen Ende teilte mir mit, die Presse habe schon den ganzen Morgen angerufen und nach Einzelheiten über unsere Entdeckung der »Titanic« gefragt. Ein Artikel darüber habe wohl in der Sonntagmorgenausgabe des Londoner »Observer« gestanden. Wenn das stimmte, war die Zeitung etwa um dieselbe Zeit in Druck gegangen, als wir das Schiff entdeckt hatten. Unmöglich. Oder hatte jemand unseren Funkverkehr zwischen Leitstand und Brücke abgehört?

Ich hatte keine Zeit, lange darüber nachzugrübeln. Obwohl das Wetter noch ziemlich ruhig war, sah es mir sehr nach Sturm aus. Mein Gefühl trog mich nicht: Unsere Satellitenwetterkarte zeigte eine heraufziehende Sturmfront. Wir hatten noch knapp vier Tage, bis wir wieder Kurs auf Woods Hole nehmen mußten; ein Sturm über dem Nordatlantik konnte diese Galgenfrist erheblich verkürzen oder unserer Expedition ein vorzeitiges Ende bereiten.

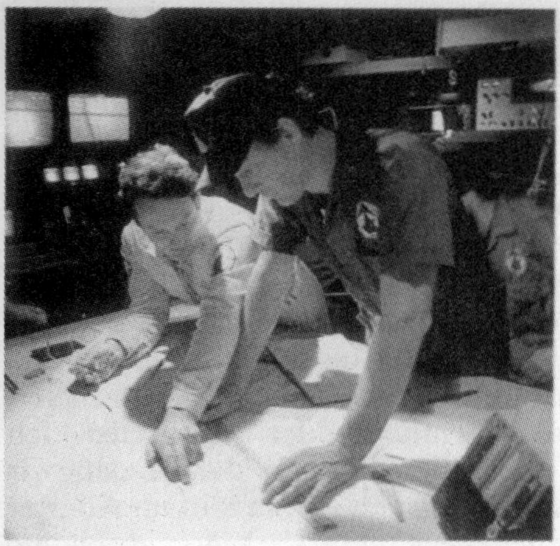

Jean-Louis und ich bereiten die erste Sondierung des Wracks mit Argo vor.

In der restlichen Zeit wollte ich möglichst viele Bilder vom Wrack aufnehmen und der Welt zeigen, in welchem Zustand sich die »Titanic« nach 73 Jahren auf dem Meeresboden befand. Millionen Fragen schossen mir durch den Kopf: Ob das Schiff noch halbwegs intakt war? Oder war es in zahllose Stücke zerbrochen? War die Takelage noch vorhanden, standen die Schornsteine noch senkrecht, hatte sich die Decksbeplankung aus Holz im tiefen Salzwasser gehalten? Und ein düsterer Gedanke: Fanden wir vielleicht Überreste von den Menschen, die mit dem Schiff untergegangen waren? Die Bilder sollten die Antworten liefern: zuerst Videoaufnahmen mit »Argo« und dann gefährlichere Bildflüge mit Angus, damit wir auch Farbaufnahmen aus der Nähe mit heimbrachten.

Die nächsten 24 Stunden verschwimmen im Rückblick in hektischer Aktivität. Zuerst setzten wir mehr Transponder aus und erfaßten das Wrack in unserem Meßnetz. Dann zeichneten wir das Trümmerfeld mit »Argo« auf, ließen dabei das Hauptwrack aus und machten uns erst einmal mit dem Gelände vertraut, ehe wir einen Blick aus größerer Nähe riskierten. Ausgerechnet das altmodische Echolot der »Knorr«, das in Betrieb geblieben war, während das Transpondernetz eingemessen worden war, hatte das größte Rumpfstück gefunden. Trotz aufwendigster Geräte an Bord hatten wir die »Titanic« mit einem Nullachtfünfzehn-Echolot entdeckt, wie man es auf jedem Hochseefischdampfer findet.

Erstaunt stellten Jean-Louis und ich fest, wie dicht »Le Suroît« schon am Wrack gewesen war. Bei einem seiner allerersten Meßgänge war Jean-Louis der »Titanic« bis auf weniger als tausend Meter nahegekommen. Das Schiff lag am Ostrand des ersten Suchgebiets in dem schmalen Keil, den Jean-Louis wegen der starken Strömung hatte auslassen müssen. Die Macht des Schicksals? Wenn Jean-Louis seine ersten Bahnen nur ein bißchen gerader hätte ziehen können ... Sein Pech und mein Glück waren eng miteinander verbunden. Ich wollte ihn aufmuntern und erinnerte ihn daran, daß wir schließlich Partner waren und uns den Ruhm teilten. Aber er war untröstlich. »Paris wird es als mein Versagen ansehen«, erklärte er mir und kehrte dann stoisch an seine Arbeit zurück und zeichnete unsere Durchgänge mit »Argo« auf dem Kartentisch im Leitstand ein.

Unsere Erkundungsgänge über das Trümmerfeld hatten wegen ständiger Kursschwierigkeiten sehr lange gedauert, und mir brannte allmählich die Zeit auf den Nägeln. Am frühen Nachmittag des 2. September, als der Sturm näherkam und ein steifer Wind zu blasen begann, hatte ich so viele Informationen gesammelt, daß ich allen Mut zusammennahm und unseren ersten »Argo«-Flug über das größte Wrackstück befahl, das wir entdeckt hatten. Welches Risiko ich dabei auf mich nahm, wurde mir an dem großen Querschnitt durch die »Titanic« klar, den Jean-Louis an die Rückwand des Leitstands gehängt hatte. Man sah darauf die riesigen Schornsteine und die komplizierte Takelage des Schiffs. Mich und alle anderen erinnerte das Bild immer wieder an die Gefahren, die in der Tiefe auf uns lauerten. Wenn sich »Argo« in irgendwelchen Drähten oder Wrackteilen verfing, konnten wir das Gerät nur durch ein Wunder wieder freibekommen; höchstwahrscheinlich mußten wir das Kabel durchschneiden und damit eine technische Entwicklung im Wert von einer halben Million Dollar ins Wasser setzen, vom Rest der Expedition ganz zu schweigen.

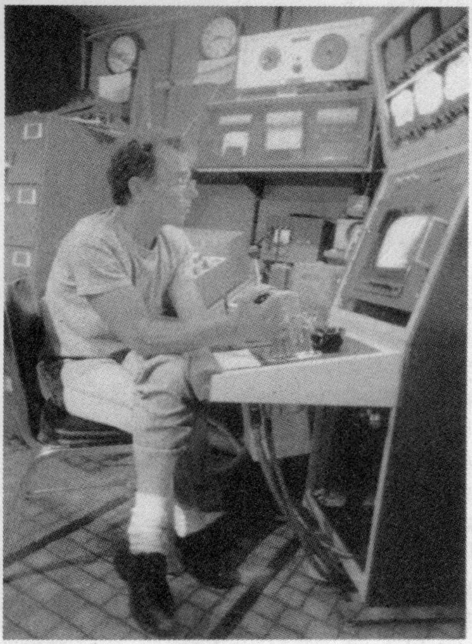

Earl Young dirigiert Argo.

En Lotsenfisch beäugt Argo. Im Hintergrund der Spezialantrieb der *Knorr*, einer der beiden Voith-Schneider-Propeller.

Trotz aller Verzögerungen hatte »Argo« unsere Kenntnisse vom Fundort des Wracks doch noch erweitert. Wir hatten große Teile des Trümmerfelds erforscht und einen der riesigen Kräne des Schiffs mit völlig verbogenem Ausleger auf der Seite liegen sehen. »Argo« war über ein Feld mit großen

Wracktrümmern in der Umgebung unseres Kessels gefahren, einen verknäulten Haufen aus verbogenen Schotten und umgedrehten Rumpfblechen.

Doch noch immer wußten wir nicht, in welchem Zustand sich das größte Wrackteil befand, von dem wir uns bisher ferngehalten hatten. Wir glaubten, das Schiff könne vielleicht noch in einem Stück beisammen sein. Was wir bisher an Trümmern gesehen hatten, hätte auch gut aus dem Schiffsinnern nach dem Durchbruch der Kessel und anderer schwerer Gegenstände herausgefallen sein können. (Viele überlebende Augenzeugen hatten von einem lauten Dröhnen berichtet, als das Schiff in die Tiefe gesunken war.) Einige Schornsteine konnten durchaus noch aufrecht stehen, ein Teil der Takelage sich an Ort und Stelle befinden.

Als wir die »Knorr« in Position brachten und mit »Argo« den ersten Gang über das größte Wrackstück wagen wollten, verbreitete sich die Nachricht von unserem Vorhaben schnell unter den Wissenschaftlern, und im Leitstand versammelte sich eine Menschenmenge. Bis auf den knappen Dialog zwischen mir und den Diensthabenden fiel kein Wort. Wie es sich gehörte, tat die Mannschaft Dienst, die die »Titanic« entdeckt hatte: Harris' Helden. Die »Knorr« wurde von Kapitän Bowens kundiger Hand geführt.

Als sich »Argo« dem Boden näherte, erteilte ich den ersten Befehl: »Flieger, in 50 m Höhe halten.« Im Leitstand rührte sich niemand. Die einzigen Geräusche waren das Piepsen des Sonars, das Summen der Drucker.

»Verstanden.« Earl Young war heute streng dienstlich. Mit seinem nüchternen Ton wollte er die Spannung verbergen, die wir beide verspürten, während er den Tiefenmesser von »Argo« anstarrte und ein Echo genau auf den Meeresboden losschickte.

»Sonar, melden Sie, sobald Sie etwas sehen.«

»Verstanden«, antwortete Leutnant Rey kampfbereit. Auf seinem Ausdruck auf einem Blatt Papier konnte er erkennen, was das Seitensicht-Sonar von »Argo« auf beiden Seiten sah.

»›Argo‹-Steuerung: Ich möchte mit dem Anflug aus großer Höhe im Strobing-Betrieb anfangen.«

»Verstanden«, erwiderte Stu Harris leise. Vor lauter Seekrankheit wurde er langsam grün im Gesicht, doch diesen Augenblick ließ er sich auf keinen Fall entgehen. Jetzt konnte sein »Argo« zeigen, was in ihm steckte.

Beim erstenmal wollten wir auf Nummer Sicher gehen und lieber aus größerer Höhe einschweben. Dazu mußten wir unseren Hochleistungs-Strobingscheinwerfer einsetzen, der unsere Lichtenergie alle zehn Sekunden in einem kurzen, starken Impuls abgab. Mit diesem Blitzlicht konnte »Argo« weiter sehen als im Dauerbetrieb, wie er bei Fernsehaufnahmen gebraucht wurde. Obwohl die Videokameras von »Argo« ständig weiterliefen, zeigte unser Bildschirm nur alle zehn Sekunden einen Schnappschuß.

Earl gab mir an, daß wir die Strobing-Höhe erreicht hatten und uns (hoffentlich) sicher über den Schornsteinen und den Masten befanden.

»Schiffsführung, wir beginnen den ersten Durchgang. Versuchen Sie, die Geschwindigkeit über dem Meeresboden unter 0,5 Knoten zu halten.«

Kapitän Bowen im Führersessel genoß die Sache augenscheinlich. Während der Suche hatte er fast nur eine Nebenrolle gespielt und die meiste Zeit untätig in der Kabine verbracht. Jetzt wurde er mit seinem geschickten Steuern des Schiffs für unsere Entdeckung unerläßlich.

»Flieger, achten Sie auf plötzliche Höhenänderungen. Lassen Sie ›Argo‹ hochkommen. Er soll in 30 bis 35 Meter Höhe stehenbleiben.« Meine Stimme war ruhig, aber die Hände fingen mir an zu zittern. In ein paar Minuten mußten wir das Schlimmste wissen.

»Verstanden.« Earl war nicht aus der Ruhe zu bringen.

In fünfzig Meter Höhe war »Argo« blind. Er konnte den Boden nicht sehen, und wir damit auch nicht. Unsere Bildschirme blitzten vom Widerschein der Strobing-Scheinwerfer an winzigen Objekten im Wasser. Bei zuviel Nebel unter Wasser wurde das Scheinwerferlicht von »Argo« zu stark gestreut. Wir mußten uns also auf Sonar verlassen, den Tiefenmesser, der direkt vom Boden reflektiert wurde. Der Tiefenmesser von »Argo« sollte uns anzeigen, wann wir über die »Titanic«

hinwegfuhren. In fünfzig Meter Höhe über dem Meeresboden mußten wir eigentlich genügend Sicherheitsabstand haben. Eigentlich. Wenn nicht, und wenn Earl nicht rechtzeitig ausweichen konnte, war es das Ende von »Argo«, das Ende unserer Reise, vielleicht auch unser letzter Blick auf die »Titanic«. Ich hielt den Atem an . . .

Earl: »Der Höhenmesser zuckt.«

Rey: »Ich habe einen massiven Gegenstand in Steuerbord auf dem Sonar; wir überqueren ihn.«

Earl: »Höhenmesser ist gerade gesprungen; Höhe jetzt fünfundzwanzig Meter.«

Ich: »So bleiben; Kabel nicht einholen.«

Jetzt oder nie.

»Argo« fuhr direkt über den Hauptrumpf der »Titanic« hinweg; das goldene Vlies lag zum Greifen nah. Im Leitstand fiel kein Wort; nur zwanzig Paar Lungen atmeten tief, als winzige Objekte auf dem Bildschirm auftauchten. Wenn wir uns verschätzt hatten, mußten wir es bald erfahren.

Es war Zeit, näher heranzugehen und hineinzutauchen.

»Auf Echtzeit umschalten. Wir gehen hinunter.«

Ich hatte den Eindruck, daß alle im Leitstand, die schon vorher die Luft angehalten hatten, noch einmal tief durchatmeten, während Stu mit leichtem Fingerdruck auf eine Tastatur dem Bordcomputer von »Argo« digitale Befehle übermittelte und ihn anwies, seine Scheinwerfer wieder einzuschalten und wie eine normale Fernsehkamera mit hochempfindlichen Augen zu arbeiten.

»Flieger, fünf Meter tiefer.«

»Verstanden.«

Jetzt sanken wir schon unter das Schornsteinniveau der »Titanic«. Wenn die Schornsteine noch standen oder gar die Masten und die Takelage noch intakt waren, konnte es uns schlimm ergehen.

Auf dem Bildschirm erkannte ich den schemenhaften Umriß eines Rumpfes: »Es ist die Seite. Sie steht.«

Leutnant Rey mit seinem Sonarbericht: »Ich habe hier etwas auf dem Sonar, das wie Schornsteine an Steuerbord aussieht. Wir sind darunter.«

Konzentriert verfolgen wir im Leitstand den ersten Streifzug von Argo über das große Wrack.

Aufzeichnung der lange erwarteten Bilder aus der Tiefsee: Tom Dettweiler, Bob Squires, der Autor, Jean Larry und Bernard Pillaud (im Uhrzeigersinn von links).

»Verstanden«, antwortete ich. »Augen aufhalten.« Als ob ich das noch zu sagen brauchte.

Plötzlich tauchte aus dem Dämmerlicht das Bootsdeck des Schiffes auf. Wir befanden uns auf der Backbordseite und schauten auf etwas hinab, das wie eine Schornsteinöffnung aussah. Doch der Schornstein war weg; er war ein paar Minuten vor dem Untergang des Schiffes ins Meer gefallen und hätte fast das Notboot B getroffen, in dem sich noch ein paar Überlebende befunden hatten, darunter auch der Zweite Offizier Lightoller, Archibald Gracie und Funker Bride. Wie durch ein Wunder hatte die von diesem Schornstein erzeugte Welle sie gerade noch rechtzeitig vom Rumpf weggedrückt.

Als wir die Schiffsmitte überquerten, konnten wir den abgeplatteten rechteckigen Umriß der Brücke erkennen. Hatte hier Kapitän Smith in stoischer Ruhe bis zum Ende gestanden? Zum Glück waren die Spanntrossen nicht mehr da.

Dann sah ich auf der Steuerbordseite neben der Brücke das unverkennbare Bild eines Davits; es war wie ein Schlag in den Magen. Leere Davits: nicht genug Rettungsboote. Wie konnte so ein mächtiges Schiff, das größte und teuerste seiner Zeit, ohne genügend Rettungsboote für Mannschaften und Passagiere ausgestattet werden?

Ehe wir es recht merkten, war »Argo« schon sicher über die Steuerbordbugreling hinweggeschwebt und wieder im konturlosen Dunkel verschwunden. Auf einen Schlag brach sich die aufgestaute Erregung im überfüllten Leitstand Bahn. Die Leute jauchzten, fielen einander um den Hals und tanzten herum, während Jean-Louis und ich in diesem irrsinnigen Getümmel ruhig versuchten, die Bedeutung dieses Augenblicks zu würdigen. Was unser Ingenieursteam in ein paar Minuten erreicht hatte, konnte sich mit allen früheren Unterwassererkundungen messen oder übertraf sie sogar, von der Erforschung des Mittelozeanischen Rückens bis zur Entdeckung der Schwarzen Schlote. Während rings um uns weiter gefeiert wurde, waren Jean-Louis und ich den Tränen nahe. Vielleicht haben wir auch wirklich geweint; ich weiß es nicht mehr.

Unser erster Blick auf die »Titanic« hatte alles in allem knapp sechs Minuten gedauert. Doch er hatte uns viel gezeigt. Wäre die Expedition hier zu Ende gegangen, wäre sie schon ein Riesenerfolg gewesen. Wir wußten jetzt, daß die »Titanic«

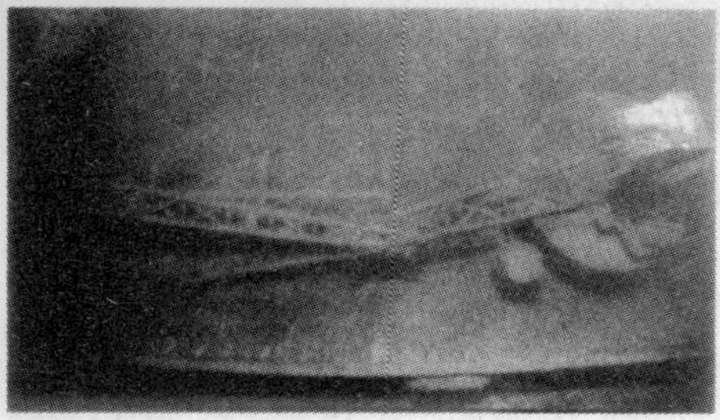

Diese zwei später aufgenommenen Angus-Bilder zeigen deutlicher, was wir auf dem Monitor von Argo sahen, beispielsweise die noch intakten Lastkräne auf dem Welldeck (links).

Einsamer Bootsdavit auf der Backbordseite

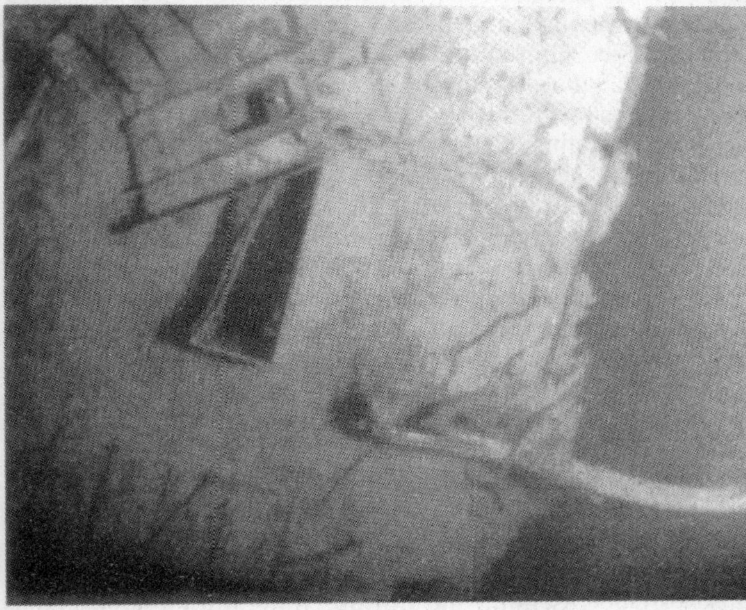

aufrecht stand und ein großer Teil des Schiffs offenbar intakt war. Wie Augenzeugen des Untergangs berichtet hatten, fehlte der erste Schornstein. Noch immer bestand kein Grund zur Annahme, daß das Schiff nicht in einem Stück dort unten lag. Wir wußten auch, daß der Bug etwas nach Osten von der Nordrichtung abwich. Wir hatten eine sichere Beobachtungshöhe gefunden und konnten auf Grund aller dieser Angaben noch ein paar Flüge über das Schiff unternehmen und Videoaufnahmen machen und später vielleicht mit ANGUS an die gefährlicheren Nahaufnahmen gehen.

Ich wollte wieder zum Bug zurück, doch zuerst mußten wir den Leitstand räumen. Mein Team sollte schließlich die nächsten vierundsechzig Stunden möglichst ausgeruht sein, und deshalb verkündete ich der Menge: »Leute, hier ist zuviel Betrieb. Ihr hängt durch, wenn ihr nachher Dienst habt. Ein paar von euch müssen sich aufs Ohr legen. Von jetzt an wird rund um die Uhr gearbeitet.« Murrend und ungern verließen die Reservetruppen den Leitstand und begaben sich zur Ruhe, wenn sie sich überhaupt beruhigen konnten. Ich hätte jetzt auf keinen Fall schlafen können und wollte auch nicht einen Flug über die »Titanic« verpassen. Wenn »Argo« am Wrack kaputtging, dann sollte es mir passieren.

Den Rest dieses Nachmittags und den ganzen Abend brachten wir nur noch zwei Überquerungen des Wracks mit »Argo« zustande, denn immer stärkere Winde und der Seegang behinderten unsere Arbeit. Als wir auf dem zweiten dieser beiden Flüge mit »Argo« vom zweiten Schornstein aus nach achtern weiterzogen – wir glaubten immer noch, daß der Schornstein da war, weil auf unserem ersten »Argo«-Besuch ein Sonarbild aufgezeichnet worden war – und die Stelle suchten, an der die hintere Rumpfhälfte hätte sein müssen, sackte das Deck plötzlich unter uns weg. Während Earl »Argo« weiter absenkte, um den Rumpf im Bild zu halten, liefen die Videobilder in einer undurchdringlichen Masse aus verknäuelten Wrackteilen zusammen: aufgebogenen Fenstern, abgerissenen Rumpfprofilen, rasiermesserscharfen Stahlzacken. Zu unserer Überraschung und Enttäuschung war das ganze Achterschiff weg. Auf dem Auswertetisch befestigten wir einen Umriß der »Titanic« aus Papier, in dem eine Draufsicht auf den Bug zu erkennen war und die Ausrichtung des Wracks nach dem Kompaß und seine Position in unserem Transpondernetz vermerkt wurden. Auf diesem Ausschnitt zeichneten wir alles ein, was wir bis jetzt von der »Titanic« gesehen hatten: die Schiffsbrücke, den Ansatz der großen Freitreppe, die Öffnung des ersten Schornsteins.

Gegen Ende dieses Überflugs hatte die immer rauhere See »Argo« fast unbenutzbar gemacht. Einmal waren wir mit dem Schlitten sogar gegen den Rumpf gedonnert. Ich blies deshalb zum Rückzug. Es war der 2. September, 22.30 Uhr. Vor fast 24 Stunden hatte ich das letzte Mal ein Bett gesehen. Als der Sturm mit Böen von 35 Knoten Geschwindigkeit seine höchste Stärke erreichte, mußten die für »Argo« zuständigen Besatzungsmitglieder in ihr hellgelbes Ölzeug steigen und aus dem warmen Leitstand auf das dunkle, kalte, nasse, windige Deck hinaus, wo ihnen das bittere Salz ins Gesicht peitschte. Beleuchtet wurde die Szene von den grellen Scheinwerfern, der »Knorr«; sie bekam dadurch einen surrealistischen, alptraumartigen Anstrich. Der Wind heulte über das stampfende Deck, während sich die gelben Gestalten in Position begaben, der Offizier auf der Brücke den Bug der »Knorr« in den Wind manövrierte und die hohen Aufbauten des Schiffs dadurch wenigstens als partiellen Windschutz nutzte. Aber das Stampfen und Schlingern war durch nichts zu unterdrücken.

Die »Argo«-Crew hängte das große Geschirr mit den wassergefüllten schwarzen Stoßfängern über die Steuerbordreling, das den Schlitten aufnehmen sollte. »Argo« tauchte auf und schaukelte wie ein verkleinertes Spiegelbild der »Knorr« wild hin und her. Jetzt kam es auf jede Sekunde an, als Bootsmann Jerry Cotter seine Befehle in den Sturm brüllte. Die »Argo«-Crew mußte ein ähnliches Kunststück vollbringen wie die Bronco Busters, die einem bockenden Pferd den Sattel auflegen wollen; am schlingernden Schlitten mußten Leinen festgemacht werden. Auf ein Zeichen von Jerry bewegte der Kranführer »Argo« auf das Schiff zu und ließ den Schlitten auf sein Gummilager fallen – endlich gezähmt und lammfromm.

Es war Sonntag, der 3. September, Vormittag. Meine Geduld war zu Ende. Zehn Stunden hatte ich gewartet, gehofft, daß sich der Sturm wieder lege. Ein paar frustrierende Stunden hatte ich sogar vergebens versucht, in meiner stampfenden Kabine ein bißchen zu schlafen, aber es war mir nicht gelungen. Schließlich überlegte ich mir, daß wir zwar »Argo« nicht einsetzen, aber doch mindestens ANGUS zu Wasser lassen und ein paar Fotos vom Trümmerfeld aufnehmen konnten. ANGUS hatte schon bei rauherer See gearbeitet. Außerdem vergaßen wir so vielleicht das miserable Wetter vor lauter Angst, ANGUS zu verlieren.

Den ganzen Nachmittag bis spät in den Abend des 3. September nahmen wir mit den Fotokameras von ANGUS viele tausend Farbbilder vom Trümmerfeld auf. Als Martin Bowen den Film ein paar Stunden später entwickelt hatte, entdeckten wir darauf eine eindrucksvolle Sammlung: hier einen Nachttopf, dort eine Bettfeder, weiter hinten eine Teetasse, dann ein Silbertablett, zahlreiche Weinflaschen, sogar das weißgestrichene Kopfteil eines Bettes. Dazu kamen Berge von nicht zu identifizierenden Wrackteilen.

Gegen Mitternacht zog die Sturmfront endlich ab, und die See beruhigte sich. Am späten Nachmittag machten wir uns bereit, mit Angus zum ersten Mal über das Hauptwrack hinwegzufahren. Von Anfang bis Ende war es eine einzige Mühsal; abwechselnd wurden wir von Müdigkeit und Adrenalinstößen heimgesucht, während Earl Young, Tom Crook und Kapitän Bowen unseren blinden »Depp im Schlepp« über die Decks der »Titanic« zogen. Bei jedem Übergang über das Wrack blieb uns fast das Herz stehen, von den Bewegungen des Magens ganz zu schweigen. Wen langsame Manöver in einem Schiff mit Voith-Schneider-Propellern bei schwerer See nicht seekrank machen, der ist gegen alles gefeit. Langsam und mit äußerster Vorsicht führte Jean-Louis die »Knorr« und ANGUS noch durch vier weitere Übergänge von jeweils dreißig Minuten. Nach dem fünften und letzten Manöver war zum letzten Mal die Nacht über unsere »Titanic«-Reise hereingebrochen. Ich befahl, ANGUS wieder einzuholen. Wenn diese Bilder nichts geworden waren, konnten wir immer noch einen allerletzten Versuch unternehmen.

Einen Moment überlegte ich mir, was ein vorbeifahrendes Schiff wohl von unseren Manövern halten mußte. Da lag diese Nußschale mitten im Niemandsland und drehte sich aus keinem ersichtlichen Grund um sich selbst wie eine Katze, die ihrem eigenen Schwanz nachjagt. Man hielt uns sicherlich für verrückt.

Captain Bowen (links) fährt, und Tom Crook navigiert, während wir Angus über die *Titanic* gleiten lassen.

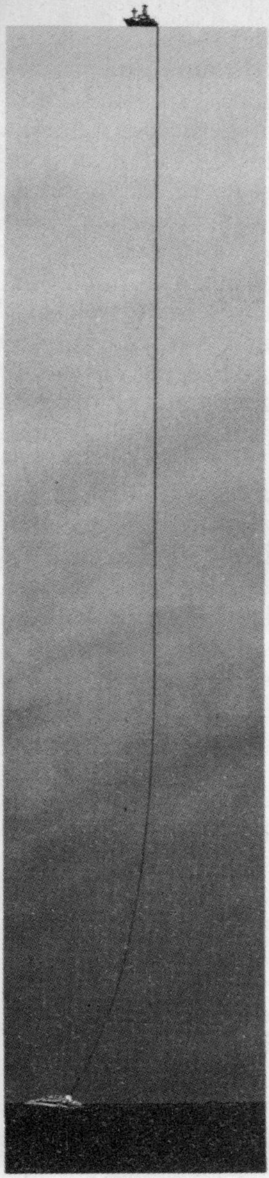

3800 m

Die Zeichnung veranschaulicht die enorme Distanz zwischen der Knorr und dem Wrack.

Sechs Stunden später sprach noch mehr für diese Diagnose. Alles, was wir von diesen ersten, fürchterlichen Besuchen des Wracks mit ANGUS heimgebracht hatten, waren unscharfe Bilder in einem blauen Gewoge von Streulicht. Die Kameras funktionierten einwandfrei, aber wir hatten aus zu großer Höhe fotografiert, waren zu vorsichtig gewesen. Ich hatte das Gefühl, daß mir der Sieg entglitt. Mein letztes bißchen Energie schwand.

In diesem Augenblick hätte ich am liebsten alles hingeworfen und wäre nach Hause gefahren. Mein Bein tat weh, weil ich auf dem glitschigen Deck hingefallen war; es ging mir elend. Wir hatten die »Titanic« gefunden. Reichte das nicht? Wer wollte denn unbedingt nur der Presse zuliebe schöne Bilder mitbringen?

Irgendwie fand ich trotz aller Erschöpfung noch so viel Willenskraft, daß ich weitermachen wollte. Den Ruheplatz der »Titanic« wollte ich jedenfalls nicht verlassen, ohne es noch einmal zu versuchen. Wir hatten noch Zeit bis 7.30 Uhr früh; dann mußten die letzten Transponder eingeholt werden. Wenn wir eine Stunde für das Absenken und eine weitere Stunde für das Zurückholen von ANGUS rechneten, ergab das knapp viereinhalb Stunden für einen letzten Versuch.

Der letzte Start von ANGUS war ein Greuel. Wind und See waren erneut rauher geworden und machten es wieder schwierig, die »Knorr« mit dem Bug im Wind zu halten. Sobald der Stahlrahmen von ANGUS aus seiner Vertäuung befreit war, schaukelte er wild hin und her, obwohl sich sechs Mann abmühten, ihn an einer durch einen Flaschenzug geführten Leine festzuhalten, an der eine fast drei Tonnen schwere Abbruchbirne befestigt war. Earl kroch auf den Rahmen von ANGUS hinaus, um die Kameras und Scheinwerfer in Betrieb zu setzen. An sich war es ein Routinemanöver, doch unter diesen Umständen haarsträubend schwierig. Er hatte sich am Schiff gut festgezurrt, aber zur Sicherheit hängten sich Martin Bowen an seine Rettungsweste und Emile Bergeron an Martins Weste. Dann erleuchtete ein heller Blitz den Himmel, als 1500 Watt Energie über die beiden Strobing-Scheinwerfer von ANGUS entladen wurden.

Die ersten Seenotraketen wurden gegen 0.45 Uhr geschossen.

Um 2.05 Uhr hebt sich das Achterschiff langsam über die Wasserfläche, und die Passagiere weichen immer weiter zum Heck zurück. Zu diesem Zeitpunkt haben alle Rettungsboote vom Schiff abgelegt und über 1500 Menschen an Bord zurückgelassen.

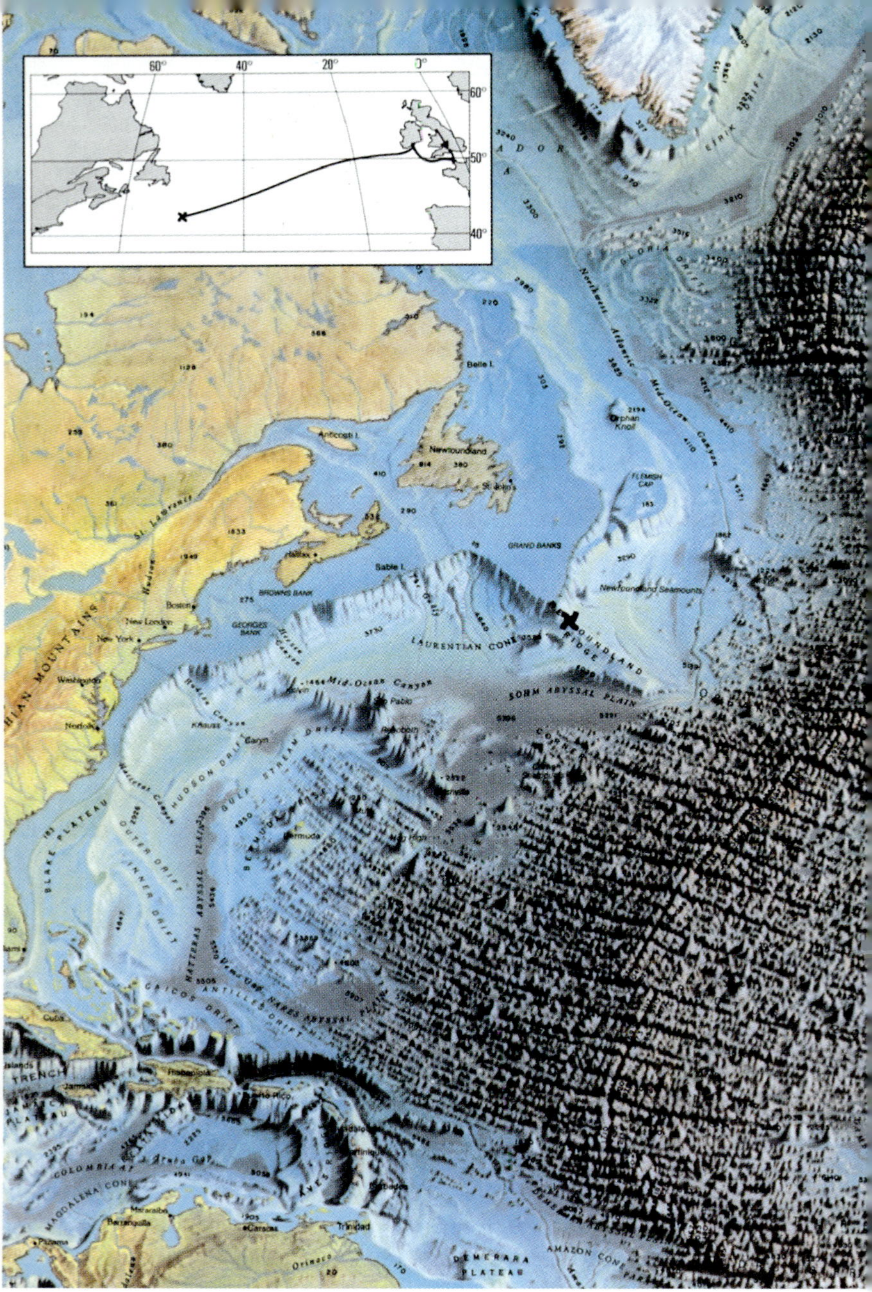

Kurs der *Titanic* von Southampton zur Unglücksstelle. Darunter: eine Meeresbodenkarte des Gebiets, in dem die *Titanic* unterging.

Die Scheinwerfer von *JJ* strahlen den scharfen Steven an, der sich wie ein Pflug durch den Schlamm gewühlt hat.

Der Rostzapfen am Bullauge von Suite C-46 wirkt wie eine Tränenspur.

Bugspitze und Bugreling, von Backbord gesehen. *JJ* strahlt eine Galatea-Krabbe an, die sich auf dem Küstenstopper einer Steuerbord-Vorschiffswinde niedergelassen hat. Im Hintergrund die Lichter von *Alvin.* Darunter: Der mit Rost-Stalaktiten behängte Bug

Die Brücke

Der Telemotor, der das Steuerrad trug, blieb als einziges auf der verwüsteten Brücke stehen.

Unten: das einzige Foto von Kapitän Smith auf der Brücke der *Titanic.* Durch das Fenster ist einer der Brückentelegraphen zu sehen.

Links: die bronzene Steuersäule mit dem Telemotor aus dem Ruderhaus. Oben: So sah sie aus, als das Ruderrad noch an seinem Platz war.

Unten: Der Sockel des Ruderhauses ist alles, was von dem Holzgehäuse übrigblieb.

Die Zeichnung gibt den jetzigen Zustand der Brücke wieder. *Alvin* beleuchtet die Steuersäule, während *JJ* das Krähennest beäugt.

Der Fuß des umgestürzten Vormasts ruht jetzt auf den Dampfwinden, die auf dem Brückenfoto rechts zu erkennen sind.

Die Brücke der *Titanic* mit dem Schatten des Vormasts

Der Eingang zur großen Freitreppe und *Alvins* Landeplatz. *JJ* ist an der Wand mit der Uhr hinabgeglitten und erforscht die Ruine des Treppenvorraums.

***JJ* konnte bis ins B-Deck vordringen und leuchtete mit seinen Scheinwerfern sogar ins C-Deck hinunter.**

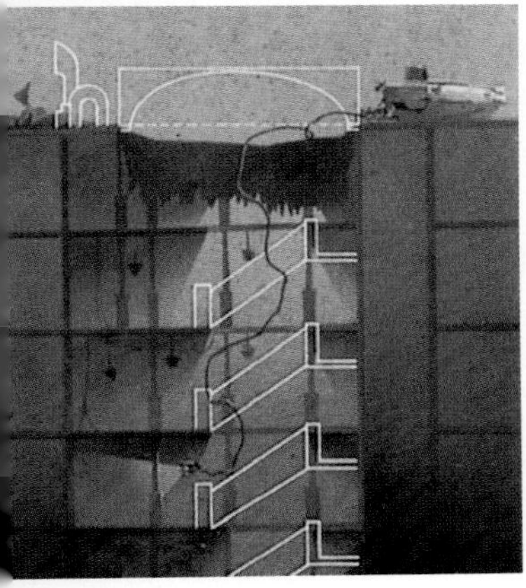

Nur noch ein Kratzer an der Wand kennzeichnet die Stelle, wo einst diese Uhr mit den allegorischen Figuren Ehre und Ruhm hing.

⑭ Wahrscheinlich vom Eisberg verursachte Beschädigung: Stauchfalten in den Stahlplatten, deren Stöße horizontal aufgerissen sind.
⑮ Ladekran
⑯ Poller
⑰ Dampfwinde
⑱ Ladeluke Nr. 1
⑲ Ankerwinden
⑳ Reserve-Anker, noch in seiner Deckswanne verstaut
㉑ Ankerkran

① Ankerkran
② Ankerketten
③ Poller
④ Ankerwinden
⑤ Gangspill mit der Plakette des Explorers' Club
⑥ Ladeluke Nr. 1
⑦ Wellenbrecher
⑧ Oberlicht der Mannschaftskombüse
⑨ Vormastfuß, über die Dampfwinden gestürzt
⑩ Ladeluke Nr. 2

Eine Zeichnung des vorderen Rumpfteils (unten), zur Erläuterung des oben wiedergegebenen Fotomosaiks

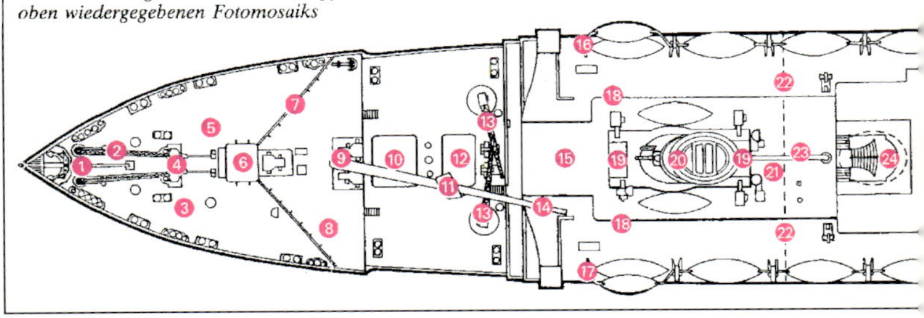

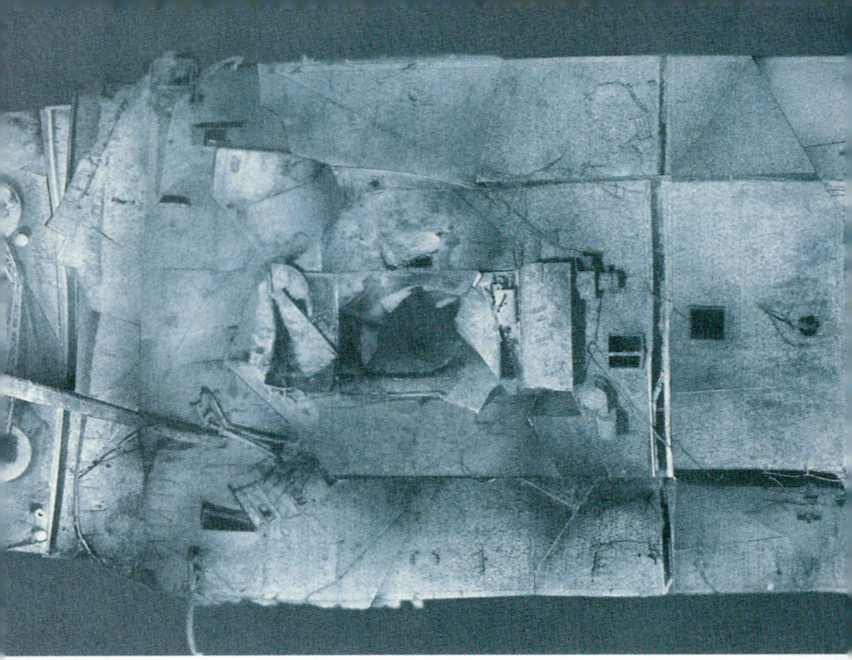

⑪ Krähennest
⑫ Ladeluke Nr. 3
⑬ Ladekräne auf dem Welldeck
⑭ Topp des auf der Brücke ruhenden Mastfragments
⑮ Vom Steuerhaus blieb nur der Telemotor stehen
⑯ Vorderer Davit für Rettungsboot Nr. 1
⑰ Vorderer Davit für Rettungsboot Nr. 2
⑱ Aufgerissene Seitenwand der Offiziersmesse
⑲ Kesselraumlüfter
⑳ Erste Schornsteinöffnung

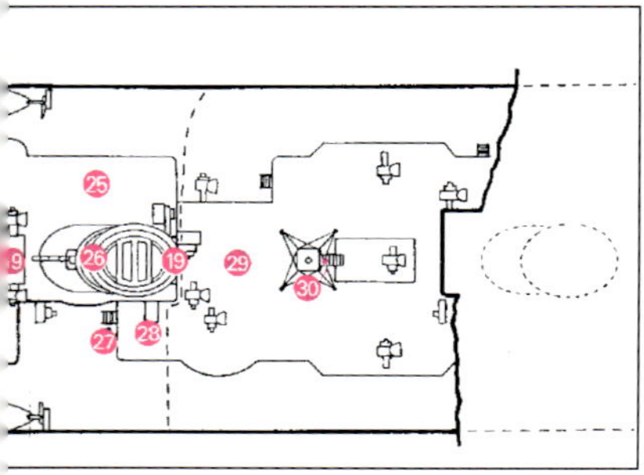

㉑ Oberlicht der Offizierswaschräume
㉒ Vordere Dehnungsfuge
㉓ Oberlicht des Funkraums
㉔ Vordere Treppe zur Ersten Klasse
㉕ Eingestürztes Dach der Sporthalle
㉖ Zweite Schornsteinöffnung
㉗ Motorgehäuse der elektrischen Raumbelüftung
㉘ Angehobenes Dach des Lesesaals
㉙ Schräg nach unten gebogene Decksfläche
㉚ Ehemaliger Standort der erhöhten Kompaßplattform

Fotomosaik des »Titanic«-Vorschiffs

Unser Tiefseeschlitten ANGUS glitt dutzende Male über das *Titanic*-Wrack und das Trümmerfeld und machte dabei aus einer Höhe von siebeneinhalb Metern mehr als 53 000 Fotos. Nach der Expedition unternahmen wir den mühsamen Versuch, ein Fotomosaik der intakt gebliebenen vorderen Hälfte der *Titanic* zusammenzustellen. John Porteous von der Woods-Hole-Institution fertigte dieses Puzzle in monatelanger Handarbeit an – ein äußerst kompliziertes Unterfangen, da beim Aneinanderreihen der Aufnahmen die unterschiedlichen Entfernungen, Blickwinkel und Lichtverhältnisse berücksichtigt werden mußten, ebenso die Stellen, die ANGUS nicht fotografiert hatte. Die über hundert für die Collage ausgewählten Bilder wurden von Hand arrangiert und in einem Fotolabor reproduziert. Ergebnis war das oben dargestellte Mosaik.

Die große Freitreppe der Ersten Klasse zum A-Deck

Eine Seefeder wächst dekorativ aus einer herabhängenden Deckenlampe.

Am Sockel dieser Säule lassen sich noch Spuren der Schnitzerei aus Eichenholz erkennen.

Der Scheinwerfer an *Bibo* leuchtet auf der Steuerbordseite des Bootsdecks in die Luxussuite U der Ersten Klasse.

Ein Fenster von Kapitän Smiths Kajüte in der nach außen gedrückten Steuerbordwand des Offizierslogis.

JJ riskiert einen Blick in die Luxussuite U.

Oben: Dieser Ausschnitt eines Fotos, das beim Auslaufen der *Titanic* von Southampton entstand, zeigt deutlich die vordere offene Promenade des A-Decks.
Unten: dieselbe Stelle auf dem Wrack

Während *Alvin* auf dem Bootsdeck parkt, wirft *JJ* einen Blick durch die Fenster des Gymnastikraums.

Unten: ein zerbrochener elektrischer Heizkörper; davon befanden sich 520 Stück an Bord.

Ein ähnlicher »Prometheus«-Ofen stand in einem Gang der Ersten Klasse.

Von diesen Nachttöpfen fanden wir Dutzende im Trümmerfeld.

In der Champagnerflasche rechts steckt noch der Korken. Bei der Weinflasche links wurde er durch den Druck nach innen gepreßt.

Der Puppenkopf

Der gespenstische Anblick dieses Puppenkopfes jagte uns in *Alvin* einen Schauer über den Rücken. Experten stellten später fest, daß die Puppe aus Frankreich oder Deutschland stammte. Der Porzellankopf saß auf einem Halsgelenk, so daß er sich drehen und nicken konnte. Die Proportionen des Gesichts lassen darauf schließen, daß er einer Puppendame gehörte, nicht einer pausbäckigen Babypuppe. Die Augen waren wahrscheinlich aus Glas, die Ohren für Ringe durchstochen. Mit der Schulterplatte war der Kopf auf einen rund 50 cm hohen, ausgestopften Puppenkörper aus Leder oder Stoff genäht.

Die Tür zur 1. Klasse an der Backbordseite des Bootsdecks

Aus der Nähe läßt sich das Messingschild über der Tür noch entziffern: »1st Class Entrance« – Eingang zur 1. Klasse.

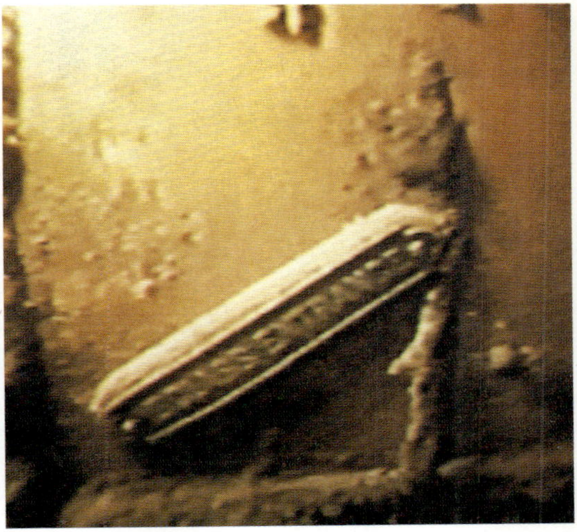

So wie links (Mitte) mag die Puppe ausgesehen haben, als sie von ihrer Besitzerin an Bord gebracht wurde. Puppen dieser Art kosteten damals mindestens 40 Dollar – viel Geld im Jahr 1912 –, deshalb gehörte sie wahrscheinlich einem Kind, das in der 1. Klasse reiste, vielleicht sogar der kleinen Loraine Allison aus Montreal (links, mit ihrem Bruder Trevor). Als einziges Kind aus der 1. Klasse überlebte Allison die Katastrophe nicht; ihr kleiner Bruder dagegen wurde gerettet.

A

C

B

Das Trümmerfeld

Das abgerissene Achterschiff der *Titanic* liegt 600 m von dem besser erhaltenen Vorschiff entfernt. Die Buchstaben zeigen den Fundort der oben abgebildeten Gegenstände. Dunkle Stelle: ein Feld mit verstreuter Kohle. Zur Hervorhebung wurde der rote, schwarze und weiße Anstrich des Wracks verstärkt.

A – Diese lackierte Fußstütze aus Metall entstammt einer Suite der 1. Klasse.

B – Über diese Holztreppe sind vielleicht Passagiere der 3. Klasse vom Mitteldeck zum Achterdeck hinaufgestiegen. Wahrscheinlich ist sie aus Teak gefertigt; sie ist noch erstaunlich gut erhalten.

C – Toilettenschüssel mit Schnapsflasche

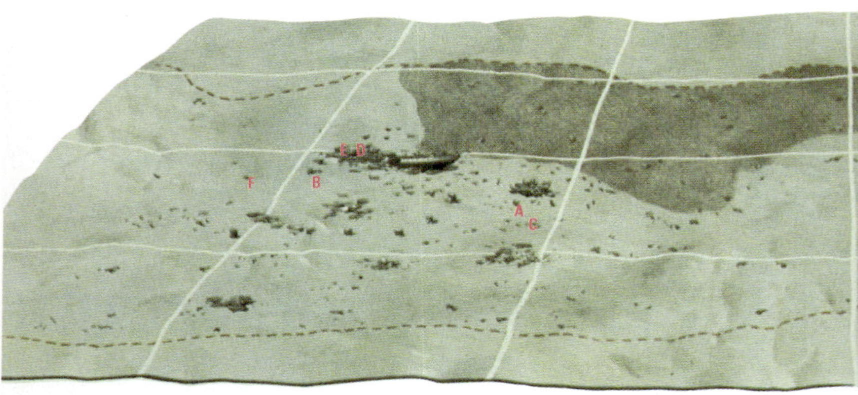

E

F

– Ein Grenadierfisch und der Greifarm von *lvin* untersuchen eine Kaffeetasse aus der . Klasse, die das Emblem der White-Star-eederei trägt.

E – das Eisengestell einer Decksbank, ohne Holzleisten

F – Kopfteil eines Bettes aus der 3. Klasse oder dem Mannschaftslogis

Diese Zeichnung des Achterschiffs veranschaulicht, wie das nach hinten aufgerollte Deck teilweise das Heck überdeckt. In der Mitte Teile eines umgestürzten achteren Mastes und der Frachtkran vom A-Deck.

Der Salon Erster Klasse

1911 beschrieb *The Shipbuilder* den Erster-Klasse-Salon der *Titanic* als einen »noblen, im Stil Ludwigs XV. eingerichteten Raum, dessen Details dem Schloß von Versailles nachempfunden sind. Den Passagieren wird es ein Vergnügen sein, hier zu lesen, Karten zu spielen, Tee zu trinken, sich zu unterhalten und anderen gesellschaftlichen Umgang zu pflegen«.

Manche bleigefaßten Glasscheiben dieses Fensters aus dem Salon Erster Klasse sind noch ganz.

Dieses Fenster aus dem Erster-Klasse-Salon der *Olympic* ist heute im White Swan Hotel von Alnwick in England eingebaut. Es trug zur Identifikation des im Trümmerfeld der *Titanic* gefundenen Fensters bei.

Unten rechts: Diese Figur schmückte einst den Kaminsims (oben, kleines Foto). Sie ist eine Nachbildung der Artemis von Versailles, heute im Louvre, und zeigt die griechische Göttin der Jagd, wie sie mit einer Hand einen Pfeil aus dem Köcher zieht und mit der anderen einen Hirsch packt. Der graue Farbton der Figur läßt darauf schließen, daß sie aus einer Zinkverbindung besteht und mit Bronzefarbe bemalt wurde.

Der Salon Erster Klasse im A-Deck

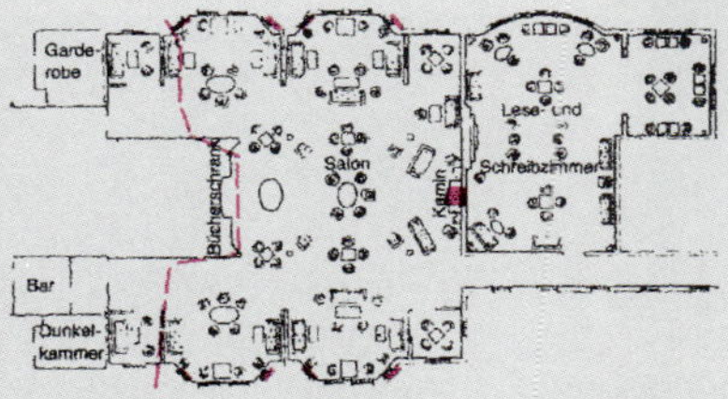

Dieser Einrichtungsplan des Erster-Klasse-Salons zeigt den Standort der Figur auf dem Kaminsims und die bleigefaßten Fensterscheiben. Entlang der gestrichelten Linie zerbrach der Rumpf.

Die Erster-Klasse-Treppe achtern

Obwohl weder so hoch noch so pompös wie die große Freitreppe vorn, war der achtere Treppenaufgang der 1. Klasse ähnlich aufwendig dekoriert und mit den gleichen Eichenholzschnitzereien und schmiedeeisernen Geländern ausgestattet. Da der Riß, an dem entlang die *Titanic* beim Sinken auseinanderbrach, genau durch die vordere große Freitreppe verlief, blieben von der hinteren Treppe viel mehr Dekorationen erhalten als von ihrem berühmten Pendant vorn.

Oben: Diese Aufnahme von der *Olympic* zeigt das achtere Treppenhaus in Höhe des A-Decks, wie es auch auf der *Titanic* ausgesehen haben muß. Die Treppe lag zwischen dem dritten und vierten Schornstein und führte nur vom A-Deck ins C-Deck. Gut erkennbar sind das schmiedeeiserne Geländer, die Glaskuppel und der Heizkörper im Hintergrund, der dem im Trümmerfeld gefundenen gleicht.

Unten: Neun schmiedeeiserne Geländerstücke der achteren Treppe wurden im Trümmerfeld gefunden, zwei davon rechteckige Horizontalfelder wie das im Foto erkennbare, die anderen gewinkelte Teilstücke wie oben. Die vergoldeten Blumenmotive sind erhalten und reflektieren das Scheinwerferlicht unserer Kameras.

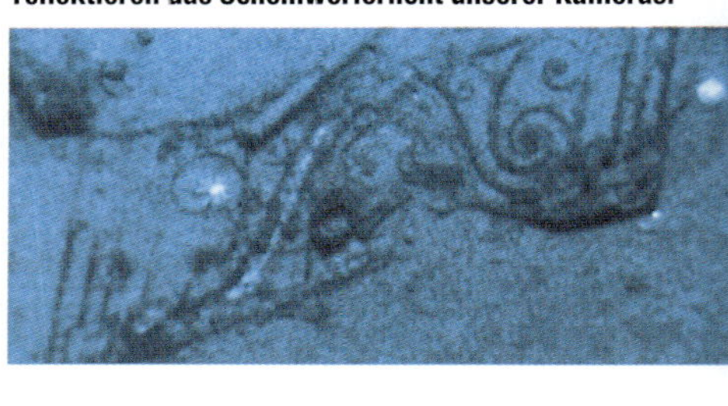

Der Speisesaal Erster Klasse

Der Speisesaal für Passagiere der 1. Klasse war damals der größte schwimmende Raum und konnte in seinem jakobinischen Glanz über 500 Gäste beherbergen. Erker an den Wänden des 35 m langen Saals schirmten Gäste ab, die lieber in privater Atmosphäre speisen wollten. Die in Weiß gehaltenen Wände und die reich verzierte Dekke schufen ein Flair schwebender Eleganz.

Ein Seitenflügel des Speisesaals 1. Klasse mit jakobinischer Stuckdecke und bleiverglasten Fenstern, im Stil eines herrschaftlichen Landhauses gehalten.

Linke Seite (links unten): Von dieser Deckenleuchte blieben Messingsockel, Fassungen und sogar Teile des Kabels erhalten, obwohl die Glaskristalle weggerissen wurden. Sie ähnelt den Lampen an der Decke des A-Deck-Foyers.

Rechts: ein Bruchstück der oben gezeigten Speisesaal- und Erkerfenster (unten)

Die Bordküchen

»Die kulinarischen Einrichtungen gehören zu den bestausgestatteten der Welt«, schwärmte der *Shipbuilder* bei der Beschreibung der Bordküchen auf den neuen Schwesterschiffen *Olympic* und *Titanic*. Die kombinierten Küchen für 1. und 2. Klasse lagen mit ihren Anrichten, Backstuben und Spülküchen im D-Deck zwischen den Speisesälen 1. und 2. Klasse und waren aufs damals modernste ausgestattet. Als die *Titanic* sank, regneten Töpfe, Pfannen, Schüsseln und andere Küchenutensilien zu Tausenden auf den Meeresgrund.

Unter Korrosion scheinen die kupferne Kasserolle und der Suppentopf aus demselben Material wenig gelitten zu haben. Ein Bruchstück des Bodenbelags hat sich im langen Griff der Kasserolle verklemmt.

Diese Aufnahme der Bordküche zeigt die fast 30 m langen Herdplatten; in den Fächern darüber sind Teller gestapelt, von der Decke hängen Krüge.

Oben rechts: Diese Kanne hing mit ihresgleichen an Hakenleisten von der Decke. Unten rechts: Servierschüsseln wie die oben in der Kombüse gezeigten liegen in ordentlichen Stapeln auf dem Meeresgrund. Die hölzernen Regale, in denen sie hinabsanken, wurden von Bohrwürmern zerfressen. Eines jedoch (links) blieb erhalten.

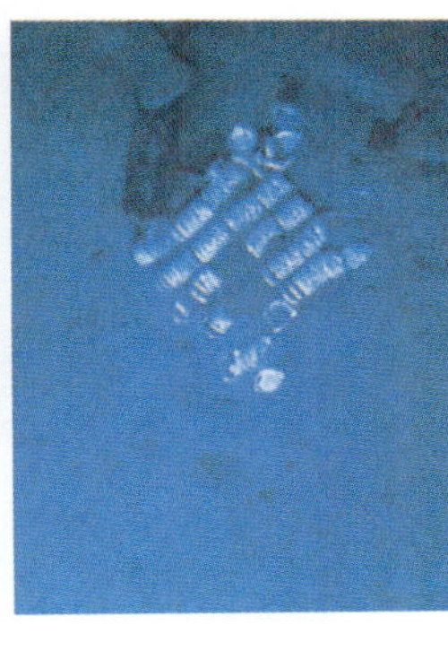

Die Rauchsalons

Als die *Titanic* in der ruhigen Sonntagnacht vom 14. April 1912 mit einem Eisberg kollidierte, hielten sich die meisten Passagiere, die noch nicht schlafen gegangen waren, auf einen Schlummertrunk oder eine Zigarette im Rauchsalon 1. Klasse auf dem A-Deck auf. Seine mit Perlmutter eingelegte Mahagonitäfelung im Stil Georgs V., der offene Kamin und die großen Buntglasfenster strahlten die Behaglichkeit eines Londoner Herrenklubs aus.

Oben: So wie hier der Rauchsalon 1. Klasse auf der *Olympic* sah auch sein Gegenstück auf der Titanic aus.

Oben links: Bruchstück einer Linoleumfliese aus dem Rauchsalon

Oben rechts: Diese Lampe ähnelt den im Foto oben gezeigten Deckenleuchten, hatte aber fünf Glaskugeln und war an der Längswand des Salons angebracht.

Dieser Spucknapf stand vielleicht in einem der Rauchsalons.

Die Schornsteine

Als die *Titanic* auf den Meeresgrund sank, wurden ihre hohen Schornsteine abgerissen. Es war schwierig, im Trümmerfeld auch nur Spuren von ihnen zu finden. Nach Durchsicht vieler ANGUS-Filme entdeckten wir den Fuß des Schornsteins 4 in der Nähe des Hecks und konnten auch Teile von zwei anderen Schornsteinen identifizieren.

Schornstein 3 und 4 der *Titanic*. Gut erkennbar die Dampfpfeifen im oberen Teil.

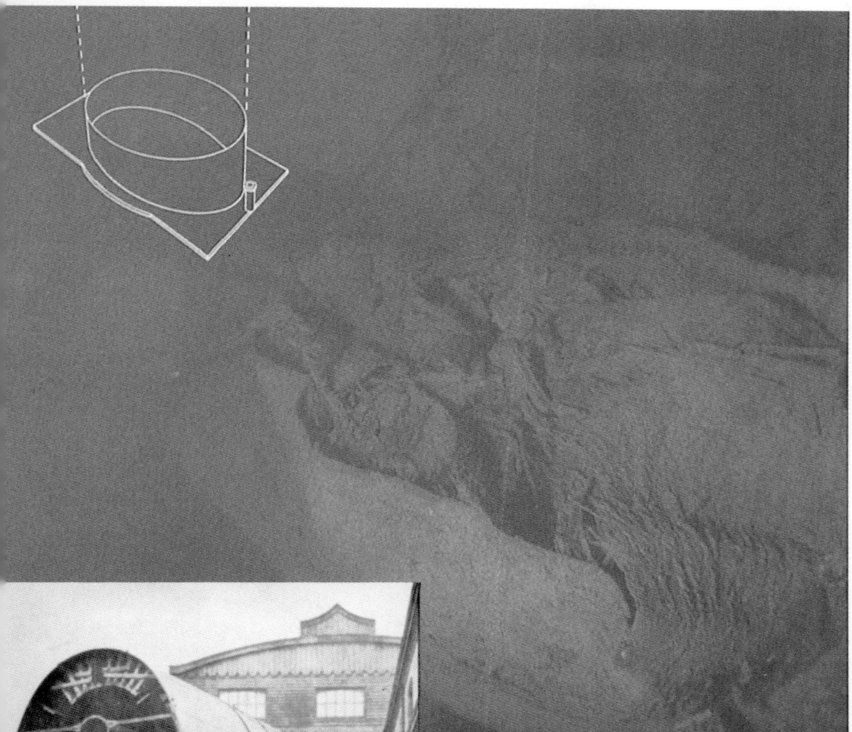

Der Fuß von Schornstein 4. Die Zeichnung gibt ihn in seiner ursprünglichen Gestalt wieder.

Der letzte der gewaltigen *Olympic*-Schornsteine verläßt das Werk.

Die Luxus-Suiten und Badezimmer

Mit dem Bau von *Olympic* und *Titanic* verband die White-Star-Reederei vor allem die ehrgeizige Absicht, bei der Unterbringung von Passagieren einen neuen Rekord aufzustellen. Von der stilgetreuen Dekoration der speziellen B- und C-Deck-Suiten bis zum Messing und Mahagoni der Kojen in den Kabinen 2. und 3. Klasse setzte White Star neue Maßstäbe des Komforts im Atlantikdienst.

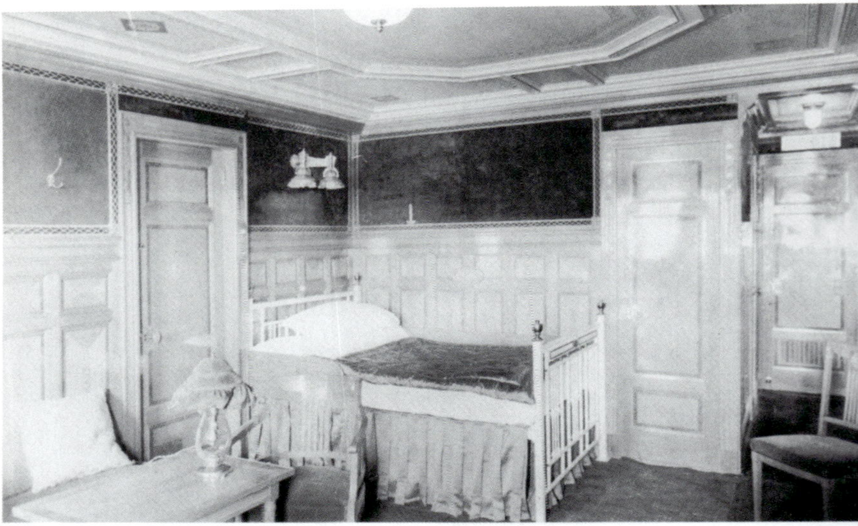

Das Bett in diesem 1912 entstandenen Foto von Suite B-57 weist ein Fußteil aus Messing und Emaille auf, das dem im Trümmerfeld der *Titanic* gefundenen (unten) entspricht.

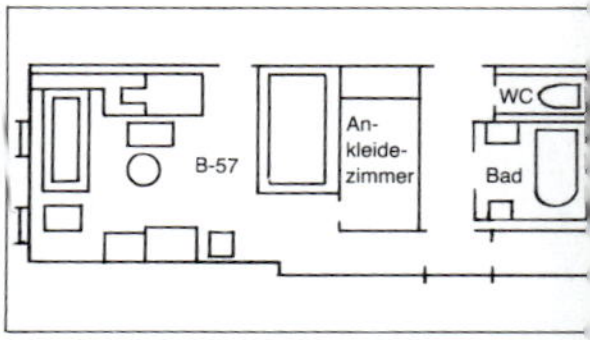

Einrichtungsplan von Suite B-57.

Obwohl nicht ganz so luxuriös wie in der 1. Klasse, enthält diese Suite 2. Klasse immerhin zwei Marmorwaschbecken, ein Bullauge zwecks besserer Lüftung und einen Heizkörper neben dem Bett.

Die Wasserhähne des zerbrochenen Waschbeckens entsprechen denen im Foto oben.

Dieser Heizkörper ähnelt sehr dem oben in die Wand neben dem Bett eingelassenen.

Trotz der Rostzapfen ist das Bullauge von Suite C-10 immer noch ganz, sein Messingrahmen blank.

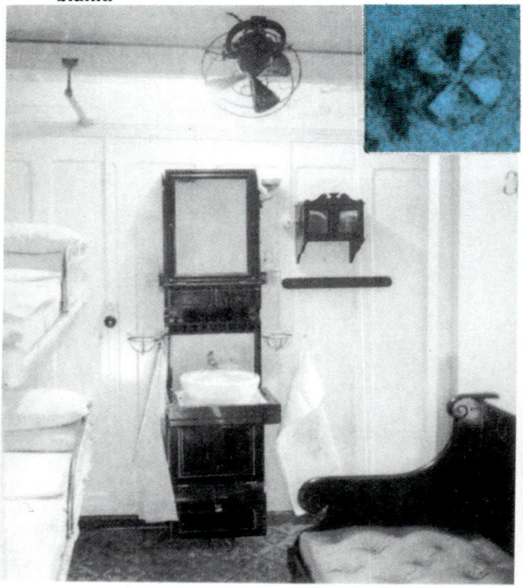

Links: Diese Zweibettkabine 3. Klasse hatte zwar kein Fenster, dafür aber einen Deckenventilator wie jenen, den ANGUS entdeckte (Bildausschnitt rechts).

Unten: Dieses Waschbecken gleicht dem in der Dritter-Klasse-Kabine links. Noch hängen Teile des Unterschranks daran, der den Abfluß verkleidete.

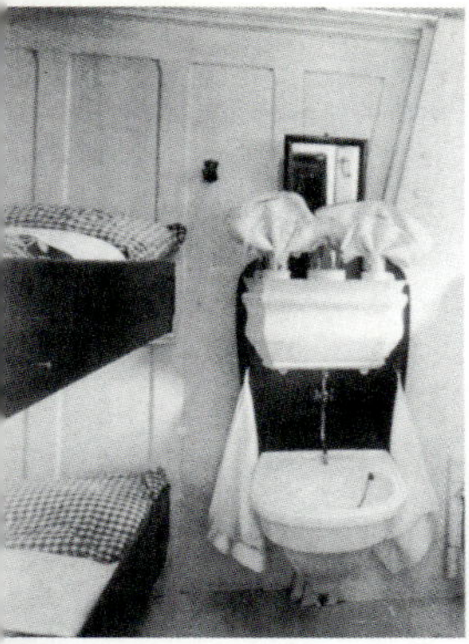

Links: Ein Spülkasten mit Nachttopf und Waschbecken aus einer Vierbettkabine der 3. Klasse.

Rechts: Am Waschtisch dieses Badezimmers 1. Klasse befand sich eine Seifenschale wie die im kleinen Bild unten links gezeigte.

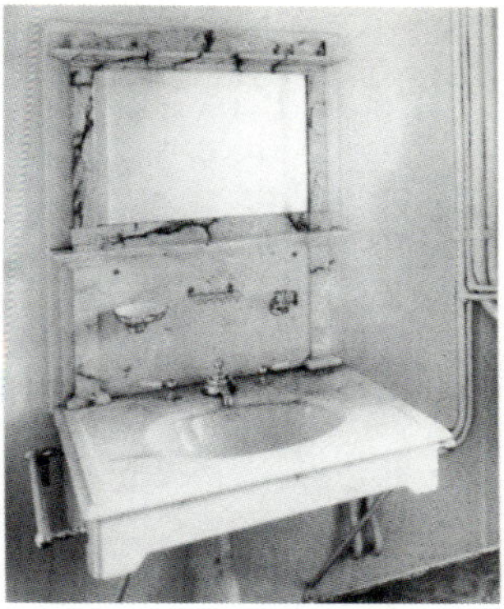

Unten: Die weiße Emaille dieser eisernen Badewanne ist fast völlig rostzerfressen: ein krasser Gegensatz zum Neuzustand (rechts).

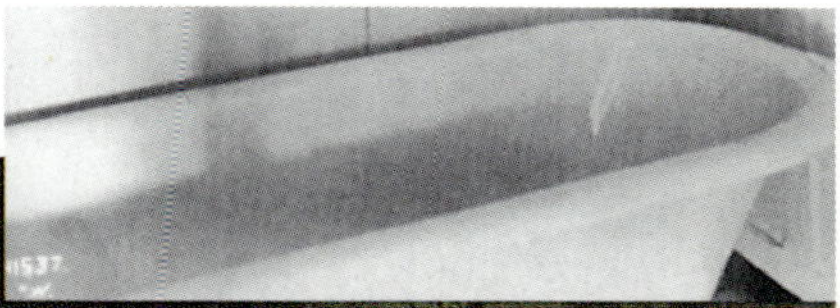

Der Gymnastikraum

Bei der Beschreibung des Gymnastikraums stellte der *Shipbuilder* fest, daß die »Passagiere sich mit Reiten, Radfahren, Rudern und anderem amüsieren und damit etwas für ihre Gesundheit tun können, ganz abgesehen von dem unbegrenzten Vergnügen.« Der Gymnastikraum lag auf dem Bootsdeck neben dem Steuerbordeingang zur 1. Klasse und bot den Astors und anderen Leidensgenossen in der Unglücksnacht eine warme Zufluchtsstätte, während man darauf wartete, in die Rettungsboote zu gehen.

Oben: Der Gymnastikraum auf der *Olympic* mit einem mechanischen Pferd links am Fenster und einem Rudergerät in der Mitte.

Ein weiblicher Passagier in Begleitung von Lawrence Beesley versucht sich an einem Trimmrad. Beesley, der das Unglück überlebte, schrieb später einen Augenzeugenbericht.

Ein Mädchen auf dem elektrischen Kamel. Teile der Schutzgitter, welche die Mechanik dieser und anderer Geräte in der Sporthalle umgaben, sind in dem Fenster rechts zu erkennen.

Der Hebel, mit dem eines der elektrischen Pferde bedient wurde, steht immer noch aufrecht im mittleren Fenster rechts.

Die Rettungsboote

Zum Eindrucksvollsten, das wir von *Alvin* aus sahen, gehörte der Anblick der leeren Davits auf dem Bootsdeck. Sie standen immer noch aufrecht da und gemahnten uns eindringlich an die Nacht, in der sie zum letzten Mal zum Einsatz kamen.

»Frauen und Kinder zuerst!«

In dem Rettungsboot Nr. 8 – es wurde an Backbord als zweites zu Wasser gelassen – saßen 24 Frauen und vier Besatzungsmitglieder. Es hätte auch Mrs. Ida Straus Platz geboten, der Frau des Gründers von Macy's Kaufhaus, Isidor Straus, doch sie entschied sich dafür, bei ihrem Mann zu bleiben. Der Zweite Offizier Lightoller befahl alle Frauen und Kinder, die er sehen konnte, ins Boot, aber trotzdem blieben noch viele Plätze leer. Die ausgebooteten Frauen flehten Kapitän Smith an, einige ihrer Männer zum Rudern an Bord zu lassen, doch die Devise lautete: »Frauen und Kinder zuerst!«
Lightoller übertrug dem Matrosen Jones das Kommando im Boot und wies ihn an, auf ein in der Ferne sichtbares Licht zuzuhalten. Jones setzte die Gräfin Rothes an die Pinne: »Sie führte das große Wort, deshalb ließ ich sie das Boot steuern.« Sie ruderten in Richtung des fernen Lichts, das sie für ein Schiff hielten, doch es schien einfach nicht näherzukommen. Vor der amerikanischen Untersuchungskommision sagte Mrs. J. Stuart White aus, daß »die Frauen im Boot alle ruderten – die Männer hatten nicht die geringste Ahnung davon.«
Nachdem die *Titanic* gesunken war, schlug Matrose Jones vor, zurückzurudern und einige der im Wasser mit dem Tode ringenden Schiffbrüchigen zu retten. Doch erntete er nur Protestgeschrei von eben den Frauen, die zuvor die Mitnahme ihrer Männer erfleht hatten. Darauf soll Jones geantwortet haben: »Meine Damen, wenn jemand von uns überlebt, dann denken Sie daran, daß ich umkehren wollte. Ich würde lieber mit ihnen ertrinken, als sie ihrem Schicksal zu überlassen.«
Schließlich nahm man gegen 3.30 Uhr morgens den Schein einer fernen Signalrakete wahr; die *Carpathia* eilte ihnen zu Hilfe.

Gräfin Rothes, die in Rettungsboot 8 die Pinne übernahm.

Ein Rettungsboot der *Titanic* nähert sich im Morgengrauen der *Carpathia*.

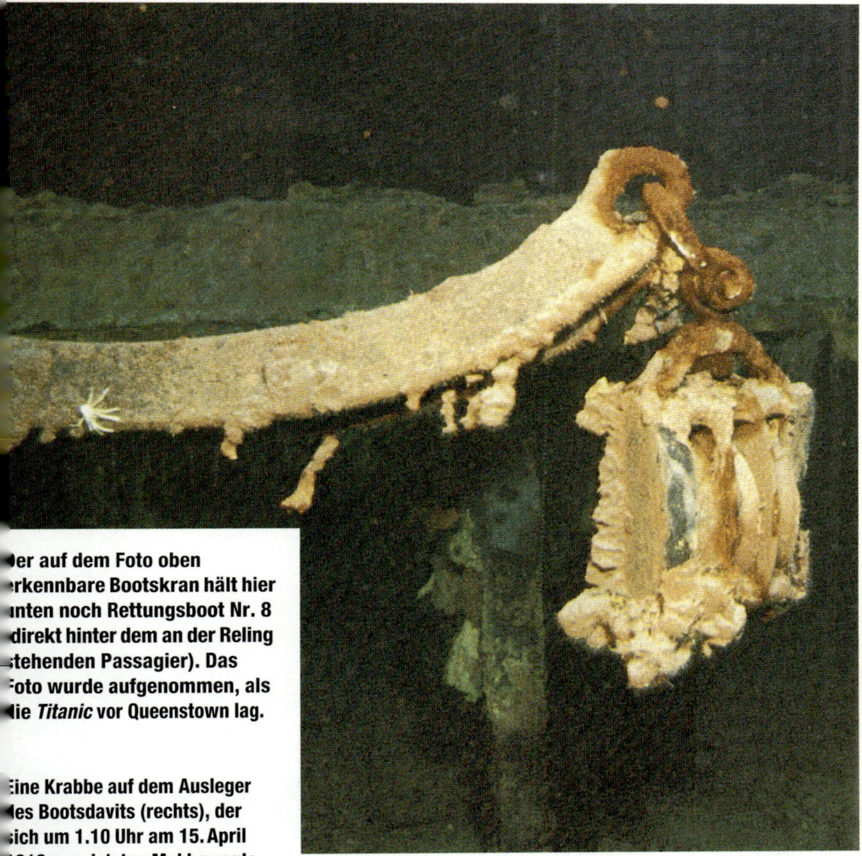

er auf dem Foto oben
rkennbare Bootskran hält hier
nten noch Rettungsboot Nr. 8
direkt hinter dem an der Reling
tehenden Passagier). Das
oto wurde aufgenommen, als
ie *Titanic* vor Queenstown lag.

ine Krabbe auf dem Ausleger
es Bootsdavits (rechts), der
ich um 1.10 Uhr am 15. April
912 zum letzten Mal bewegte,
ls er Rettungsboot Nr. 8
ussetzte. Hinter dem noch
ntakten Block erkennt man die
mrisse des oberen
romenadendecks.

Die Kessel

Jahrelang gingen viele Historiker davon aus, daß sich die schweren Dampfkessel der *Titanic* losrissen und der Länge nach durch den Rumpf krachten, als sich das sinkende Schiff aufrichtete. Doch in Wirklichkeit fanden sich nur die fünf Einenderkessel im Trümmerfeld, die im Kesselraum dem querschiffs verlaufenden Riß am nächsten gestanden hatten. Die übrigen 24 Kessel befinden sich vermutlich noch im vorderen Teil des Wracks.

Oben: Die Reihen der 5,20 m hohen Kessel im Werk von Harland & Wolff lassen den Mann davor winzig wirken.

Dieses ANGUS-Foto zeigt die Vorderfront eines anderen der fünf Kessel.

Ein Zinnbecher und eine Türklinke kamen neben der runden Feuerungstür eines Kessels zur Ruhe.

Kleines Bild oben rechts: Kohle aus den aufgerissenen Bunkern ist weit über das Trümmerfeld verstreut.

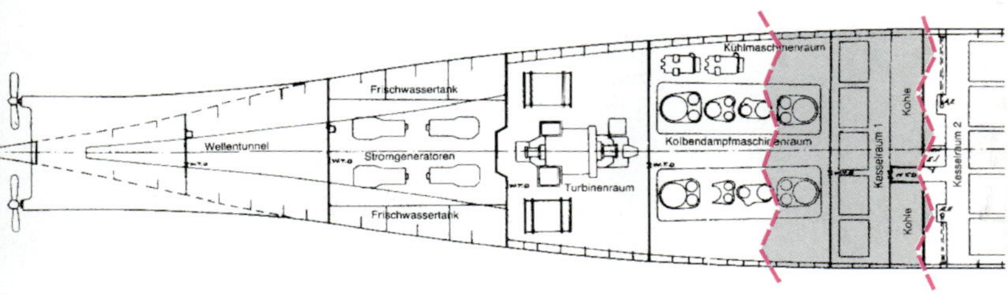

Rechts auf diesem Plan des untersten Decks der *Titanic* sind Kesselraum 1 und 2 mit dem Kohlenbunker dazwischen zu erkennen. Die gestrichelte Linie bezeichnet die Stelle, wo der Kiel beim Sinken barst. Der fehlende Zwischensektor liegt jetzt im Trümmerfeld. Rechtecke in Kesselraum 1: ursprünglicher Standort der fünf Einenderkessel.

Passagiere und Besatzung

»Haben Sie Leichen gesehen?« ist eine der Fragen, die den Teilnehmern an der *Titanic*-Expedition am häufigsten gestellt wurden. Zwar waren alle menschlichen Überreste schon seit langem verschwunden, dennoch erinnerten uns die vielen privaten Habseligkeiten, die ANGUS fotografierte, eindringlich daran, daß das Wrack der *Titanic* vor allem ein Friedhof ist.

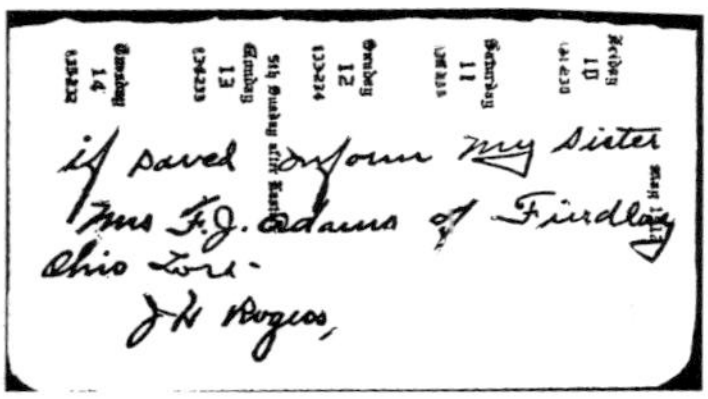

Diese Abschiedsworte auf einem Blatt, das aus einem Taschenkalender gerissen wurde, drückte ein Zurückbleibender einer Frau in die Hand, als sie ins Rettungsboot ging.

Einer der 328 Toten, die an der Unglücksstelle von Schiffen im Auftrag der White-Star-Reederei geborgen wurden, aufgebahrt an Deck der *Mackay-Bennett*.

Ein Spaziergang auf dem Promenadendeck der 2. Klasse, drei Tage vor dem Unglück.

Weiblicher Passagier in einer Kabine der 2. Klasse (aus einem Prospekt der White-Star-Reederei)

Unten: Zwei nebeneinander liegende Schuhe sind alles, was von dem Toten an dieser Stelle übrigblieb. ANGUS fotografierte mehrere Schuhpaare dieser Art.

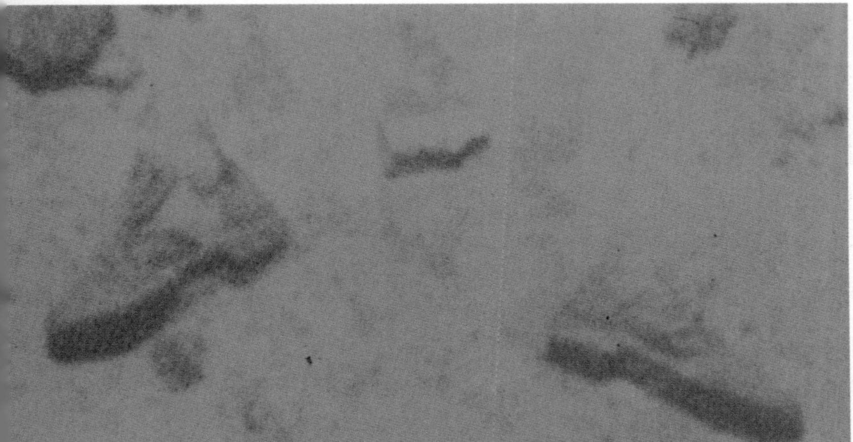

⑬ Reste des zweiten Schornsteins
⑭ Eingestürztes Dach der Sporthalle
⑮ Abgeknicktes Dach des Salons Erster Klasse
⑯ Kragen des dritten Schornsteins
⑰ Schlingerkiel
⑱ Aufgerissene Außenhaut in Höhe des Speisesalons Erster Klasse

⑥ Bruchstücke der Rückwand des ersten Schornsteins
⑦ Elektrische Winde zum Aufholen der Rettungsboote
⑧ Achterer Davit für Rettungsboot Nr. 8
⑨ Lüfter des Aufzugsschachts in der Ersten Klasse
⑩ Zugang zur Ersten Klasse
⑪ Eingestürztes Treppenhaus der Ersten Klasse
⑫ Offene Gangwaypforte zum D-Deck

Vorschiff

Backbordseite, von achteraus gesehen
Als das Vorschiff der »Titanic« am Meeresgrund aufschlug, stürzten die Decks an der Bruchkante in sich zusammen.

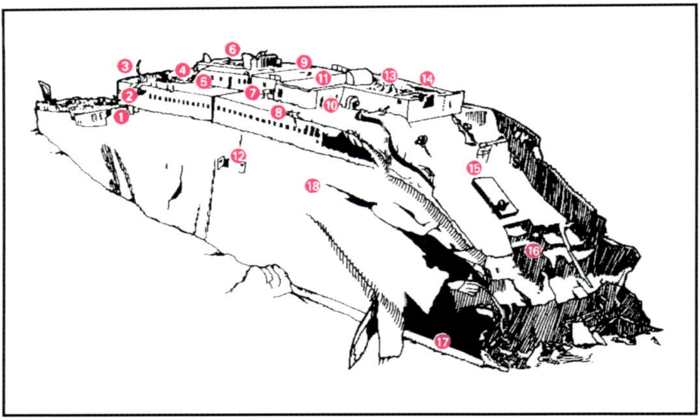

① Fehlende Gangwaypforte im B-Deck, durch die JJ beim letzten Tauchgang kurz eindrang.
② Fundstelle des Türschilds »Durchgang nur für Crewmitglieder«
③ Vorderer Davit für Rettungsboot Nr. 2
④ Telemotor des Steuerhauses
⑤ Offiziersmesse

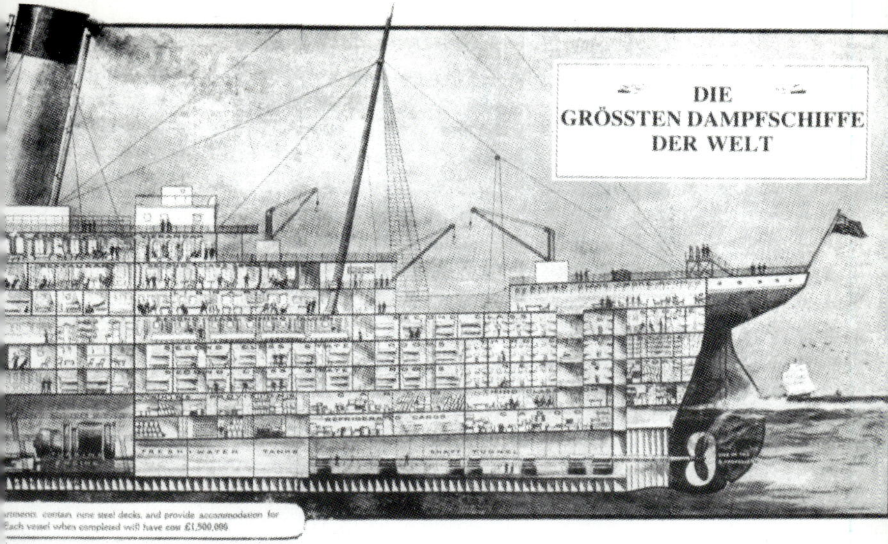

Links: Der Eingang zur Zweiten Klasse und der Aufzugschacht stehen immer noch aufrecht auf dem Achterschiff. Die Bogenfenster an Backbord sind nach innen gefallen (Mitte), und der halbrunde Wetterschutz des Eingangs ist noch an seinem Platz (rechts).

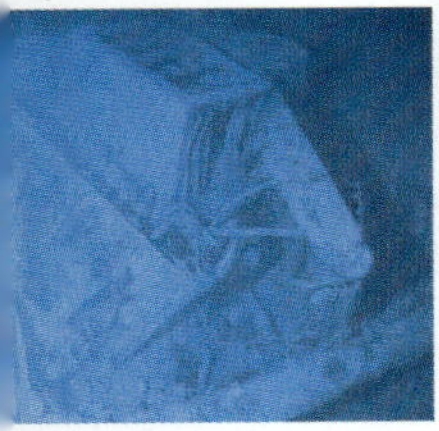

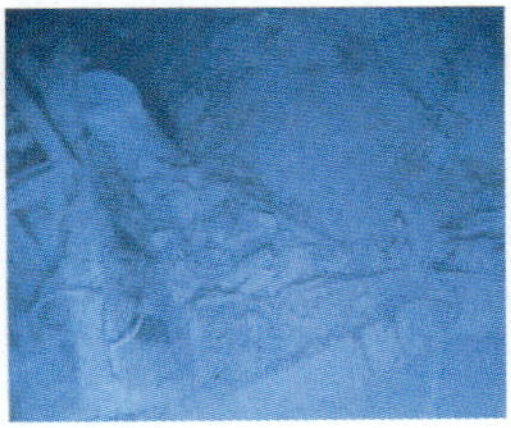

So wie auf diesem Foto von der *Olympic* muß der Eingang zur Zweiten Klasse an Steuerbord einst ausgesehen haben.

Der mächtige Rumpf der *Olympic* im Trockendock. Die genieteten Stahlplatten und der Schlingerkiel sind gut erkennbar.

Unten: Die Bildmontage von Standfotos aus einem Videofilm von *Alvin* zeigt den Schaden am Steuerbordrumpf der *Titanic*, der auf die Kollision mit dem Eisberg zurückgehen könnte. Man erkennt herausgeplatzte Nieten und aufgerissene Nähte.

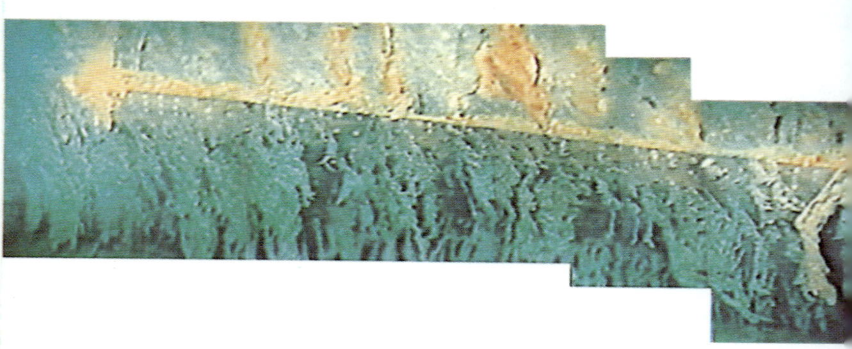

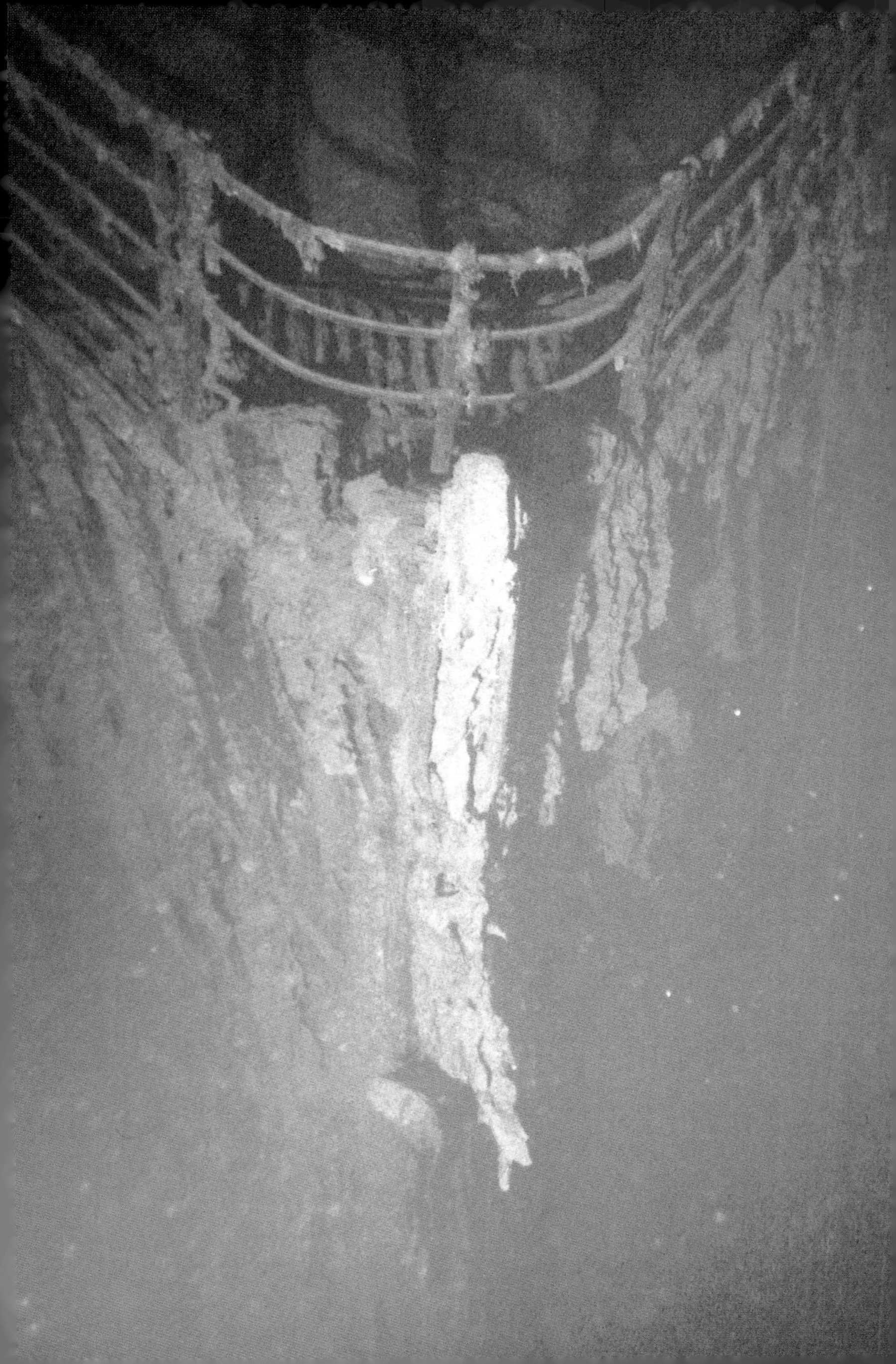

Das Vorschiff, mit Blick nach achtern gesehen, auf der *Olympic*, einem Schwesterschiff der *Titanic*

Ungefähr die gleiche Stelle an Deck der *Titanic*, von oben gesehen. Die riesigen Ankerketten sind klar erkennbar.

Das Vorschiff und die Vorderkante zum Welldeck auf der *Olympic*, aufgenommen 1911 in New York nach der Jungfernreise. Ganz ähnlich sah dieser Teil des Schiffes auf der *Titanic* aus.

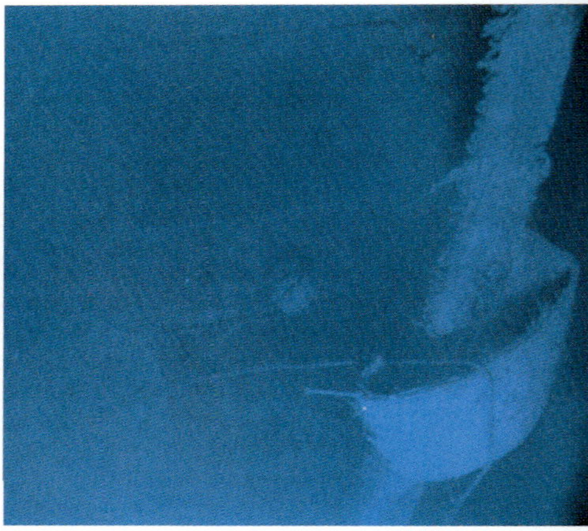

Das Krähennest des umgestürzten Vormasts

Eine Inventur des Trümmerfelds

ANGUS hat viele tausend Wrackteile der »Titanic« auf mehreren Kilometern Film festgehalten. Hier werden nur einige der spektakulärsten davon abgebildet. Viele der Bruchstücke auf den nächsten Seiten lassen sich mit dem erhöhten Achterdeck der »Britannic« (Foto unten) in Verbindung bringen.

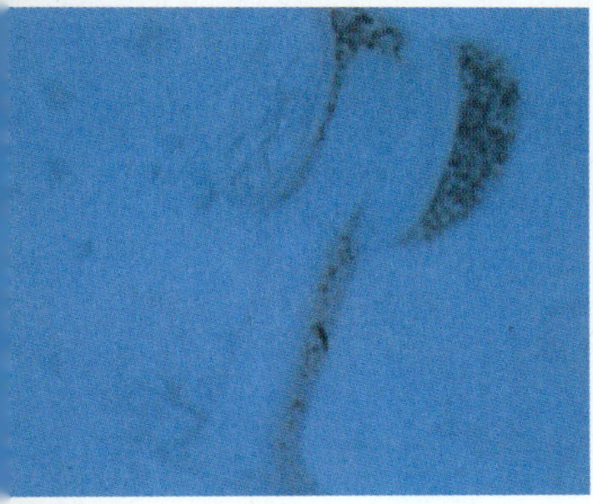

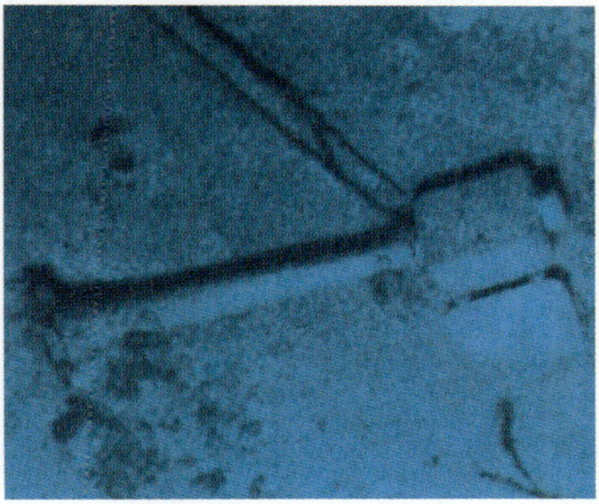

Ein Maschinentelegraf, mit dem Befehle an den Maschinenraum übermittelt wurden; er entspricht den beiden Telegrafen, die auf der Manövrierbrücke oben zu erkennen sind.

Dieses Achterdeck-Telefon saß in dem Gehäuse, das in der Mitte des Fotos oben knapp über die Brückenreling ragt.

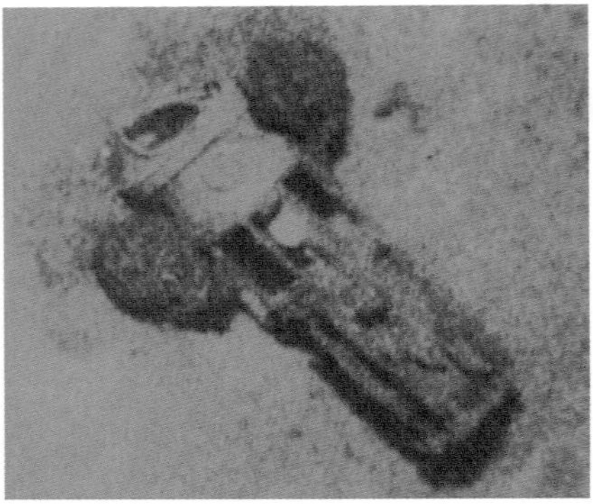

Ein Kompaßgehäuse wie jenes, das den Kompaß auf der Manövrierbrücke beherbergte.

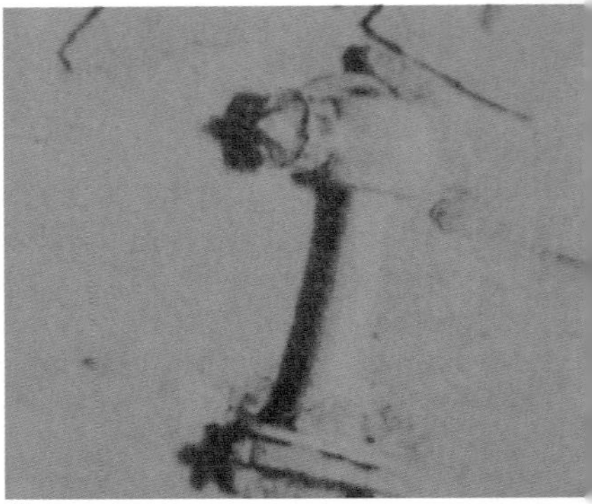

Die achtere Steuersäule steht genau hinter dem Kompaßgehäuse.

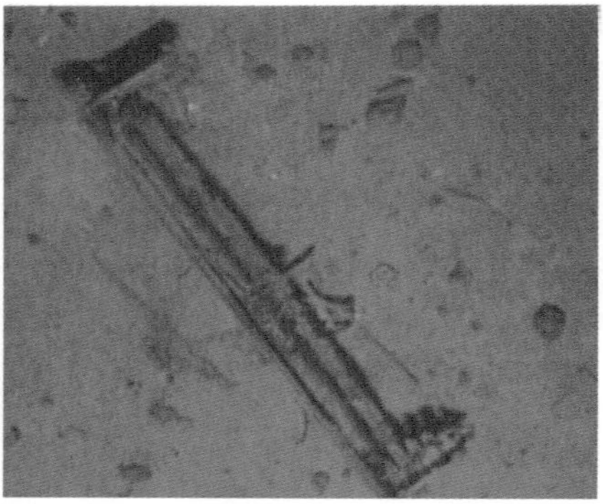

An dieser Bank sind einige Holzleisten noch erhalten; sie entspricht einer der abgebildeten Decksbänke.

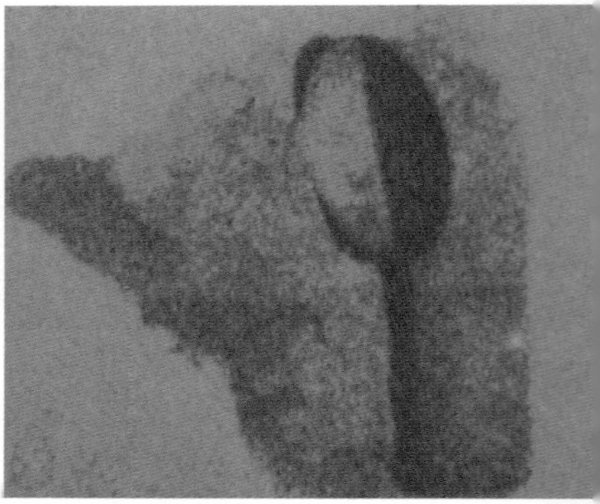

Ein Drucklüfter wie jene, die auf dem Achterdeck stehen.

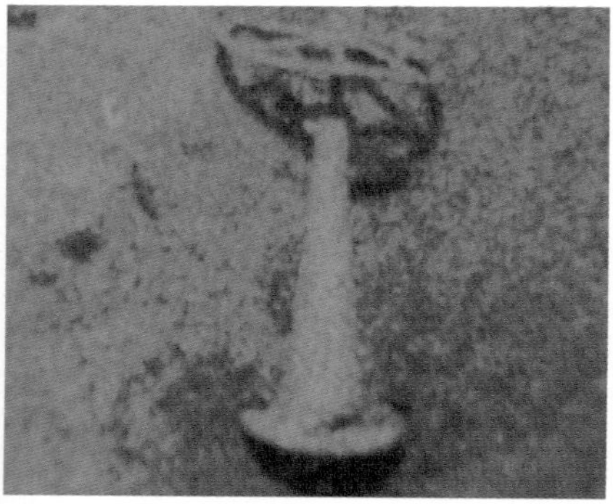

Dieses Dampfventilrad mit seiner Säule ist auf dem Foto auf der vorigen Seite an Deck zu erkennen (Mitte).

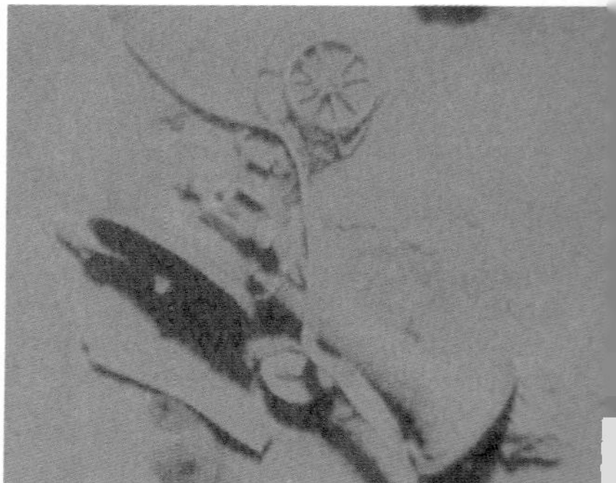

Der Brückentelegraf

Einer der fünf Einenderkessel aus Kesselraum 1

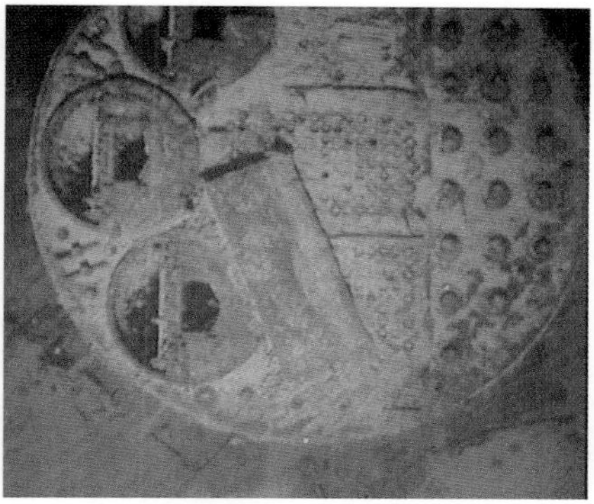

Ein rechteckiges Stück Metall ist auf der Stirnseite dieses Kessels zur Ruhe gekommen.

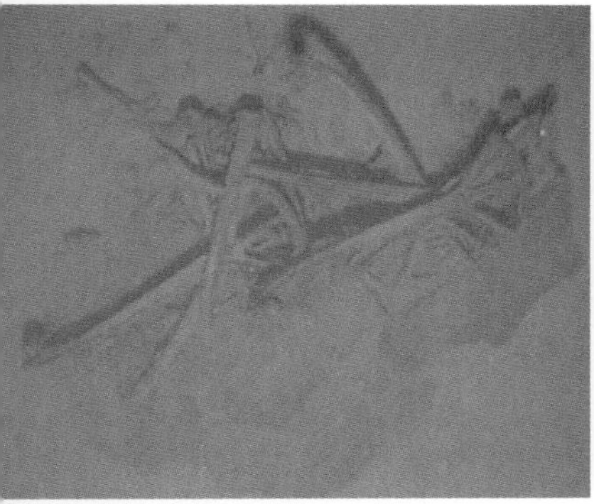

Ein Stapel Davit-Teile auf dem Meeresgrund, der an eine abstrakte Skulptur erinnert.

Einer der drei Safes aus dem Zahlmeisterbüro der Zweiten Klasse

Mast und Ausleger eines Heckkrans liegen neben einigen Leitern.

Eine Anrichte aus Metall mit Schränkchen im unteren Teil

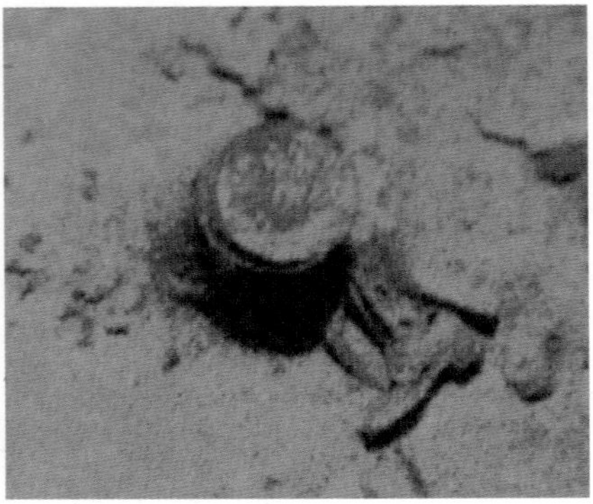

Dies könnte eine geknöpfte Damen-Stiefelette gewesen sein.

Dieser Stiefel mag einem Heizer gehört haben.

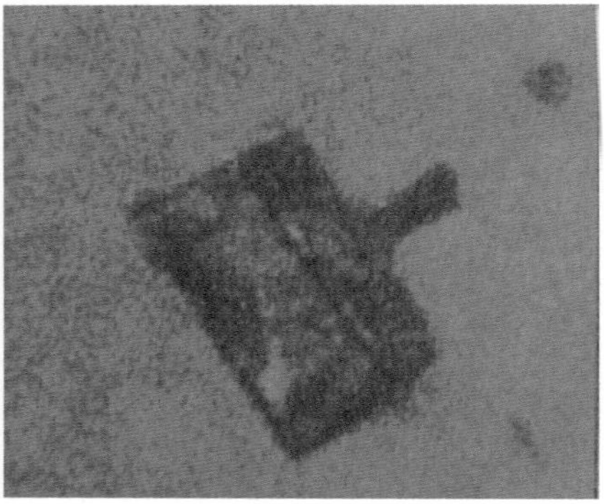

Die Kehrichtschaufel weist kaum Rostspuren auf.

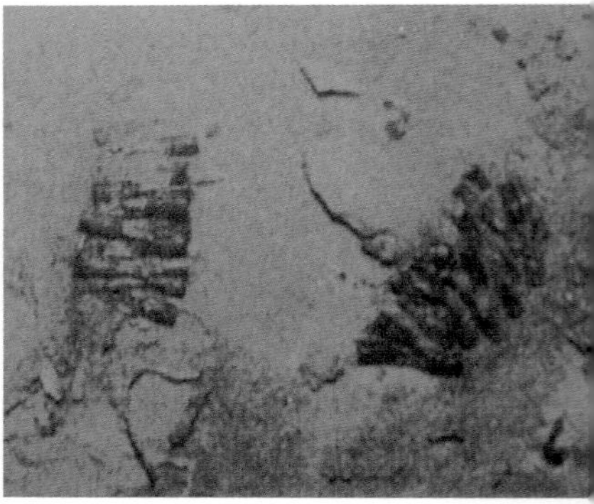

Diese Weinflaschen liegen noch ordentlich gestapelt in den Resten ihrer Kisten.

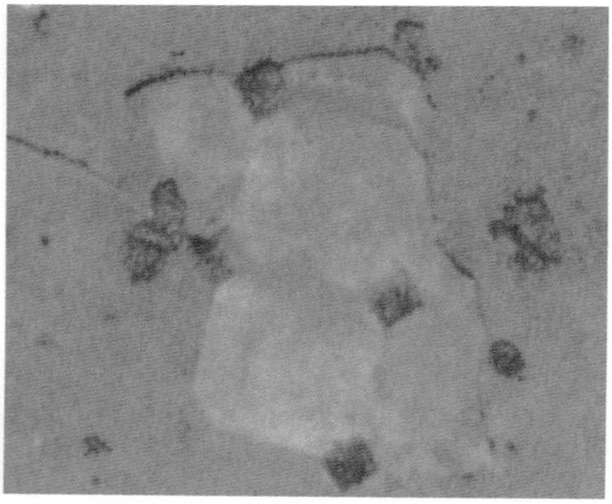

Fußbodenfliesen wie jene in der Sporthalle

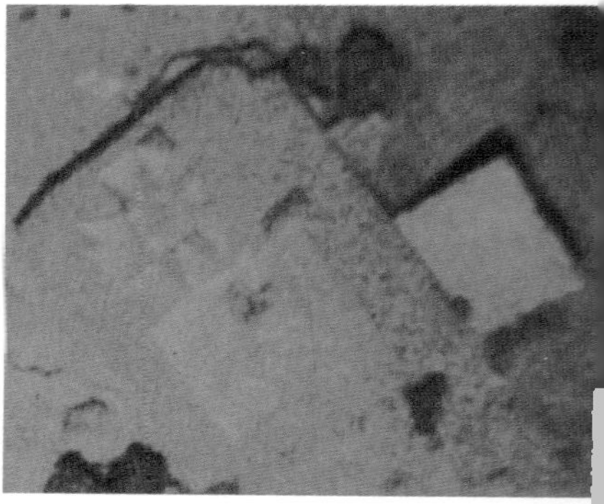

Eine Bodenfliese von der großen Freitreppe achtern

Zusammenstellung der eindrucksvollsten Funde im Trümmerfeld

5 Einenderkessel.

4 Frachtkräne, dazu 3 noch auf dem Schiff.

2 vordere Niederdruckzylinder und Kurbelwellenteile; 2 Hochdruckzylinder, im Wrack zu erkennen.

2 Exzenter; zahlreiche Laufbrückenteile.

3 Zahlmeistersafes der Zweiten Klasse.

9 Geländersegmente der achteren Erste-Klasse-Treppe.

3 Maschinentelegrafen, 2 von der Manövrierbrücke, 1 aus der Kommandobrücke; 4 Kompaßgehäuse, davon 1 aus der Kommandobrücke, 1 aus dem Steuerhaus, 1 von der Kommandoplattform und 1 von der Manövrierbrücke; 2 Steuersäulen; 1 Telefon mit Säule, von der Manövrierbrücke.

Kragen des 4. Schornsteins, Teile von anderen Schornsteinen und zwei Satz Dampfpfeifen.

6 Drucklüfter; 1 Kurzschlußläufer (Elektromotor) aus einem Kesselraumgebläse; 1 Dampfseparator; 1 Verdampfer; 2 Speisewasserfilter.

4 Badewannen, 4 intakte Decksbänke, 2 Gangwaytüren; 2 Abdeckplatten vom Kombüsenherd. 3 Paar Schuhe, diverse Einzelschuhe, Stiefel und Haarbürsten. Zahllose Toilettenbecken, Nachttöpfe, Waschbecken; aus Stahlmatratzen: Band-, Spiral- und Kettenfedern; Weinflaschen, Fußbodenfliesen und Kühlschlangen. Diverse weiß emaillierte Fußschemel; Prometheus-Heizöfen; versilberte Servierplatten; Fenstersegmente aus dem Speisesalon; Scheuerleisten-Lüftungsgitter; Porzellangeschirr.

Als das Bildmaterial endlich komplett ist, erholt sich Martin Bowen auf der Heckplattform. Im Hintergrund Angus.

Nachdem er sich davon überzeugt hatte, daß die Kameras einsatzbereit waren, zeigte Earl mit dem Daumen nach unten und gab das Zeichen zum Einsatz. ANGUS krachte in die brodelnde See.

Als wir in den Leitstand zurückkehrten und uns aus unserem Schlechtwetterzeug befreiten, konnte ich sehen, daß Jean-Louis am Ende war. Sein Blick zeigte zwar noch Durchhaltewillen, aber die Augen blieben einfach nicht mehr offen. »Geh schlafen«, sagte ich ihm. »Wir müssen ja nicht beide aufbleiben.« Zögernd, aber doch dankbar, verließ er den Leitstand.

Ich mußte mich hinlegen, sonst wäre ich umgefallen. Doch meinen Posten konnte ich nicht verlassen. Auf allen Vieren machte ich mir unter dem Kartentisch etwas Platz. Im Liegen konnte ich mich immer noch mit Earl an der Winde, Tom Crook als Navigator und Kapitän Bowen am Steuer unterhalten. Zu unserem letzten, verzweifelten Versuch waren wir für ANGUS auf ein Dreierteam unter meinem Kommando zusammengeschrumpft.

Selbst Earl war verstummt – eines der seltenen Male, die ich ihn sprachlos erlebt habe. Wir wußten beide, daß unser Versuch den gerade abgeschlossenen, gefährlichen Start von ANGUS noch übertraf. Nach meiner Berechnung mußten wir mit unseren Kameras bis auf sieben Meter an die Decks der »Titanic« heran. Da jedoch die See immer höher ging, stampfte auch die »Knorr« jetzt drei bis vier Meter auf und ab, und diese Bewegung mußte sich auf unsere 3700 Meter Kabel hinunter zu ANGUS übertragen. Egal. Wenn ich ANGUS verlieren sollte, war dies sicherlich der beste Zeitpunkt und der geeignetste Ort. Ich konnte mir auch gleich noch den Seidenschal umbinden und die letzten Riten eines Kamikazepiloten vollziehen.

Als wir unsere Einsatztiefe erreicht hatten, war ich mit meiner Kraft fast am Ende. Ich klammerte mich an Earls rechte Schulter und flüsterte ihm die Anweisungen ins Ohr. Wir sahen gewiß nicht aus, als spielten wir die Rolle einer verwegenen Selbstmordbesatzung.

»Auf vier Meter runter«, krächzte ich.

»Vier Meter?« Earls Frage bedeutete: »Bist du verrückt?«

»Vier Meter«, wiederholte ich.

Die nächsten drei Stunden sprachen wir außer geflüsterten Kommandos und ruhigen Antworten kaum ein Wort, während wir einen beängstigend nahen Flug nach dem anderen über die »Titanic« vollführten. Das dunkelrote Glimmen der Nachtbeleuchtung, das den Leitstand in solchen Augenblikken erhellte, verlieh den angespannten Gesichtern und blutunterlaufenen Augen der ANGUS-Besatzung ein geisterhaftes Aussehen, zu dem die vier Tage alten Stoppelbärte und der sichtbare Mangel an Schlaf noch beitrugen. Der sonst so unerschütterliche Earl Young packte die Windenhebel so fest, daß seine Knöchel weiß wurden und es aussah, als ob das Metall zwischen seinen Fingern zerschmelzen müsse. Draußen heulte der Wind um die Wände unseres Decksaufbaus. Drinnen verging die Zeit in einem ungewissen Schwebezustand, aus dem wir um 5.56 Uhr plötzlich aufgerüttelt wurden, als über den Sprechfunk von der Brücke die kurze Anweisung kam: »Ihr müßt wieder hochfahren.«

Unsere Zeit und unser Geld waren zu Ende. Zu Hause warteten Wissenschaftler, die mit der »Knorr« andere Arbeiten durchführen wollten.

Genau nach Plan stand ANGUS um 7.28 Uhr wieder auf Deck. Jetzt konnte ich mich unmöglich schlafen legen, stellte mich also mit ins Fotolabor und sah zu, wie Martin die vielen zwölf Meter langen Filme nacheinander entwickelte.

Nach ein paar Stunden war ich von der Enge und dem Chemikaliengeruch so mitgenommen, daß ich auf Deck hinaus mußte. Der Wind war abgeflaut, aber die See war immer noch zornig, der Himmel bedeckt und düster. Von irgendwoher überflog uns eine zwölfsitzige, zweimotorige Propellermaschine. Sie war mit besonderen Navigationsantennen ausgerüstet, die offensichtlich nur einem Zweck dienten: unseren genauen Standort zu bestimmen. Die Maschine flog ein paarmal erst in einer, dann in der anderen Richtung über uns hinweg. Wer sie steuerte, hatte allerdings Pech, denn wir holten gerade einen Transponder ein und befanden uns eine Meile vom Standort der »Titanic« entfernt. Wahrscheinlich ist es Jack Grimm, dachte ich mir.

Gleich darauf tauchte Martin aus dem Fotolabor auf und meldete, daß wir ausgezeichnete Farbbilder hatten. Ich war so müde, daß ich mich gar nicht mehr richtig darüber freuen konnte. Was ich noch an Energie hatte, brauchte ich jetzt, um den Laden in Schwung zu halten. Ich befahl sofort, den letzten Transponder zu bergen. Während er an die Oberfläche stieg, hörte unser genaues Ortungsnetz zu bestehen auf. Die »Titanic« war wieder in der Tiefe verschwunden, doch nicht so absolut wie vorher. Wir hatten vor Ort Hunderte von Satellitenmessungen durchgeführt. Zur »Titanic« zurückzufinden und mit »Alvin« auf ihrem Deck zu landen, war damit ein Kinderspiel.

Nach dem Abschluß unserer Operation blieb mir noch eine Aufgabe: mich den Medien zu stellen. Woods Hole hatte mich gebeten, mit möglichst vielen Pressevertretern zu sprechen, und ich hatte den Eindruck, daß jeder Zeitungs-, Zeitschriften- und Fernsehjournalist in Nordamerika ein paar kluge Worte von Dr. Ballard hören wollte. Natürlich hatte ich damit gerechnet, daß der Fund der »Titanic« die Menschen aufregte, aber selbst in meinen kühnsten Träumen hatte ich einen solchen Umtrieb nicht erwartet.

Ich stolperte todmüde in den Funkraum hinauf und führte die ersten Interviews. Alle nur denkbaren Fragen wurden gestellt. Die meisten Reporter erkundigten sich nach dem Zustand des Schiffs und danach, ob wir Überreste von Menschen gefunden hatten. Ich bemühte mich, alle Fragen zu beantworten, so gut ich konnte, doch ich war mit meinen Kräften am Ende. »Argo« und ANGUS hatten ihre Arbeit getan, die See hatte sich endlich wieder beruhigt, die »Knorr« war fast auf Heimatkurs, und ich gehörte eigentlich ins Bett. Ich blieb jedoch im Funkraum, bis ich Tom Brokaw von den NBC-Abendnachrichten am Hörer hatte.

Nach den ersten Sätzen guckte ich zufällig durchs Bullauge hinaus. Dabei wurde mir erst klar, daß die »Knorr« gerade unseren letzten Transponder geborgen hatte und sich jetzt auf den Heimweg machte. Wir ließen die »Titanic« zurück, ehe ich mich von ihr verabschiedet hatte. Just in diesem Moment erkundigte sich Tom, wie es mir ging. Mir ging es scheußlich, und ich hatte Mühe, das Würgen im Hals zu unterdrücken. Meine Abwehrkräfte waren dahin, und meine Gefühle übermannten mich. Ich verabschiedete mich abrupt von meinem Gesprächspartner und rannte aus dem Funkraum hinaus.

Ich verließ das Labor durch die Hintertür, damit mich niemand sah, und ging auf die leere Heckplattform. Die Sonne brach durch die Wolken, und das Kielwasser der »Knorr« strömte breit und friedlich bis an den blauen Horizont. Mich bewegten gemischte Gefühle: Einerseits war ich traurig, daß wir nur so kurz hatten bleiben können, aber gleichzeitig verspürte ich auch ein Gefühl tiefer Befriedigung darüber, daß wir die lange Fahrt der »Titanic« endlich beendet hatten. Ich bin nicht besonders fromm, aber ich glaube, dies war ein religiöser Augenblick, vielleicht ähnlich wie die improvisierte Gedächtnisfeier, die wir vor erst viereinhalb Tagen am Abend unserer Entdeckung auf der Heckplattform veranstaltet hatten. Es war so, als hätten alle, die mit der »Titanic« untergegangen waren, jetzt ihre letzte Ruhestätte gefunden.

Ich hatte seit viereinhalb Tagen kein Auge zugetan. Schlafen – welch herrliche, wunderbare Vorstellung. Ich ging durch das Hauptlabor nach hinten, die zwei Leitern hinauf in mein Quartier. Auf dem letzten Stück des Korridors brach ich zusammen. Mir rutschten einfach die Beine unter dem Körper weg, und ich fand mich auf Deck. Das war mir noch nie passiert, ein interessantes Gefühl, wenn auch verwirrend und fast komisch. Dann schämte ich mich. Wenn nun jemand gesehen hatte, wie der große Kapitän Nemo hingefallen war? Zum Glück war der Flur leer. Vorsichtig stand ich auf und stolperte auf eigenen Beinen in meine Koje.

Endlich konnte ich mich hinlegen. Als ich wieder aufwachte, war es Nacht, und die »Knorr« dampfte ruhig und friedlich auf den Tumult an der Küste zu.

Was eigentlich eine gemütliche Heimreise hätte werden sollen, auf der wir in Muße nachdenken und uns entspannen wollten, wurde zu einem bitteren, entmutigenden Erlebnis. Die Zusammenarbeit mit den französischen Ozeanographen, die Bindungen, die ich über so viele Jahre geknüpft hatte, schienen auf einen Schlag zu zerreißen.

Wie mir heute klar ist, waren wir in einer Hinsicht naiv gewesen: Wir hatten uns nicht vorher geeinigt, wie wir der gespannten Welt die Nachricht von unserer Entdeckung bekanntgeben oder was wir mit den Videofilmen und Fotos anfangen wollten. Nicht entfernt hatten wir uns vorgestellt, daß die Menschheit über unsere Entdeckung so aus dem Häuschen geraten könnte. Inmitten einer komplizierten technischen Operation unter schwierigen Bedingungen auf hoher See hatten wir uns gar nicht im einzelnen überlegt, wie wir mit den Medien umgehen wollten. Daß wir alle erschöpft waren, machte die Lage auch nicht besser.

Der Ärger fing am Sonntagmorgen an, als der Hubschrauber eines kanadischen Fernsehsenders, der unser Dokumentationsbudget mitfinanziert hatte, eine Ladung Reporter absetzte, die von Bord der »Knorr« aus einen Bericht über dieses epochemachende Ereignis senden wollten. Ich erklärte, das gehe auf keinen Fall, da wir keinem ein Exklusivrecht einräumen wollten. Natürlich könnten sie uns jederzeit aus der Luft filmen und hätten damit ja schon einen Knüller. Schließlich hatten sie es verdient, denn sie hatten uns als einziger Sender unterstützt.

Jean-Louis, Jean Jarry und ich betrachteten den Hubschrauber als Möglichkeit, wieder einen gewissen Einfluß auf die Berichterstattung über unsere Expedition zu gewinnen, denn bisher war alles ziemlich schiefgelaufen. Auf die Ge-

Weather

Sunny

High

28C/83F

THE TORONTO SUN

JAY WATCH

TITANIC FOUND!

Report from the scene of amazing discovery

Pages 4-5 and 28

Photo from 12,000 feet

Tom Hanks color poster

War on drunk drivers

Unsere Entdeckung des *Titanic*-Wracks machte Schlagzeilen in aller Welt.

Gruppenbild der *Titanic*-Entdecker auf der Heckplattform der *Knorr*

schichte im Londoner »Observer« vom Sonnabend waren völlig falsche Meldungen gefolgt, wonach wir das Wrack der »Titanic« heben wollten. Über Funk hatten wir sogar gehört, gegen unsere vermeintliche Handlungsweise sei bei den Vereinten Nationen protestiert worden. Das hatte uns alle aufgeregt. Deshalb beschlossen wir, den kanadischen Hubschrauber als Kurier zu benutzen und ihm die ersten Bilder von unserer Entdeckung an Land mitzugeben. Wir wählten die ersten paar Meter von den Kesselaufnahmen und der Film über unsere Jubelfeier im Leitstand. Aus diesem Material mußte man eigentlich die wahre Geschichte unseres »Titanic«-Funds ersehen können. Als der Hubschrauber in einem aufziehenden Sturm verschwand und wir uns wieder den Bildern zuwandten, die uns »Argo« vom Wrack mitgebracht hatte, waren wir überzeugt, daß unsere Geschichte jetzt endlich wahrheitsgetreu berichtet werde.

Als nächstes meldete sich Woods Hole am Telefon, nicht etwa, um uns zu gratulieren, sondern um sich über den scheinbaren Exklusivbericht zu beschweren, den wir lanciert hatten. Die Bilder von unserer Entdeckung waren gesendet worden, doch nicht alle großen amerikanischen Sender hatten sie bekommen. Wer sie nicht hatte, war natürlich wütend und drohte Woods Hole mit Klagen. Unvermittelt stand ein ruhiges Forschungszentrum in einem entlegenen Winkel von Cape Cod, durch den Maifeiertag zudem stark unterbesetzt, unter einem Druck der Medien, wie es ihn nie zuvor gespürt hatte.

Ich hängte mich sofort ans Telefon und erklärte allen Betroffenen unsere Haltung. Nachrichten waren Nachrichten, und was wir an Bändern an Land geschickt hatten, stand allen zur Verfügung. Ein Knüller war etwas ganz anderes als ein Exklusivbericht. Niemand war an diesem Gang der Ding schuld. Woods Hole war einfach auf einen solchen Überfall der Medien nicht vorbereitet, und die Schwierigkeiten waren noch durch das lange Wochenende mit einem zusätzlichen Feiertag verschärft worden.

Auf unserer Fahrt nach Woods Hole überlegten meine französischen Kollegen und ich uns genau, wie wir einige unserer ANGUS-Bilder am besten unters Volk bringen konnten. Wir standen mit IFREMER in Paris und mit der Leitung von

Woods Hole fast ständig in Verbindung. Die Bilder waren ausgezeichnet gelungen, und wir wollten sichergehen, daß sie alle nordamerikanischen Fernsehsender und die französischen Medien gleichzeitig erreichten.

Am 6. September, als wir auf dem Heimweg waren, kam wieder ein Hubschrauber zur »Knorr« heraus; diesmal hatten ihn alle drei amerikanischen Fernsehsender gechartert. Auf seiner Rückreise nach Neufundland flogen Bernard Pillaud und Steve Gegg mit zahlreichen Kopien der ANGUS- und »Argo«-Filme mit, die wir gemeinsam freigegeben hatten. Ein Franzose und ein Amerikaner sollten dafür sorgen, daß unsere Absichten diesmal getreulich erfüllt wurden.

Als der Hubschrauber auf dem Flughafen von Saint John's landete, wartete eine Meute von Reportern auf den gutaussehenden, jungen Amerikaner und den eleganten Franzosen. Sie müssen ein bißchen wie Astronauten gewirkt haben, die von einer Reise vom Mond zurückkamen. Wie konnten Woods Hole und IFREMER der neugierigen Welt so wichtige Bilder vorenthalten? Die Medien erwiesen sich als stärker; Woods Hole gab das Material frei. In dieser Nacht, während Bernard noch über den Atlantik flog, sahen die französischen Fernsehzuschauer unsere besten neuen Bilder von der »Titanic« auf dem Bildschirm, noch ehe IFREMER sie freigegeben hatte; sie waren über Satelliten von amerikanischen Sendern übernommen worden.

Natürlich war IFREMER über diesen scheinbaren Bruch unserer Abreden wütend. Hinzu kam die wachsende Erkenntnis, wie wertvoll die Bilder eigentlich waren. Im Gegensatz zu Paris hatte ich nie vorgehabt, diese Nachrichten zu »verkaufen«. Leider war diese Frage in unseren Abmachungen nicht eindeutig geregelt worden. Während wir noch auf die amerikanische Küste zudampften und uns auf einen Heldenempfang freuten, hatten sich IFREMER und Woods Hole in einen unseligen Konflikt darüber verstrickt, wem die Bilder von unserer »Titanic«-Expedition gehörten und wie man sie nutzen wollte. Jean Jarry, der Vertreter der IFREMER-Zentrale an Bord, saß zwischen zwei Stühlen und geriet jetzt unter den vollen Druck seiner Chefs in Paris. Mein alter Freund

Jean-Louis konnte gar nicht glauben, was da vorging, und verbrachte die meiste Zeit in der Kabine. Ich sah ohnmächtig zu, wie sich das gute Klima unserer Fahrt und die dreizehn Jahre amerikanisch-französischer Zusammenarbeit auf einen Schlag verflüchtigten.

Der Tiefpunkt unserer Rückreise war erreicht, als Emory Kristof auf der Heckplattform eine Gruppenaufnahme von den siegreichen Entdeckern der »Titanic« machen wollte, auf der »Argo« und ANGUS im Hintergrund zu sehen sein sollten. In diesem Stadium war uns nicht mehr nach freundlichen Gesichtern zumute, aber Kristof blieb unerbittlich, und schließlich willigten wir ein. Das Foto wurde mäßig; unser gezwungenes Lächeln verbarg nur schlecht den verletzten Stolz. Trotzdem lag mir daran, daß unsere Heimkehr eine gemeinsame amerikanisch-französische Feier wurde. Zwei Tage feilte ich an den paar kurzen Sätzen, die ich vor der wartenden Presse sprechen wollte.

Dabei wollte ich mich auf unsere fragmentarischen Kenntnisse vom Zustand des Wracks stützen. Die genaue Untersuchung der ANGUS-Filme in den nächsten Monaten sollte erst zeigen, daß ein zweiter, großer Teil des Rumpfs etwa 600 Meter südlich vom Vorschiff lag. Das war das Achterschiff. Über seinen Zustand wußten wir sonst gar nichts. Außerdem stellten wir später fest, daß offenbar alle vier Schornsteine verschwunden waren. Doch der angebliche Riß im Vorschiff und der größte Teil des Trümmerfeldes blieben weitgehend unaufgeklärt, und wir hatten keine Ahnung, was sonst noch zwischen dem Bug und dem Heck lag. Wie das Wrack der »Titanic« genau aussah, konnten wir erst nach einer erneuten Untersuchung vor Ort sagen.

Als wir am klaren, warmen Morgen des 9. September 1985 den Nantucket Sound hinunterdampften, wurde die »Knorr« von Hubschraubern, kleinen Flugzeugen und Sportbooten eingekesselt, die uns mit einem Höllenlärm umkreisten. Ein Boot hatte schon eine kleine Vorausabteilung bei uns abgesetzt: Direktor John Steele von Woods Hole und zwei seiner Mitarbeiter; Hugh O'Neill als Vertreter des Marineministers und meine Frau Majorie und unsere beiden Söhne Todd und

Douglas. Daß meine Familie gekommen war, bedeutete mir besonders viel. Sie hatte jahrelang meine häufige Abwesenheit ertragen, ohne zu murren. Sie und meine Eltern waren immer meine stärksten Stützen gewesen.

Als wir um die Biegung herumkamen und in den engen Kanal zum Hafen von Woods einfuhren, traute ich meinen Augen nicht: Das Dock war schwarz von Menschen. Rechts hatten die Medien eine Wand aus Satellitenantennen aufgebaut, die ihre Nachrichten nach New York und um die ganze Welt weiterleiteten. Mitten auf dem Dock stand eine provisorisch zusammengezimmerte Bühne, vollgepackt mit Fernsehkameras und Reportern. Die Medien verlangten stets die besten Aussichtspunkte und bekamen sie auch. Fahnen knatterten im Wind, eine Kapelle spielte, Schulkinder hielten ihre Luftballons fest.

Als wir uns unserem Liegeplatz näherten, schoß eine Kanone Salut. Es war, als sei der Zirkus in die Stadt gekommen. So war es ja auch.

Ich mußte an die ganz andere Menge denken, die auf die »Carpathia« gewartet hatte, die am stürmischen Abend des 18. April 1912, dreieinhalb Tage nach der Tragödie, in New York eingelaufen war. Die Büros der White Star Line waren von angsterfüllten Menschenmengen belagert worden, darunter viele Verwandte der Passagiere. Reporter hatten auf Überlebende, die ihre Geschichte verkaufen wollten, gelauert wie Haifische auf Beute. Ich verdrängte diese Gedanken wieder.

Wenn schon gefeiert wurde, wollte ich den Leuten auch etwas bieten. Ich stieg auf die Brücke und bat Kapitän Bowen, die »Knorr« knapp 100 Meter vor dem Dock anzuhalten und um volle 360 Grad zu drehen. (Nur wenige Zuschauer kannten das einmalige Antriebssystem der »Knorr«.) Dann legte der Kapitän sein Schiff sanft an.

Als die Laufplanke aufgelegt war, strömten Frauen und Kinder voll Stolz an Bord, um ihre Männer zu umarmen und zu küssen und sich »Argo« und den Leitstand mit eigenen Augen anzusehen; alle Monitore zeigten Bilder von der »Titanic«. Die ersten Sektkorken knallten.

Jetzt war es an der Zeit, die Presse zu begrüßen. Als Jean-Louis und ich über die Gangway zu einem bereitstehenden Auto liefen, riefen mir die Reporter und Kameraleute von ihrer provisorischen Bühne aus zu, ich solle irgendeine Geste machen, die die Kameras dann für die Ewigkeit festhielten. Ohne lange zu überlegen, reckte ich die Daumen empor und streckte die Zunge heraus – in zehn Sekunden vom Helden zum Affen. Dieses blöde Siegesbild, das sofort um die ganze Welt ging, verfolgt mich bis heute.

Ein paar Minuten später betraten wir den Redfield-Hörsaal der Woods Hole Oceanographic Institution durch eine Seitentür und fanden uns vor einem Wall von Kameras und einem Podium voller Mikrofone. Auf den ersten Blick sah alles sehr bedrohlich aus, wie auf uns gerichtete Speere. Als ich an meinen Platz auf der Bühne ging und die Blitzlichter zuckten, fiel mir ein Satz von George C. Scott aus dem Film »Patton« ein. Patton sagt da, sooft ein siegreicher römischer General an der Spitze seiner Armee in einem von Sklaven umgebenen Triumphwagen in Rom eingezogen sei, habe ständig ein junger Mann neben ihm gestanden und ihn daran erinnert, daß aller Ruhm vergänglich sei. Heute waren wir die Hauptattraktion der Stadt, morgen hatte der Medienzirkus wieder etwas anderes.

Jean-Louis sprach als erster. Er redete so leise, daß die Journalisten die Ohren spitzen mußten, um ihn zu verstehen. Wir waren beide immer noch ziemlich erschöpft, und die Gefühle übermannten uns in diesem Augenblick. Doch seine Sätze waren elegant und beredt wie immer. Trotz der Streitigkeiten zwischen unseren beiden Ländern waren wir in alter Freundschaft und Partnerschaft vereint geblieben.

Zuerst berichtete er kurz über die Suche und die Entdekkung. Dann äußerte er sich über die Teamarbeit auf unserer Expedition. »Unsere Ergebnisse sind nicht ohne Mühe erzielt worden. Sie sind den erfahrenen Teams auf beiden Schiffen zu danken, die in enger Koordinierung zusammengearbeitet haben. Die gemeinsame französisch-amerikanische Arbeit hat sich dank der Inspiration von Bob Ballard bewährt, der das ganze Unternehmen überhaupt erst ermöglicht hat. Au-

Mit Jean-Louis auf dem Podium des Redfield-Hörsaals von Woods Hole kurz vor unserer Pressekonferenz

ßerdem hat uns Dr. Ballard mit seiner Vorstellung überzeugt, daß die erfolgreiche Entdeckung mit der größten Achtung und Würde verbunden sein muß, wie sie der ›Titanic‹ gebühren. Das von Frankreich und Amerika verwirklichte Vorhaben war technisch und seelisch schwierig, aber die Stelle, an der die ›Titanic‹ untergegangen ist, wurde im Geist der Würde gesucht, die dieser Stätte angemessen ist. Wir hoffen, daß die Zusammenarbeit auf dem Gebiet der Hochseeforschung zwischen Frankreich und Amerika fortgesetzt wird.«

Nun war es an mir, den Einsatz der Beteiligten gebührend zu würdigen. Ich hatte in meinem Leben schon tausend Reden gehalten, aber diese erwies sich als besonders schwierig, obwohl sie nur zwei Minuten dauern sollte. Ich holte tief Luft und las ab:

»Die von den Vereinigten Staaten und Frankreich in diesem Sommer gemeinsam durchgeführte Expedition war ein hochtechnisches Unternehmen, bei dem die besten Geräte beider Länder zum Einsatz kamen. In der Hochseerkundung stehen Frankreich und Amerika auf einer Stufe. Die Kampagne in diesem Sommer war aber auch das leidenschaftlich verfolgte Unternehmen von zwei Männern, die in erster Linie Menschen und erst in zweiter Linie ein Franzose und ein Amerikaner sind.« Ich erwähnte dann den Ruf, den sich Jean-Louis in seinem Fach erworben hatte und sprach über den hohen technischen Rang des SAR-Sonarsystems. Ich lobte ihn als »ruhigen, gewinnenden Menschen«, mit dem zu arbeiten ein Vergnügen gewesen sei.

»Die ›Titanic‹ liegt in 3900 Meter Wassertiefe in einem sanften Hügelgelände, ähnlich dem Voralpenland, das hinter ihr zu einem kleinen Cañon abfällt. Ihr Bug weist nach Norden, und sie sitzt aufrecht auf Grund. In dieser Tiefe gibt es kein Licht und kaum Leben. Es ist ein stiller, friedlicher Ort, an dem die Überreste dieser größten aller Seetragödien ihre Ruhe gefunden haben. Möge es ewig so bleiben, und möge Gott die wiedergefundenen Seelen segnen.«

Ich war mit meiner Familie schon durch eine Seitentür entwischt und in ein wartendes Auto von Woods Hole gesprungen, als mir aufging, daß ich mich nicht von Jean-Louis verabschiedet hatte. Dann erkannte ich ihn mitten in dem Getümmel von Reportern und Fotografen, dem ich gerade hatte entrinnen wollen. Ich wußte nicht, wann ich ihn wiedersehen würde. In ein paar Stunden wollte er im Flugzeug nach Frankreich sitzen und morgen in Paris eine Pressekonferenz abhalten; ich hatte meine Pressekonferenz im Büro des »National Geographic« in Washington angesetzt.

Ich stieg wieder aus, drängte mich in das Meer der Reporter hinein, von denen alle ein paar Kernsätze für die Abendnachrichten hören wollten. Doch Jean-Louis und ich beachteten sie nicht weiter. Das Summen der Medien wurde zu einem Hintergrundgeräusch, und ich sah und hörte nur Jean-Louis. Es war fast, als unterhielten wir uns noch auf der Heckplattform draußen auf See, gingen die Tagesereignisse durch oder überlegten uns einen neuen Schachzug in unserer Suchstrategie. Wir versprachen einander, zusammenzubleiben; dann verabschiedeten wir uns voneinander, ich kämpfte mich zum Auto zurück und verließ das Tollhaus.

Ich überlegte mir, ob Jean-Louis und ich die »Titanic« wohl gemeinsam noch einmal besuchen würden. Egal. Was wir erreicht hatten, konnte uns keiner mehr nehmen.

Kapitel 8

Die »Titanic« wird besichtigt

Ein Jahr später kehrten wir zurück, um das Wrack etwas eingehender zu untersuchen. Diesmal war es ein Kinderspiel, die »Titanic« zu finden. Unsere mit Satellitenhilfe vorgenommenen Standortbestimmungen aus dem letzten Jahr waren so genau, daß wir die 900 Meilen von Woods Hole bis zum Ziel glatt durchfahren konnten. Nach so ereignisloser Fahrt kamen wir am frühen Abend des 12. Juli 1986 an. Das Glück, das wir 1985 gehabt hatten, schien uns auch diesmal nicht zu verlassen: Das Wetter war schön, die See ruhig, die Nacht klar, und an Bord unseres neuen Schiffes, der »Atlantis II«, herrschte Hochstimmung, als wir die erste der drei Transponderbaken absetzten, die unser Ortungs-»Netz« rings um das Wrack bilden sollten. Da wir nur zwölf Tage am Ort bleiben konnten, wollte ich keinen Augenblick ungenutzt verstreichen lassen.

In einem Jahr kann viel passieren, Gutes und Schlechtes. Diese Expedition wurde, wie schon die letzte, im wesentlichen von der amerikanischen Marine finanziert und fand mit dem Segen und der offiziellen Unterstützung von Woods Hole statt. Unsere technische Aufgabe bestand darin, die Einsatzmöglichkeiten von »Jason junior« zu demonstrieren, dem Prototyp unseres ferngesteuerten Unterwasserroboters. »JJ« sollte uns zu schönen Bildern vom Äußeren und Inneren des Schiffs, zur umfassenden Bilddokumentation eines legendären Wracks verhelfen.

Leider mußte die »Titanic«-Expedition diesmal ohne die Franzosen auskommen. Nach den Meinungsverschiedenheiten, die sich aus der Expedition von 1985 ergeben hatten, waren die Beziehungen zwischen Woods Hole und IFREMER erst einmal auf dem Gefrierpunkt angelangt. Doch beide Seiten hatten dann Friedensfühler ausgestreckt, und eine Zeitlang hatte es sogar so ausgesehen, als ob ein französisches Schiff und ein französisches U-Boot (»Nautile«) vor Ort zu uns stoßen könnten.

Als ich erfuhr, daß die Franzosen die Mittel für eine zweite »Titanic«-Expedition nicht hatten aufbringen können, lud ich Jean-Louis Michel, meinen Kollegen in der Leitung vom letzten Jahr, und meinen alten Freund Claude Riffaud ein, der jetzt das »Titanic«-Projekt von IFREMER leitete. Leider waren beide nicht mehr frei.

Daß Jean-Louis und seine französischen Kollegen nicht an Bord waren, dämpfte nicht nur unsere Hochstimmung, sondern bedeutete auch ein erhebliches Risiko. Dieses Jahr wollten wir die »Titanic« mit einem bemannten Tauchboot, meinem alten Freund »Alvin«, aufsuchen, und ohne die Franzosen waren wir ohne Reserve-U-Boot, das uns im Notfall hätte helfen können. Wir befanden uns also etwa in der Lage von Astronauten, die auf einem Millionen Kilometer entfernten Planeten landen und keine Hoffnung auf Rettung haben, wenn etwas schiefgeht.

Diesmal führte Kapitän Reuben Baker die »Atlantis II«. Langsam tastete er sich an die Stelle heran, an der die »Titanic« liegen mußte. Ich saß im oberen Labor gleich hinter der Brücke und las den Sonarausdruck vom Echolot des Schiffes mit. Jede Sekunde gab der Wandler am Schiffsrumpf einen Piepton von sich; Sekunden danach kamen in schneller Folge Echos vom Boden zurück und lösten eine entsprechende Folge von kleinen Löchern auf einer Papierrolle aus: ein Sonarbild. Mit jeder Minute nahm der ebene, mit Sedimentablagerungen bedeckte Meeresboden auf dem Schreiber mehr Form an.

Dann erschien ein zunächst schwaches zweites Echo. Vor uns erhob sich irgendein Objekt, zu groß, als daß es hervortretendes Gestein oder eine natürliche Bildung sein konnte. Wir befanden uns direkt über dem Wrack; seine Koordinaten waren in unserem Computer gespeichert. Bilder der »Titanic« standen mir vor Augen, als ich mich schlafenlegte. Sicherlich war ich nicht der einzige an Bord, der in dieser Nacht vom Schiff träumte.

Unser erster Tauchgang zur »Titanic« ließ sich bestens an. Es war ein herrlicher Sommertag, die Sonne stand schon hoch am Himmel. Um 7 Uhr wurde »Alvin« aus seinem Hangar auf dem Heck von »Atlantis II« herausgerollt und unter den riesigen, blauen Rahmen gehängt, der über dem Hecküberhang aufragte. An diesem Rahmen sollte »Alvin« von Deck gehoben und nachher auch wieder aus dem Wasser gezogen werden. Die Bedienungsmannschaften von »Alvin« und »JJ« gingen sofort an die Arbeit. Wie beim Start einer Weltraumrakete, so mußte auch hier eine bestimmte Folge von Schritten genau eingehalten werden, darunter eine Reihe von langwierigen Sicherheitsüberprüfungen. Ein dickes Paket Formulare wurde unterschrieben und gegengezeichnet: Batterieprüfung, Prüfung der Rettungsausrüstung, Prüfung der Sprechverbindung, Prüfung des Sonargeräts, Prüfung der Reservebatterie usw.

Vier schwere Gewichte wurden auf Fahrgestellen herausgerollt und an die Seiten des Tauchboots gehängt. Im Gegensatz zu herkömmlichen Unterseebooten kann »Alvin« seinen Auftrieb im tiefen Wasser nicht mit Hilfe von Ballasttanks steuern; der Druck ist dafür zu hoch. Statt dessen ist das Boot mit einem komplizierten Schwimmsystem ausgerüstet. Dann wurden drei Wannen mit den frisch geladenen Batterien zum Druckausgleich mit Öl aufgefüllt; das erfordert weniger Platz als einzelne Druckkammern.

Um 8.15 Uhr waren alle Systeme startklar. Ralph Hollis, Kopilot Dudley Foster und ich hatten uns schon die Schuhe ausgezogen und stiegen die Leiter in den roten Glasfaserturm von »Alvin« hinunter, der verhindern soll, daß durch den Seegang Spritzwasser in die offene Luke gelangt, solange das Tauchboot noch an der Oberfläche tanzt. Dann kletterten wir in die Druckkugel von reichlich 2 Meter Durchmesser und paßten dabei auf, daß wir nicht an die gut geschmierte Luke stießen. (Das Fett braucht man, um eine gute Abdichtung herzustellen; leider läßt es sich aus der Kleidung fast nicht mehr entfernen.) Praktische Erfahrungen in Yoga oder als Entfesselungskünstler wären nützlich gewesen, denn wir steckten fast wie Rollmöpse in der winzigen Kabine. Auf drei

Vorsichtig, damit ich nicht gegen die eingefettete Luke stoße, klettere ich auf Strümpfen durch den roten Turm unseres Tauchboots.

Seiten waren wir von Instrumententafeln und Kisten mit unbespielten Videobändern umgeben, auf denen unsere Fahrten aufgezeichnet werden sollten. Solange die Reise dauerte, konnte keiner von uns aufstehen und sich ein bißchen strekken.

Dann schloß Ralph von innen die Luke, und ich drehte unseren Sauerstofftank, die einzige Luftquelle, auf. Langsam strömte der lebenserhaltende Inhalt in unsere Kugel. Die Luft in unserem Tauchboot wurde schon dick, als Ralph das Lithiumhydroxidgebläse einschaltete, das die Kabinenluft umwälzt und ihr dabei gefährliches Kohlendioxid entzieht.

Der Rahmen hatte uns über den Hecküberhang hinausgeschwungen, und wir schaukelten sacht hin und her. Der Moment halb über Deck und halb über Wasser ist immer einer der gefährlichsten Augenblicke in einem Tauchgang. Wenn

Der gefährlichste Augenblick beim Aussetzen kommt, wenn Alvin halb über dem Wasser schwebt.

»Alvin« plötzlich abstürzte, konnte das Boot schwer beschädigt, konnten die Insassen verletzt werden.

Sobald das Boot aufs Wasser aufsetzte und die Trosse ausgeklinkt war, machten sich Taucher über den Rumpf von »Alvin« her und prüften noch einmal, ob alles zum Tauchen bereit war. Innen ging Ralph rasch alle Systeme im jetzt »nassen« Boot durch. Alle Phasen dieser Arbeitsgänge wurden von der Mannschaft im oberen Labor der »Atlantis II« über Funkkontakt mit dem Bootsinnern und dem Schlauchboot abgestimmt, das die Taucher wieder aufnehmen sollte.

Um 8.35 Uhr erteilte der Einsatzleiter oben, immer ein Pilot aus dem »Alvin«-Team, Ralph Genehmigung, unsere Ballasttanks zu fluten und den Tauchvorgang einzuleiten. Dank der vier an »Alvin« hängenden Gewichte sanken wir geradewegs auf den Boden. Sie funktionierten nach demselben Prinzip, wie es auch Schwammtaucher anwenden: Man nimmt einen Stein, springt ins Wasser und sinkt mit diesem Gewicht möglichst schnell möglichst tief, ohne wertvolle Energie zu verschwenden; wenn man unten angekommen ist, läßt man den Stein fallen und macht sich an die Arbeit. Wenn wir mit »Alvin« wieder auftauchen wollten, warfen wir noch zwei weitere Gewicht ab und tauchten wieder auf. Nach diesem Prinzip wollten wir die Schrauben möglichst wenig einsetzen, um beim Tauchen wie auch beim Auftauchen die Batterien weitestgehend zu schonen.

Mit dem Chefpiloten Ralph Hollis am Steuer fühlte ich mich absolut sicher. Ich kannte ihn, seit er Anfang 1975 zur Gruppe »Alvin« gestoßen war. Dudley Foster kannte ich noch länger; wir hatten uns beim »Project Famous« zwölf Jahre vorher zum ersten Mal gesehen. Zusammen hatten wir an die fünfhundert Tauchfahrten absolviert.

Das Rückgrat der Expedition 1986 bildete in mancher Hinsicht die Gruppe »Alvin«, aus der sich die Piloten für das Tauchboot rekrutierten. Die meisten waren erst dazugekommen, nachdem ich Anfang der siebziger Jahre schon lange mit dem Tauchboot zu arbeiten angefangen hatte, doch zusammen verkörperten sie ein reiches Maß an Erfahrung in der Tiefsee. Ich wußte, daß einige von ihnen, vor allem Ralph Hollis, nicht besonders davon angetan waren, wie mein Tieftauchlaboratorium jetzt Schlagzeilen machte. Sie mochten es auch nicht, daß ich mehr als einmal öffentlich prophezeit hatte, »Argo« und »Jason« würden eines Tages »Alvin« ersetzen.

Mit den Jahren war Ralph geradezu die Seele von »Alvin« geworden und nahm deshalb jede Kritik an seinem Tauchboot persönlich. Er und viele andere Mitglieder der Gruppe »Alvin« hatten mir ein Interview nie verziehen, das ich vor ein paar Jahren der Lokalzeitung in Woods Hole gegeben hatte. Die Überschrift jenes Artikels hatte damals gelautet: »Ballard sagt, bemannte Tauchboote gehören zum alten Eisen.« Natürlich hatten mich Ralph und seine Kollegen bei jeder Gelegenheit an diesen Satz erinnert. Ihr Tauchboot war allerdings nicht in Gefahr, in absehbarer Zeit arbeitslos zu werden; es verkörperte nur eine Technik, die ihren Höhepunkt überschritten hatte.

Während das Tauchboot langsam unter dem Meeresspiegel versank, zog eine durchsichtige Qualle vorbei; ihre stechenden Arme hingen weit hinunter. Ich guckte auf die Instrumententafel von »Jason jr.«. Heute mußte »JJ« in seiner Spezialgarage am Bug von »Alvin« bleiben, doch morgen wollte Martin Bowen mitfahren und unser raffiniertes »schwimmendes Auge« über das Wrack führen. Wie der noch zu bauende »Jason« war »Jason jr.« ein ferngesteuertes Fahrzeug, ein Unterwasserroboter. Im Gegensatz zu »Jason« war »JJ« so leicht, daß man ihn von einem bemannten Tauchboot aus einsetzen konnte. Beide Geräte wurden an einer 75 Meter langen Leine betrieben und waren mit Anlagen zur Meßwertübertragung, Bildkameras und Antriebsaggregaten ausgestattet. Allerdings hatte »JJ« die schweren Arme und die Vielfarbenaugen noch nicht, die wir für »Jason« vorgesehen hatten. Wenn »JJ« nach Plan funktionierte, konnten wir viele Stellen auf dem

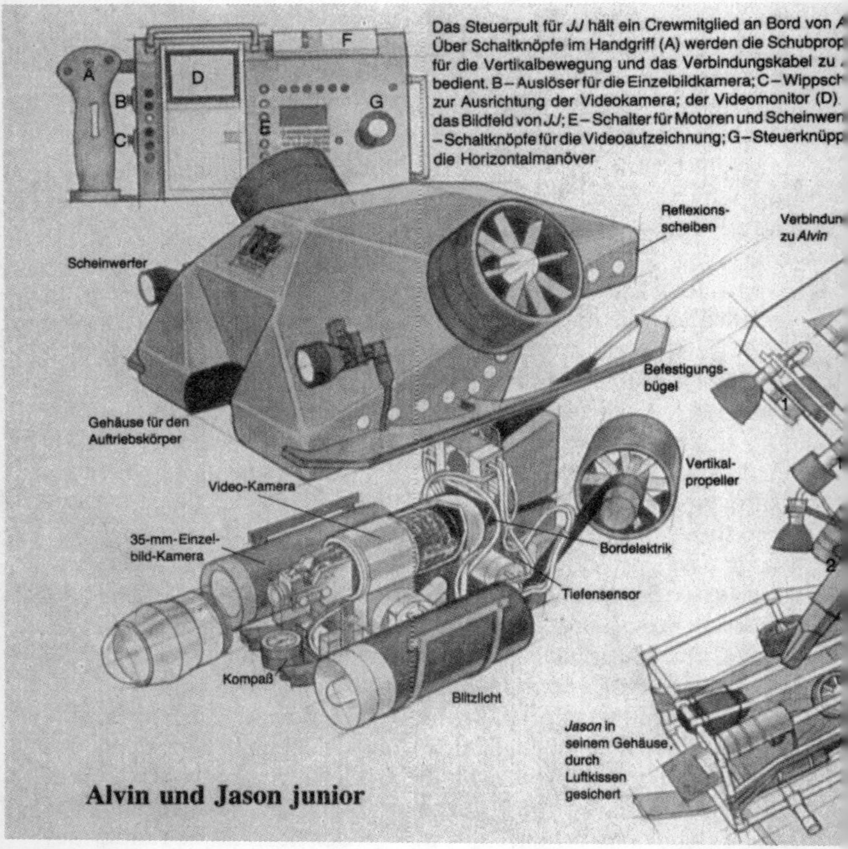

Alvin und Jason junior

Wrack untersuchen, an die mit »Alvin« nicht sicher heranzukommen war.

Heute wollten wir feststellen, ob »JJ« in 3750 Meter tiefem, eisigem Salzwasser kalte Füße bekam. Die Hauptaufgabe bei diesem Tauchgang bestand allerdigs darin, überhaupt zu ermitteln, wie gefährlich die »Titanic« für die erfahrenen Piloten von »Alvin« war und das Schiff aus nächster Nähe anzusehen.

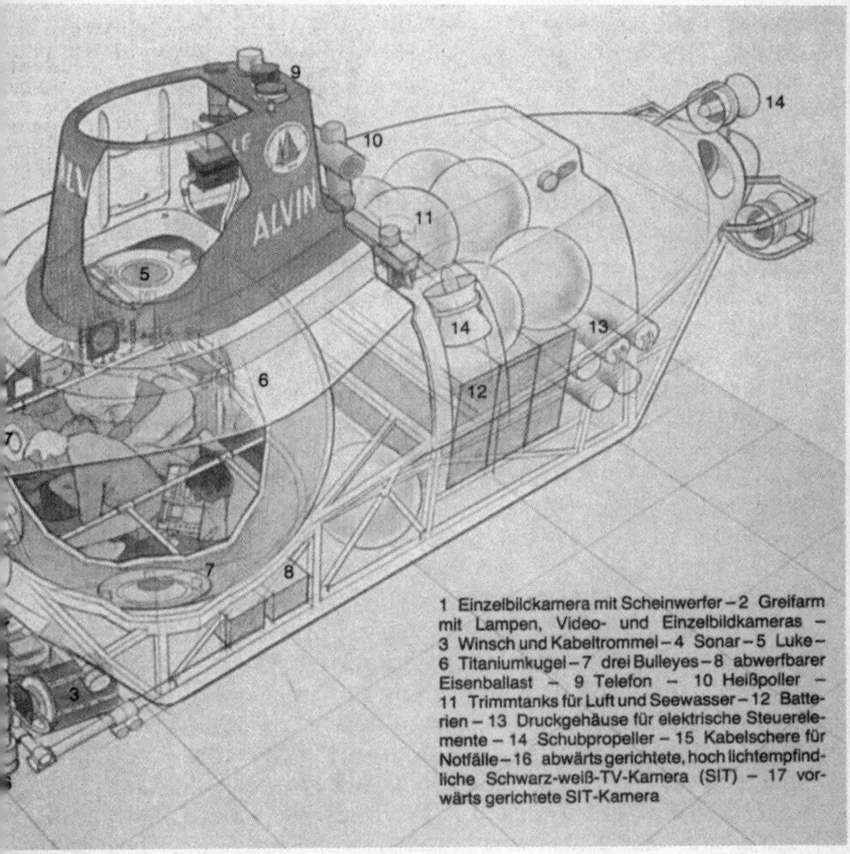

Schematische Darstellung von Jason jr. und Alvin für unsere Expedition von 1986

Auch das Vorderschiff wollte ich von etwas weiter oben betrachten. Dazu wollten wir eine der hochempfindlichen Schwarzweiß-Kameras mit Restlichtverstärkung von »Argo« verwenden, die wir eigens zu diesem Zweck auf das Chassis von »Alvin« montiert hatten. Bei späteren Tauchfahrten konnten wir dann sicher außerhalb der Gefahrenzone schweben und uns die richtigen Einsatzorte aussuchen, bevor wir das Tauchboot in gefährlichere Nähe manövrierten. Daß wir uns unter Umständen verfangen konnten, vergaßen wir keinen Augenblick. Gefahren konnten nur dadurch entstehen, daß »Alvin« irgendwo im Wrack festsaß und nicht aus eigener Kraft freikam.

Da wir ohne Reserveschiff tauchten, mußte ich die Marine erst davon überzeugen, daß wir ausreichende Sicherheitsmaßnahmen getroffen hatten. Vor allen Dingen durfte ich nur auf Stellen landen, die wir vorher eingehend untersucht hatten. Dazu mußte ich Ballast aufnehmen, um unser Gewicht zu erhöhen und dann »JJ« von seiner Garage an »Alvin« aus starten. Die wirklich gefährliche Arbeit mußte dann »JJ« tun. Falls sich »JJ« irgendwo unentrinnbar verfing, konnte man mit einem an der Garage befestigten Kabelschneider seine Leine schnell kappen, so daß wir auf jeden Fall wieder sicher nach oben kamen.

Auch »Alvin« verfügte über eine letzte Notrettungseinrichtung, deren Einsatz allerdings nur dann zu empfehlen war, wenn alle anderen Maßnahmen versagt hatten: Die hinteren zwei Drittel des Tauchboots wurden abgestoßen, und die Druckkugel schoß wie eine Rakete hoch. So kamen wir wahrscheinlich nach Hause, doch »Alvin« war dann wohl verloren. Und da diese Notmaßnahme noch nie ergriffen worden war, konnten wir uns nur theoretisch ausmalen, was bei diesem schnellen Auftauchvorgang mit den Insassen passierte. Vielleicht torkelte die Kugel unkontrollierbar herum und bearbeitete Menschen und Ausrüstung in ihrem Innern wie den Inhalt einer Waschmaschine. Die Kugel erreicht sicherlich die Oberfläche, aber ob wir die Fahrt überlebten, war fraglich.

Bei ein paar Einsätzen hatte »Alvin« den Punkt fast erreicht, an dem dieser Notausstieg erforderlich geworden wäre. Der schwerste Vorfall dieser Art hatte sich 1974 bei der Erkundung des Mittelatlantischen Rückens ereignet. Über vier Stunden lang war das Gerät in einer Felsspalte in 2700 Meter Wassertiefe eingeklemmt gewesen; überhängendes Lavagestein hatte die Druckkugel zudem am senkrechten Hochsteigen gehindert. Das Ende schien nah zu sein. Zum Glück befand sich die Spalte in einem verhältnismäßig frischen »glasartigen« Lavastrom, den man mit roher Gewalt Stück für Stück abbrechen konnte. Dem Piloten gelang es endlich, das Tauchboot vorwärts und rückwärts so oft anzustoßen, bis der Felsen abbrach und »Alvin« wieder frei kam.

Keiner von uns hatte jene Tauchfahrt mitgemacht, und ich verdrängte solche Gedanken, während wir uns auf den Meeresboden zu bewegten. Schon eine Minute nach dem Eintauchen in die See hatte das Tauchboot zu stampfen und zu schlingern aufgehört. Wir waren etwa 30 Meter tief gesunken, und das Tageslicht ging schnell in einer immer dunkleres Blau über, als das Tauchboot seine höchste Tauchgeschwindigkeit von 30 Meter in der Minute erreichte. Bei diesem Tempo dauerte es zweieinhalb Stunden, bis wir den Boden erreichten – ein friedlicher freier Fall in völliger Finsternis.

Im Innern unserer Raumkapsel war es immer noch warm und stickig, aber das eiskalte Wasser rings um uns kühlte den Rumpf aus einer Titanlegierung schnell ab, so daß es bald unangenehm kalt wurde, wenn man zu dicht an die Wand kam. Plötzlich tauchte vor meinem Fenster ein weißer Hai auf und betrachtete »Alvin« einen Augenblick stumm, bevor er wieder kehrtmachte. Das ungewöhnliche Geräusch und das Verhalten von Tauchbooten locken Haie oft kurz nach dem Eintauchen an. Zum Glück trennten uns ein paar Zentimeter Metall von ihnen.

Ich hätte gern gewußt, was Ralph jetzt dachte. Er war nicht sonderlich mitteilsam; durch sein etwas barsches Auftreten hielt er sich die meisten Leute vom Leibe. Wir hatten uns angefreundet, wie sich Menschen anfreunden, die viel zusammenarbeiten; damals war ich allerdings bei der Gruppe »Alvin« gewesen und hatte noch kein Konkurrenzunternehmen aufgemacht. Er hatte seinerzeit »JJ« den etwas abwertenden

Chefpilot Ralph Hollis spricht von Alvin aus per Unterwassertelefon mit *Atlantis II.*

Spitznamen vom »Depp im Schlepp« verliehen, der ursprünglich auf ANGUS gemünzt gewesen war.

Während Dudley ein paar Tests mit »Jason jr.« vornahm, steckte ich frische Kassetten in unsere Videorecorder. Die »Vier Jahreszeiten« von Vivaldi erklangen leise im Hintergrund. (Sobald wir unten angekommen waren und uns an die Arbeit machten, schalteten wir die Musik natürlich aus.) Normalerweise war »Alvin« nur mit einer einzigen Videokamera bestückt, die für Einsätze in besonders schwachem Licht konstruiert und so an der Bugspitze montiert war, daß der Pilot mit ihrer Hilfe sehen konnte, wohin er steuerte. Der dazugehörige Recorder im Gerätegestell hinter uns zeichnete auch die Gespräche in der Kugel auf.

Für diesen Taucheinsatz hatten wir in dem ohnehin knappen Raum noch drei weitere Videotapedecks untergebracht, und alle mußten ständig nachgeladen werden. Eines zeichnete auf, was die am Arm von »Alvin« befestigte Farbkamera lieferte; das waren unsere besten Videobilder. Da sich der Arm um ein paar Grad bewegen konnte, ließen sich damit auch Nahaufnahmen machen, wenn »Alvin« über das Deck der »Titanic« fuhr; auch »JJ« konnten wir so beim Einsatz außerhalb seiner Garage beaufsichtigen. Der Arm war außerdem noch mit einer Fotokamera, Strobescheinwerfern und

Probelauf der Hand-Videokamera, mit der im Tauchboot gefilmt wird.

Fernsehscheinwerfern bestückt, und das Ganze sah fast so aus wie der berühmte Vogel Bibo in der »Sesamstraße«. So wurde die Anlage auch bald genannt.

Ein zweites Tapedeck war mit der Colorvideokamera in »JJ« verbunden, und das dritte wurde von der nach unten gerichteten Schwarzweiß-SIT-Kamera gespeist, mit der wir das Wrack aus größerer Höhe überfahren und geeignete Landeplätze feststellen wollten.

Ralph saß als Pilot auf einem kleinen Hocker in der Mitte der Kugel und schaute durch das vordere Bullauge hinaus. Dudley und ich nahmen eine halb sitzende, halb liegende Position auf dem kleinen Deck von »Alvin« ein und sahen durch die Bullaugen auf der Backbord- bzw. Steuerbordseite. In den ersten Minuten der Tauchfahrt hatte sich jeder von uns in der Kugel häuslich eingerichtet, Decken und Kleider möglichst bequem hingelegt. Es war so eng, daß mir Ralph beim Steuern des Tauchboots oft auf den Knöchel trat. Manchmal streifte ich mit den Haaren die Instrumententafel über meinem Kopf, und wenn ich mich etwas bequemer hinlegen wollte, stießen mich die Kassettengeräte ins Kreuz. Wenn ich mit dem nur mit Strümpfen bekleideten Fuß zufällig an den Rumpf stieß, fühlte er sich sofort kalt und feucht an. In den vielen Stunden, die wir unter so unbequemen Bedingungen zubrachten, schliefen mir oft die Beine ein, und hin und wieder bekam ich auch einen Krampf in der Hüfte. In solchen Augenblicken war die Druckkugel mehr Folterkammer als Raumkapsel.

Das langsame, gleichmäßige Absinken auf den Boden wirkt einschläfernd. Drinnen wird es immer dunkler und immer kühler; nach einer knappen Viertelstunde, in einer Tiefe von 350 Meter, herrscht völlige Dunkelheit. Um Strom zu sparen, schalten wir die Außenlichter ab; die einzige Beleuchtung kommt dann von den drei kleinen rot-weißen Lampen innerhalb der Kugel. Nachdem wir einmal von einem Schwertfisch angegriffen worden waren, der mit seinem Schwert tatsächlich in der Nähe eines leuchtenden Fensters im Rumpf von »Alvin« steckengeblieben war, hatte ich gemerkt, daß selbst diese Innenbeleuchtung gelegentlich ausgeschaltet werden muß.

Diesmal hatten wir allerdings keine Zeit zur Beschaulichkeit. Fast von Anfang an plagten uns technische Störungen. Der 13. Juli war offenbar ein Unglückstag. Als erstes stellten wir fest, daß das Sektorensonar von »Alvin« (ursprünglich zur Minensuche entwickelt), nicht mehr funktionierte. Das kalte Seewasser oder der schnell steigende Wasserdruck hatten es außer Gefecht gesetzt. Ohne dieses Sonar waren wir blind; wir konnten nur ein paar Meter weit sehen und mußten uns auf unseren Navigator an der Oberfläche verlassen, der uns zum Ort der »Titanic« bringen sollte.

Ein paar Minuten später, in einer Tiefe von rund 600 Meter, durchliefen wir eine tiefe Streuzone; sie heißt so, weil sie auf dem Sonar als wolkiges, verschwommenes Gebilde erscheint. In Wirklichkeit besteht sie aus Tausenden und Abertausenden von kleinen Lebewesen, die sich tagsüber in dieser Tiefe aufhalten und nachts zur Nahrungssuche an die Oberfläche begeben. Viele leuchten von selbst; ihr kleiner Körper explodierte wie eine Feuerwerksrakete, wenn unsere Druckwelle ihnen zeigte, daß sich ein Eindringling näherte. Diese Tiere bilden 15 bis 20 Zentimeter lange Lichterketten. Anscheinend leuchten sie nacheinander auf, wenn sie Angst bekommen. Die Lichtblitze fangen an einem Ende an und laufen dann in Sekundenschnelle die Kette entlang. Als ich das zum ersten Mal sah, kam es mir vor wie ein winziger Personenzug, der nachts an einem vorbeifährt und von dem man nur die erleuchteten Fenster sieht.

Dieses Foto von der *Olympic* im Trockendock von Belfast gibt ungefähr den Anblick wieder, den die hoch aufragende stählerne Bordwand der *Titanic* auf dem Meeresgrund bot.

Als wir über 1500 Meter Wassertiefe erreicht hatten und schon fast eine Stunde unterwegs waren, wurde es im Tauchboot kalt, und wir zogen uns eine weitere Lage Kleidung an.

Die Feuchtigkeit aus der Atemluft hatte sich an der eiskalten Hülle niedergeschlagen und Wassertropfen gebildet, die von der Luke an der Innenwand herunterrannen und sich in der Bilge sammelten. Vor siebzehn Jahren, auf meiner ersten Tauchfahrt mit »Alvin«, hatte ich diese Tropfen zum ersten Mal gesehen und gemeint, das Tauchboot sei undicht. Der Pilot hatte nur gegrinst und dem nervösen Neuling erklärt, was sich da abspielte. Ich brauchte doch nur die Zunge herauszustrecken und einen Tropfen aufzufangen, dann wüßte ich gleich, daß das Wasser süß und nicht salzig war.

Mit den Jahren hatte ich auch gelernt, wie man gesund bleibt, wenn man so viel Zeit unter Wasser verbringt. Heute hatte ich mir eine Mütze vom Hockeyteam meiner Söhne aufgesetzt, um mir den Kopf warmzuhalten. Für alle Fälle hatte ich auch noch mehr zum Anziehen mitgebracht. Mit der Zeit hatte ich Übung darin bekommen, mich vom kalten Rumpf fernzuhalten. Wer häufig mit Tauchbooten in großen Tiefen fährt, muß mit Kopf- und Lungenerkrankungen rechnen; ich nehme immer eine Antihistamintablette, bevor ich auf Tauchfahrt gehe, damit Lungen und Nebenhöhlen frei bleiben.

Als wir zehn Minuten später 1800 Meter erreicht hatten, entdeckte Ralph, daß Salzwasser in die Batterien eindrang, die das Tauchboot und die Instrumente versorgten. Zuerst zeigte es sich auf unserer Instrumententafel als winziges Leck, als der Meerwasserspiegel in der Batteriewanne stieg, wurde aus dem Leck bald ein saftiger elektrischer Kurzschluß. Das Schutzöl, in dem die Batterien schwammen, wurde nach und nach durch Salzwasser verdrängt, das den Kurzschluß auslöste. Zum Glück haben wir für Notfälle eine Reservebatterie in der Kugel, so daß durch diesen Vorfall nur unser Einsatz, nicht jedoch unser Leben bedroht war. Wenn sich die Batterien allerdings über eine bestimmte Grenze hinaus entladen, gehen sie kaputt. In diesem Fall wäre unsere »Titanic«-Expedition 1986 schon zu Ende gewesen. Die Zeit auf dem Meeresboden war heute jedenfalls sehr kurz bemessen.

Die nächsten anderthalb Stunden vergingen ereignislos. Auf Vivaldi folgte Beethoven, und wir redeten wenig, während wir ruhig und stetig sanken. Drinnen war es jetzt sehr kalt, schon unter 10°C, und ich zog mir ein Wollhemd über meinen Rollkragenpullover.

Als wir uns dem Meeresboden näherten, schickte uns der Navigator oben auf der »Atlantis II« auf eine Art Zickzackkurs. Offenbar lieferten ihm seine Transponder keine eindeutigen Daten oder einer von ihnen funktionierte nicht richtig. Normalerweise hätte er uns geradewegs auf das Wrack zusteuern müssen. Aus seinen Anweisungen, die uns über das akustische Unterwassertelefon übermittelt wurden, ging hervor, daß er sich auch nicht mehr auskannte. Er dirigierte uns erst in eine, dann in eine andere Richtung.

Unser nach unten gerichtetes Echolot, das noch funktionsfähig war, gab uns den Meeresboden in 180 Meter Tiefe an; wir kamen ihm schnell näher. Wir hätten jetzt schon Gewichte abwerfen, null Auftrieb erreichen und dann mit eigener Kraft die restliche Strecke bis zum Meeresboden zurücklegen können. Aber als alter Könner wartete Ralph bis zur letzten Minute, sparte damit Energie und warf unsere Sinkgewichte erst 1,80 bis 3 Meter über Grund ab.

Wir waren angekommen. Leider wußten wir nicht wo.

Als wir den Rest der Strecke langsam mit eingeschalteten Außenscheinwerfern zurücklegten, tauchte die Schwärze des gleichförmigen Meeresbodens allmählich aus der dunkelgrünen Dämmerung auf. Daß wir unten waren, zeigte als erstes unser Schatten, den das Licht von »Alvin« verursachte und der immer schärfer wurde, je tiefer wir kamen. Wir starrten durch unsere Bullaugen und versuchten, irgendeinen Hinweis auf das Wrack zu finden. Keine »Titanic«, keine Trümmer, nur die sanften Schlammhügel, die aussahen wie eine Alm, wenn der Schnee alle unterscheidbaren Merkmale zugedeckt hat. Hier war ein Höcker, anderswo offenbar ein verschüttetes Tal. Vor dem Fenster rieselte leise der »Schnee« aus Unterwasserteilchen, die von der Strömung umhergetrieben wurden. Wenn das Sonar funktioniert hätte, hätte sich die »Titanic« als großer Fleck auf dem Bildschirm zeigen müssen und wäre dann auch leicht zu finden gewesen.

So dicht dran und doch so weit weg. Das Schiff lag irgendwo in unserer Nähe, vielleicht nur 12 Meter von uns entfernt. An Land ist das gar nichts, aber hier, in über dreitausend Meter Wassertiefe und einer Finsternis wie im Styx, sind ein paar Meter nicht viel anders als ein paar tausend Kilometer.

Dann ertönte der elende Warnsummer und zeigte an, daß der Kurzschluß in unseren Batterien eine kritische Grenze erreicht hatte. Ralph dachte schon an Rückkehr. Hier war ich, in einer Metallkugel eingeschlossen, auf allen vieren auf dem winzigen Deck von »Alvin« kauernd, und sah aus dem seitlichen Bullauge nichts als Schlamm, während wir in knapp 1 Meter Höhe über dem Boden schwebten. Dreizehn Jahre hatte ich gebraucht, um hierher zu kommen, und ausgerechnet jetzt hatte »Alvin«, dieses zuverlässigste meiner Werkzeuge, einen schlechten Tag.

Keiner von uns wollte aufgeben und mit leeren Händen zurückkehren, am allerwenigsten Ralph, dessen Stolz auf »Alvin« noch zusätzlich auf dem Spiel stand. Es blieb uns keine andere Wahl: Wir mußten raten, wo die »Titanic« lag, und uns blind dorthin auf den Weg machen. Der Schneesturm von kleinen Partikeln blies mit einer Geschwindigkeit von ½ bis ¾ Knoten aus Süd-Südost. Er hatte uns demnach von unserem geplanten Zielort nach Norden abgetrieben. Nach kurzer Diskussion schlugen wir den Weg nach Süden ein. »Alvin« berührte mit seiner einzigen Kufe sanft den Boden wie ein einbeiniger Skiläufer, der im Neuschnee fährt, und hinterließ eine einsame Spur. Diese Kufe sorgt dafür, daß sich der Boden des Tauchboots nicht in den Schlamm eingräbt und dann eine große Sedimentwolke aufwirbelt.

Das Warnsignal wurde immer lauter und schriller; unsere Spannung im Tauchboot stieg. Ralph wollte schon aufgeben, als sich unser Navigator von oben meldete: »›Alvin‹, hier ›A II‹. Zielgerät funktioniert wieder. ›Titanic‹ etwa 50 m westlich von eurer jetzigen Position.« Wir hatten richtig geraten und das Schiff nur knapp verfehlt. Wir fuhren seitlich versetzt an ihm entlang.

Ralph wendete »Alvin« nach Westen, und wir guckten uns fast die Augen aus dem Kopf. Plötzlich sah der Boden seltsam aus: Obwohl keine Trümmer zu sehen waren, stieg er so steil an, daß es sich nicht um eine natürliche Unterwasserlandschaft handeln konnte. Es sah eher so aus, als sei dieser Berg aus Schlamm und kleinen Dämmen mit der Planierraupe aufgeworfen worden. Mein Herz schlug schneller.

»Ralph«, sagte ich, »etwas mehr nach rechts. Ich glaube, ich sehe eine schwarze Wand gleich hinter diesem Schlammhügel.« Ralph bewegte »Alvin« zentimeterweise voran, bis er vor einem Anblick hielt, wie er ihn auf vielen hundert Tieftauchfahrten nicht gesehen hatte: Unmittelbar vor uns ragte eine scheinbare endlose schwarze Stahlplatte aus dem Boden, der massive Rumpf der »Titanic«. Ich mußte an Edmund Hillary auf dem Gipfel des Mount Everest oder an irgendeinen Weltraumreisenden der Zukunft denken, der über den Rand des bekannten Universums hinausspäht. Langsam atmete ich wieder aus; ich hatte gar nicht gemerkt, daß ich die Luft angehalten hatte.

Kaum hatte ich Ralph endlich dazu gebracht, mich auch einmal durchs vordere Bullauge schauen zu lassen, als er die Gewichte von »Alvin« abwarf und wir rasch aufstiegen. Bald hatten wir unsere höchste Steiggeschwindigkeit von 3 Meter in der Minute erreicht. Ich hatte die »Titanic« zwar gesehen, aber nicht einmal so lange, daß ich genau feststellen konnte, in welchem Bugbereich wir gelandet waren. Wenn wir morgen wieder tauchen wollten, mußten wir schnellstens an Bord zurück und alle unsere Gebresten beheben. Gott sei Dank hatte Ralph den ohrenbetäubenden Summton ausgeschaltet.

Während wir wieder der Wärme und dem Licht zustrebten, dachte ich über die vergangenen dreizehn Jahre nach, von denen ich im Durchschnitt jährlich vier Monate auf See verbracht hatte. Zahllose Stunden hatte ich auf allen Vieren in den Tiefen des dunklen Ozeans gearbeitet. Ich war bei aufregenden Entdeckungen dabei gewesen, die wir »Alvin« und der französischen »Cyana« verdankten, dem zweiten bemannten Rekordtauchboot auf der Welt. Aber oft war die Taucharbeit auch frustrierend und ereignislos gewesen. Nicht einmal zwei Minuten hatten wir den hochragenden Rumpf der »Titanic« gesehen. Mehr war bei sechs Stunden Arbeit

Nach dem ersten, verkürzten Tauchgang klettern wir frierend aus dem Tauchboot.

nicht herausgekommen. Ich überlegte mir, wie lange die Reparaturen wohl dauerten und ob wir sie überhaupt schaffen würden. Und wenn das Wetter umschlug? Sollte das mein einziger Blick auf »Titanic« gewesen sein? War ich nur deswegen so weit gereist? Ich hätte die trüben Gedanken gern verscheucht, aber sie ließen mich nicht los.

Beim Auftauchen spielen wir normalerweise auf unserer Stereoanlage Rockmusik, und die Besatzung macht Witze und entspannt sich nach getaner Arbeit. Heute war es anders. Die nächsten zwei Stunden verbrachten wir fast stumm und dachten über unser Scheitern nach.

Ich war immer noch verärgert, als ich aus dem Tauchboot stieg und die wartende Menge auf der Heckplattform der »Atlantis II« sah. Auf die Frage, wie es gegangen war, konnte ich nur sagen: »Ich habe das Schiff etwa zehn Sekunden gese-

Das JJ-Team bei der Arbeit: Emile Bergeron, Chris von Alt, Martin Bowen und Brent Miller (von links)

hen. Die Crew muß die Nacht durcharbeiten. Wir haben einen Patienten, und der muß morgen wieder fit sein.« Bei solchen Gelegenheiten wünschte ich mir, daß Jean-Louis dagewesen wäre; wir hatten Enttäuschungen und Triumphe miteinander geteilt und oft unser Elend gemeinsam getragen.

Dieses Jahr führte ich das Kommando über ein Schiff und eine Besatzung von fünfzig Männern und Frauen, die für unseren Einsatz ideal geeignet waren. Die »Atlantis II« ist etwas kleiner als die »Knorr« und hat auch kein so raffiniertes Antriebssystem. Sie ist eher ein Brauereigaul als ein hochgezüchtetes Rennpferd, und genau den brauchten wir 1986.

Die Mannschaft, zu der auch ein paar bekannte Gesichter von der Expedition 1985 gehörten, bestand hauptsächlich aus Mitarbeitern des Tieftauchlabors. Zu diesen engeren »Familienmitgliedern« kamen ein paar Fachleute aus der Industrie, die mit uns zusammen das »Argo/Jason«-System entwickelten.

Den Kern des Team 1986 bildeten Chris von Alt, das jüngste Wunderkind im Tieftauchlaboratorium und die treibende Kraft hinter »Jason jr.«. Chris fühlte sich auf See und im Labor gleich wohl; er wußte alles, konnte alles – ein Ingenieur, der vor keiner noch so anspruchsvollen Aufgabe zurückschreckte. Er war für diese Fahrt der richtige Mann.

Chris arbeitete mit einem kleinen Team hauptsächlich aus Mitgliedern der Gruppe »Argo« zusammen, darunter auch

Martin Bowen, unserem Fachmann in der Bedienung ferngesteuerter Fahrzeuge sowie dem ausgezeichneten Techniker Emile Bergeron. Als wir vor Ort ankamen, hatten wir unseren neuen Roboter noch nie in den Tiefen des Ozeans erprobt und wußten nicht einmal, ob er dem Druck von über 400 Kilogramm pro Quadratzentimeter dort unten standhielt. Doch grundsätzlich waren wir eigentlich davon überzeugt, daß es »JJ« schaffen mußte.

Auch das ANGUS-Team war an Bord, diesmal allerdings eher in Nebenrollen eingesetzt. Jede Nacht, während der größte Teil der Mannschaft schlief, mußten Earl Young, Tom Crook und Tom Dettweiler ANGUS systematisch über das Trümmerfeld und das Achterschiff der »Titanic« hin- und herfahren, weil wir diese Stellen im letzten Jahr nicht hatten besichtigen können. Während »Alvin« zum Bug des Schiffwracks tauchte, bereitete ANGUS den Weg für künftige Tauchfahrten zum Heck vor.

Ehrenmitglieder des ANGUS-Teams 1986 waren Bill Lange und Dr. Elazar »Al« Uchupi. Lange hatte 1985 bei der Entdeckung im Leitstand gesessen und als einer der ersten den Einenderkessel der »Titanic« erblickt. Zur Vorbereitung der diesjährigen Fahrt hatte er mit Al Uchupi gemeinsam alle Bilder durchgesehen, die mit ANGUS und »Argo« 1985 aufgenommen worden waren. Gegen Ende des Sommers waren Al und Bill zu »Titanic«-Experten geworden, und ich wollte sie bei der Expedition 1986 beide dabei haben, damit sie die vielen Bilder prüfen konnten, die wir vom Meeresgrund mitbrachten.

Al Uchupis zwanzig Jahre praktische Einsatzerfahrung machten ihn für mich zum besten Meeresgeomorphologen der Welt; er kannte alle Varianten der Landschaften unter Wasser, von kleinen Wellenmarkierungen bis zu Erdrutschen. Außerdem hatte er ein fotografisches Gedächtnis, das uns sehr zustatten kam, wenn wir Tausende von Fotos und viele tausend Meter Videoband durchsehen mußten. Da Jean-Louis nicht hatte mitkommen können, war Al diesmal mein zweites Ich. Auf seine Zuverlässigkeit und sein Können war absolut Verlaß.

Al Uchupi und Dudley Foster beim Gespräch im Labor, von wo aus Alvin ferngesteuert zum Wrack gelenkt wird – hoffen wir jedenfalls.

Die »Alvin«-Mannschaft arbeitete die ganze Nacht, um das Tauchboot wieder herzurichten; auf See ist so etwas mit Schwierigkeiten verbunden. Einen der schweren Batteriesätze von »Alvin« auszutauschen, war schon unter idealen Arbeitsbedingungen gefährlich und schwierig. Zum Glück hielt das Wetter, das Meer blieb ruhig, und ich gewann die Überzeugung, daß ich doch nicht mit leeren Händen zurückkehren mußte. Außerdem wollte Ralph in seinem Wettstreit mit »Argo/Jason« nicht gern unterliegen.

Über Nacht vergewisserte sich die Mannschaft von »Jason jr.«, ob ihr Zögling seinen ersten Tieftauchversuch gut überstanden hatte. Bevor sie ihn zum nächsten Start freigab, mußte sie in letzter Minute doch noch das eine oder andere korrigieren. Aber am Morgen waren alle Systeme einssatzbereit.

Im Nordatlantik war es noch verhältnismäßig ruhig, doch der Himmel war bedeckt und grau. Auf der heutigen Tauchfahrt war Ralph Hollis wiederum unser Pilot. Außerdem kam Martin Bowen mit, um den ersten Tiefseeinsatz von »JJ« zu bewerkstelligen. Martin hatte nicht vergessen, welche Rolle er letztes Jahr gespielt hatte, als uns »Argo« beinahe verlorengegangen wäre. Er war fest entschlossen, aus »JJ« den Star der Expedition 1986 zu machen.

Unser Tauchplan war mit dem gestrigen Vorhaben fast identisch: Sobald wir den Boden erreicht hatten, mußten wir die »Titanic« mit dem Sonar erfassen, uns dann bis auf Sichtweite an sie heranarbeiten, am Rumpf aufsteigen und dabei darauf achten, daß wir an überhängenden Wrackteilen gut vorbeikamen, und schließlich mit unserer abwärtsgerichteten »Argo«-Kamera einen detaillierten Überblick über das Schiff gewinnen. Wenn alles gut ging, konnten wir uns dann einen Landeplatz suchen, landen und versuchen, »JJ« auszusetzen.

Bei meinen Vorbereitungen für die Expedition 1986 hatte ich mir auch die Fotos genau angesehen, die wir mit ANGUS 1985 aufgenommen hatten, und wie Mosaiksteinchen eine Reihe von möglichen Landeplätzen auf dem Wrack ausgesucht. Am besten kam mir eine Stelle in der Nähe des Eingangs zur großen vorderen Freitreppe vor. (Eine ähnliche, mit Glas überdachte Treppe, doch nicht ganz so großartig, hatte es auch zwischen dem dritten und dem vierten Schornstein gegeben. Soweit wir hatten feststellen können, war dieser Teil des Schiffs jetzt völlig zerstört.) Die vordere Treppe hatte mich seit je fasziniert, nicht nur, weil sie den Luxus des Schiffs zu verkörpern schien, sondern weil ich auf diesem Weg tief in die 1. Klasse-Abteile eindringen konnte. Zum Glück war es offenbar auch der sicherste unter allen in Frage kommenden Landeplätzen, eine große, ebene Decksfläche, die sich zwischen der Öffnung für den ersten Schornstein und der Öffnung für die Treppe erstreckte. Das Dach über dem hinteren Teil der Offiziersquartiere war noch intakt und eines der höchsten Decks auf dem Schiff. Der Schornstein war weg, damit auch die Spanntrossen, an denen unser Fahrzeug sonst hätte hängenbleiben können; es fehlte auch ein Belüftungsschacht, der früher über das Deck verlaufen war. Die elegante Glaskuppel, mit der die Treppe früher überdacht gewesen war, hatte den Fall auf den Meeresboden nicht überstanden. Der Zutritt für »JJ« war also einfach. Am Backbord- und Steuerbordrand des Decks waren noch Bruchstücke der Reling übriggeblieben, aber an ihnen kam man leicht vorbei. Insgesamt sah es so aus, als habe dort unten jemand mit der Planierraupe einen Landestreifen für unseren Tauchhubschrauber freigemacht. Als zweiter Landeplatz kam eine Stelle auf dem Bootsdeck vorn neben der Brücke in Frage, etwa dort, wo einmal das Steuerhaus gestanden hatte. Doch von diesem Stück hatte uns ANGUS keine eindeutigen Bilder geliefert. Was wir sahen, stimmte nicht ganz mit alten Zeichnungen und Fotos überein. Die Backbord- und Steuerbordschotten waren knapp hinter der Brücke herausgefallen, auch die Schotten im Bereich der Kapitänskajüte, und das Dach war eingedrückt, als habe ein Riese mit der Faust draufgeschlagen. Der vordere Mast mit dem Ausguck war am Fuß zwar umgeknickt, aber immer noch auf dem Vorschiffsdeck befestigt; er war nach vorn gefallen und auf der Backbordseite der Brücke gelandet. Dieser Schlag reichte zur Erklärung der Zerstörungen allerdings nicht aus. Ein sonderbarer Gegenstand oben auf dem Steuerhaus sah aus wie ein modernes Funkpeilgerät, doch solche Antennen gab es 1912 noch nicht.

Als dritter Landeplatz kam für uns auch das ausgedehnte Vordeck der »Titanic« bei der Öffnung der Luke 1 in Frage. Nach unseren Aufnahmen von 1985 standen alle drei vor der Brücke liegenden Luken offen und waren theoretisch geeignete Zugänge für »JJ«, wenn wir mit unserem Tauchboot zur Landung nah genug herankamen. Zwei dieser Luken befanden sich allerdings unten auf dem Welldeck, das sich zwischen Vorschiff und Brücke erstreckt; diese Gegend sah nicht einladend aus. Nicht nur lag der vordere Mast darauf, sondern viel zu viele gefährlich aussehende Stahltrossen verbanden ihn immer noch mit dem Schiff. Bei unserem haarsträubenden Versuch, letztes Jahr so nah heranzukommen, daß wir scharfe Aufnahmen machen konnten, hatten wir ANGUS zufällig fast unter dem Mast hindurch geschickt und dabei sogar den Mastkorb gestreift. Wenn sich »Alvin« in diesen Trossen verfing, konnte es das Ende unserer Fahrt bedeuten.

Obwohl das Wetter oben schlechter wurde, eine Sturmfront aufzog und die See höher ging, verlief der Start einwandfrei. Wieder fing der Ärger erst an, als wir im Sinken begriffen waren. Diesmal war »JJ« schuld: Wasser war in seine Motoren gelangt und hatte sie lahmgelegt. Martin, der sich schon auf seinen ersten Tauchgang gefreut hatte, teilte meinen Zorn.

Ich konnte den Einsatz hier abblasen, zum Schiff zurückkehren, die Motoren reparieren lassen und wieder tauchen. Aber damit wäre uns noch weniger Zeit am Wrack geblieben. Ralph bestand darauf, daß wir uns genau an die »Alvin«-Vorschriften hielten und den Meeresboden jeden Tag spätestens um 15 Uhr verließen, egal was geschah, damit die Mannschaft rechtzeitig zum Essen wieder an Bord war. Den tieferen Grund für diese Vorschriften sah ich zwar ein – eine regelmäßige Arbeitseinteilung mußte eingehalten werden (»Alvin« unternimmt schließlich durchschnittlich 150 bis 160 Tauchfahrten im Jahr) –, aber ein bißchen Spielraum hätte ich angesichts unserer historischen Fahrt doch sehr begrüßt. Es war zum Verzweifeln, aber ich hielt den Mund. Insgeheim verfluchte ich mehr als einmal diese Sturheit, die uns verwehrte, länger unten zu bleiben, wenn wir gerade etwas Interessantes aufgespürt hatten.

Ich ließ den Tauchgang fortsetzen und hoffte, daß wir von weiteren Pannen verschont blieben. Auch ohne »JJ« konnte man vieles anfangen. Der arme Martin mußte eben zuschauen. Bald sanken wir durch pechschwarze Dunkelheit auf den Meeresboden hinab. Unten war alles fast wieder wie am Vortag. Das Minensuchsonar von »Alvin« blinkte, und wir hatten auch wieder einen Masseschluß in der Elektrik. Etwas anders war es aber doch: Trotz des Masseschlusses gab es keine Anzeichen von Lecks, und die Zielverfolgung von der »Atlantis II« schien gut zu funktionieren. Von oben kam eine Meldung: »Zielpeilung 180°.«

Unser zweiter Eindruck von der »Titanic« war atemberaubend. Als wir geräuschlos auf unserer Kufe über den Boden glitten, tauchte plötzlich aus der Dunkelheit vor uns wie ein Rasiermesser der Steven auf; das große Schiff stand turmhoch vor uns, schien auf uns zuzufahren und »Alvin« umzurennen. Instinktiv wollte ich ausweichen, aber die »Titanic« fuhr ja gar nicht. Langsam brachte Ralph das Tauchboot immer näher heran, bis wir den Bug deutlicher erkennen konnten. Er steckte über 18 Meter tief im Schlammboden. Beide Anker hingen noch an ihrer Stelle, der Backbordanker etwa 1,80 Meter über dem Boden, der Steuerbordanker gerade auf dem

Schlammboden aufliegend. Ich mußte lachen. Wer je daran gedacht hatte, das Wrack zu bergen, hatte Pech gehabt: Die »Titanic« steckte viel zu tief im Dreck, als daß man sie hätte herausziehen können.

Als wir näher herankamen, schien der Metallrumpf vor uns zu zerfließen. Rostströme bedeckten die Seiten des Schiffs; manche ergossen sich über die freiliegenden senkrechten Rumpfbleche bis auf das Bodensediment, wo sie große Teiche von 10 bis 12 Meter Durchmesser gebildet hatten, die mit einer rötlich-gelben Kruste bedeckt waren. Das Blut des großen Schiffs hatte sich in Lachen auf dem Meeresboden verströmt.

Als wir langsam an der geisterhaften Backbordseite des Bugs emporstiegen, spiegelten sich unsere Scheinwerfer im immer noch intakten Glas der Bullaugen, so daß es aussah, als leuchteten Katzenaugen im Dunkeln. Der Rost darüber bildete Wimpern, manchmal auch Tränen, als müsse die »Titanic« über ihr Schicksal weinen. In der Nähe der weitgehend unversehrten oberen Reling hingen rotbraune Roststalaktiten meterlang hinab wie große, nadelspitze Eiszapfen. Diese Erscheinung, für die eisenfressende Bakterien verantwortlich sind, war zwar schon vorher bekannt gewesen, aber in diesem Maßstab hatte man sie noch beobachten können. Ich nannte die Gebilde später »Rostzapfen«, und der Name hat sich offenbar durchgesetzt.

Diese Rostgebilde erwiesen sich als sehr zerbrechlich. Wenn »Alvin« daran stieß oder der Schub von einer unserer Schrauben sie traf, lösten sie sich in einer Rauchwolke auf. Sobald diese Schaumkruste entfernt war, schien der darunterliegende Stahl fast völlig erhalten zu sein; er wies nur kleine Korrosionslöcher auf. Einen Augenblick überlegte ich, was wohl passierte, wenn man mit einer Stahlbürste den Rumpf und das Schiff wieder bis zum Urzustand polierte. Aber ich hatte mir geschworen, hier unten nichts zu stören.

Sorgfältig zählte ich die Bullaugen hinter dem Anker, um die Stelle zu finden, an der der Schiffsname stehen mußte, konnte aber nichts sehen. Hätte ich den Rost entfernen können, wären die Buchstaben wahrscheinlich zu erkennen gewesen, da sie etwas in den Rumpf eingeschnitten und zusätzlich noch lackiert worden waren. Auf einigen unserer Videobänder sahen wir später ganz schwach so etwas wie den Umriß eines »C« auf der Backbordseite des Bugs. Auf den Fotos war es jedoch nicht festzustellen.

»Alvin« stieg weiter auf, an der Reling vorbei und nach vorn bis zur ersten Luke; Ralph manövrierte uns über das mächtige Vordeck der »Titanic«. Die schiere Größe der ganzen Anlage überwältigte mich. Riesige Poller, die gewaltigen Verbindungsglieder der Ankerketten und noch größere, glänzende, mit Bronze verkleidete Spills: An Ort und Stelle nahm sich alles wahrhaft titanisch aus. Vorher war das Schiff für mich eher geisterhaft, weit weg und körperlos gewesen. Jetzt war es auf einmal ganz nah, höchst wirklich, überwältigend.

Wie stets bei der Arbeit, sprachen wir im Tauchboot nur das, was gerade mit dem Einsatz zu tun hatte. Martin, noch immer über den Ausfall von »JJ« erbost, sah stumm und gespannt aus dem Backbordfenster. Es blieb ihm nichts übrig, als zuzuschauen und an morgen zu denken. Ich fotografierte emsig durch das Steuerbordbullauge und gab Ralph Kursanweisungen.

Ich verrenkte mir fast den Hals, um die hölzerne Decksbeplankung knapp 1,20 Meter unter uns zu sehen. Dann sank mir das Herz; sie war verschwunden. Bis auf ein paar winzige Reste war das Holz durch Tausende und Abertausende kleiner, weißer, hohler Kalkröhren von 2,5 bis 5 Zentimeter Länge ersetzt worden, den schützenden Gehäusen längst abgestorbener holzbohrender Mollusken. Damit war unsere Hoffnung dahin, vom Holz der »Titanic« noch viel intakt und trotz der Jahre unverändert schön anzutreffen. Myriaden kleiner Würmer hatten mehr Schaden angerichtet als der Eisberg und mehr zerstört als das salzige Meerwasser.

Jetzt wußte ich, welche Illusionen wir uns nach den Filmaufnahmen vom letzten Jahr gemacht hatten. Was auf unseren ANGUS-Fotos wie Decksplanken ausgesehen hatte, waren in Wirklichkeit die dünnen Streifen aus Harz und Dichtungsmaterial gewesen, die ursprünglich zwischen den Planken gelegen hatten. Sie waren übriggeblieben und hatten eine Art

Laminatstruktur erzeugt, während das Holz praktisch ganz verschwunden war. Ich überlegte mir, ob uns das eiserne Unterdeck wohl aushielt, wenn »Alvin« seine erste Landung machte.

»Alvin« überquerte gerade eines der großen Spills mit den Bronzekappen und landete dann auf der Steuerbordseite des Decks vor dem Mast der »Titanic«. Wir hatten größte Angst, daß vielleicht das Deck das Gewicht von »Alvin« nicht trug, sobald wir genug Ballast abgepumpt hatten und ruhig standen. Als sich das Tauchboot absenkte, gab es dumpfes, knarrendes Geräusch. Wenn das Stahlblech jetzt durchbrach, sausten wir unter Deck, ehe Ralph Zeit hatte, unsere Gewichte abzuwerfen. Damit wäre bestenfalls die heutige Tauchfahrt zu Ende, aber schlimmstenfalls säßen wir in einem zusammenbrechenden Wrack in der Falle. Doch wir ruhten auf festem Boden. Es bestand also Aussicht, daß die »Titanic« auch auf künftigen Landeplätzen unser Gewicht tragen konnte.

Nachdem wir die Festigkeit des Decks ausprobiert hatten, hoben wir vorsichtig wieder ab, drehten achtern in den »Wind« und bewegten uns auf der Steuerbordseite zwischen der Schiffsmitte und der Reling. Die Reling des Vorschiffs war auf der Steuerbordseite noch bemerkenswert gut erhalten und von Rostzapfen kaum verunstaltet. Die über das Deck ziehende Bodenströmung war mit ½ bis ¾Knoten fast so stark wie am Vortag. Die Schwebstoffteilchen im Wasser wehten uns ins Gesicht; ich schaltete deshalb unsere nach unten gerichtete »Argo«-Kamera ein und erfaßte gerade noch eine Panoramaaufnahme vom Welldeck, das ein paar Meter tiefer unter uns vorbeizog. Ich konnte ein Gewirr von Trossen und die vorderen Lastkräne sehen; die Ausleger waren kurz hinter dem Anlenkpunkt abgebrochen. Hier konnte man eine Landung mit »Alvin« nicht riskieren.

Ralph machte sich Sorgen. »Die Strömung ist stark, und ich kann in dem Dunst nichts sehen.«

»Wir liegen richtig«, versicherte ich ihm und hielt die Augen fest auf den Monitor gerichtet. »Die Brücke muß direkt vor uns sein. Bleib auf deinem Kurs.«

Als wir die großen Kräne im hinteren Teil des Welldecks überquerten, sah ich, daß sie noch erstaunlich gut erhalten waren, viel besser als die, die wir auf den ANGUS-Bildern vom Trümmerfeld gesehen hatten. Dann tauchte der dunkle Umriß der Schiffsaufbauten vor uns auf und erhob sich in drei großen Stufen bis zur Brücke: erst das B-Deck, dann das A-Deck, dann das vordere Bootsdeck, die Stelle der Brücke und die Offiziersquartiere. Als der Umriß des Brückenbereichs vage zu erkennen war, ging mir auf, warum auf den Filmen von ANGUS dieser Teil des Schiffs letztes Jahr so verwirrend ausgesehen hatte. Das hölzerne Steuerhaus war völlig verschwunden, wahrscheinlich beim Untergang zerstört worden. Bis auf ein paar Teakholzstreifen auf dem Bootsdeck, die andeuteten, wo es gestanden hatte, gab es von diesem Teil keine Spur mehr. Was ich vorher für eine seltsame Funkantenne gehalten hatte, war in Wirklichkeit das Messinggehäuse der Fernsteuerung, an der einmal das Ruder befestigt gewesen war. Das hölzerne Ruderrad war verschwunden, doch der riesige Messingständer war unversehrt geblieben; die Strömung hatte ihn im Lauf der Zeit auf Hochglanz poliert. Ein paar Leitungen und der Anzeigepfeil waren auch noch vorhanden.

Wir landeten kurz, um die Festigkeit dieses zweiten Platzes zu testen. Dann meldete Ralph nach oben, daß sich in einem unserer Batterietanks offenbar ein neues Leck entwickelte. Das erste hatte er kurz vorher beobachtet. Über die akustische Sprechverbindung unterhält man sich ähnlich gut wie in einem Brunnenschacht. Der Ton verhallt, und das Ende des letzten Satzes nach oben schallt etwa gleichzeitig mit der Antwort wieder zurück. Während ich dieses Gespräch mit anhörte, das mit jemand geführt wurde, der sich fast vier Kilometer über uns befand, überlegte ich mir, wieviel Zeit uns wohl heute blieb. Es gab noch so vieles zu sehen. Die Einsatzleitung oben billigte uns noch fünfzehn bis zwanzig Minuten zu.

»Ralph, wir sollten hier abheben und dann direkt auf die Öffnung der großen Freitreppe zusteuern.«

Ich dirigierte ihn nach oben und achtern. Mit einer Druckwelle seiner Schraube wirbelte »Alvin« Sediment vom Boden des Steuerhauses auf; vorübergehend waren wir von einer

Staubwolke eingehüllt. Bald kamen wir in klarere Gewässer, als die Strömung die Wolke zum Bug hin trieb. Wieder schaltete ich die nach unten gerichtete Videokamera ein und bekam damit ein gutes Schwarzweißbild vom Schiff unter uns, während »Alvin« an dem gähnenden Loch vorbeifuhr, wo einmal der erste Schornstein gestanden hatte. Von diesem massiven Teil waren nur noch ein paar zerfetzte Metallstücke übrig, die sich etwa 2,50 Meter über Deck erhoben. Eigentlich hatte ich mir gewünscht, daß die Schornsteine noch standen; der Rumpf hätte viel würdiger ausgesehen. Daß sie nicht mehr da waren und mit ihnen auch die zahlreichen Stahltrossen verschwunden waren, machte allerdings das Manövrieren über dem Schiff wesentlich sicherer. Martin und ich konnten unsere Aufregung kaum bezähmen, als vom Schiff unter uns immer mehr zu sehen war.

Wir überquerten rasch das Deck hinter der Schornsteinöffnung und kamen zur Aussparung für die große Freitreppe.

»Das ist ja riesig«, meinte Ralph. »Wir brauchen ›JJ‹ nicht; durch diese Öffnung bekomme ich auch ›Alvin‹ hinein.«

Er meinte es halb im Spaß und halb ernst, aber ich reagierte nicht. »Schon gut, Ralph, aber ich glaube, wir halten uns an unseren Plan, landen mit ›Alvin‹ auf dem Deck und lassen ›JJ‹ allein durch das Loch hinunter, ohne uns.« Das blieb jedoch einem späteren Tauchversuch und einem intakten Roboter vorbehalten. Heute wollte ich erst noch die Besichtigungstour fortsetzen.

»Alvin« zog weiter nach Westen, von der Backbordseite des Schiffs weg, und das Bootsdeck versank hinter uns in der Finsternis. Auf meinen Wunsch drehte Ralph unser Tauchboot herum, ging tiefer und kam auf Fensterhöhe des A-Decks an der innenliegenden Promenade für die 1. Klasse an. Bei diesem Manöver diente der Schiffsrumpf als »Windschutz«, so daß uns die Strömung nicht traf. Bei starker Strömung war die Backbordseite eindeutig der beste Einsatzort.

Vom überstehenden A-Deck hingen riesige Rostzapfen herab. Zum Teil verdeckten sie die kleineren Fenster zu den darunterliegenden Wohnkabinen auf dem B-Deck. Als ich gebannt durch mein Bullauge blickte, konnte ich mir gut vorstellen, wie Menschen auf diesem Promenadendeck spazierengegangen waren und aus den Fenstern gesehen hatten, in die ich jetzt hineinschaute. Entweder fehlte die äußere Verglasung oder die Fenster waren zur besseren Sicht heruntergekurbelt gewesen, denn ich konnte bis auf die Innenfenster an der Innenbordseite der umschlossenen Promenade sehen, in denen sich die Scheinwerfer von »Alvin« spiegelten. Es war ein unwirklicher Effekt, als sei in der 1. Klasse des Schiffs eine Party im Gang und die Lichter schienen durch die geschlossenen Fenster hinaus.

Hier befand ich mich auf dem Meeresboden und betrachtete erkennbare, von Menschen gefertige Gegenstände, die für eine andere Welt entworfen und gebaut worden waren. Ich sah in Fenster, aus denen einst Menschen herausgeblickt hatten, auf Decks, auf denen sie gegangen waren, auf Räume, in denen sie geschlafen, gescherzt und einander geliebt hatten. Es war wie eine Landung auf der Marsoberfläche, bei der man auf die Überreste einer alten, der unseren ähnlichen Zivilisation gestoßen wäre, eine live erlebte Episode aus »The Twilight Zone«.

Ralph steuerte »Alvin« wieder zum Bootsdeck zurück. Plötzlich erzitterte das Tauchboot, es gab einen Schlag, und eine Rostkaskade bedeckte unsere Bullaugen.

»Ralph, wir sind irgendwo angestoßen!« rief ich aus. »Wo hängt's?«

»Weiß ich nicht«, erwiderte der Pilot. »Wir dürften eigentlich an keinem Überhang festsitzen. Ich gehe zurück.«

Nicht wahrgenommene Überhänge sind der Alptraum jedes Piloten in einem Tauchboot. Vorsichtig manövrierte uns Ralph aus dem Rumpf zurück und wieder nach oben. Knapp vor unserem vorderen Bullauge zog ein riesiger Block vorbei. An den waren wir gestoßen. Er hing an einem der langen, gekrümmten Davits der »Titanic«, die auf Deck gefallen waren und jetzt über die Seite hinausragten. Dieser hier war der achtere Davit von Rettungsboot 8 – ein Anblick, der auch das Herz des unerschütterlichsten Entdeckers hätte erzittern lassen. Boot 8 war das Rettungsboot gewesen, in das Ida Straus nicht hatte einsteigen wollen, das Boot, das die zähe Gräfin

Isidor und Ida Straus

Rothes fast die ganze Nacht hindurch gesteuert hatte. Plötzlich sah es so aus, als sei das Bootsdeck voller Passagiere, als ertöne der Ruf: »Frauen und Kinder zuerst!«

Wir stiegen weiter und steuerten noch einmal nach achtern, um das abgetrennte Ende des Bugteils zu suchen. Knapp hinter der Öffnung des zweiten Schornsteins fiel das Deck steil ab; Ralph versuchte, ihm nachzufahren und überquerte dabei schräg die Steuerbordseite des Schiffs. Da wurde unser Tauchboot von der vollen Kraft der Strömung getroffen, und Ralph hatte Mühe, »Alvin« mit der Nase im Strom zu halten. Als wir uns südwärts in die Strömung drehten, gefiel mir der Blick aus meinem Steuerbordbullauge gar nicht. Die schlanken Linien des Schiffs lösten sich in einem Mahlstrom verbogener und zerrissener Stahlbleche, umgedrehter Bullaugen und durcheinandergewirbelter Wrackteile auf, die in unsere Richtung wiesen und uns so nahe waren, daß wir Angst hatten, sie könnten »Alvin« ins rechte Auge stechen.

»Scharf links! Ich habe Wrackteile direkt vor meinem Bullauge, und wir kommen näher. Scharf links!« Vor solchen Augenblicken haben alle Tiefseetaucher in Tauchbooten die größte Angst.

»In der Strömung kann ich nicht wenden!« erwiderte Ralph.

»Dann steig auf. Wir müssen von hier verschwinden, es ist zu gefährlich. Fahr weiter geradeaus, bis wir am Riß vorbei sind. Dann müssen wir an der Steuerbordseite entlang bis zum Bug weiter.«

Für Martin war es wahrscheinlich noch schlimmer, denn er saß fest am linken Bullauge und konnte die Gefahr gar nicht erkennen. Er sprach kein Wort, aber die Spannung hatte ihn sicherlich auch gepackt; dabei hatte er die ganze Zeit nur zuschauen und abwarten können.

Wieder machte »Alvin« Schwierigkeiten, Ralph meinte, wir dächten jetzt besser ans Heimfahren. Wir waren knapp zweieinhalb Stunden auf dem Meeresboden gewesen. Die Einsatzleitung von oben teilte uns mit, daß das Wetter zusehends schlechter wurde. Mit jeder Minute, die wir noch warteten, erschwerten wir die Bergung von »Alvin«. Doch jetzt, da ich das Schiff endlich gefunden hatte, wollte ich bis zur allerletzten Minute unten bleiben.

Widerwillig erklärte sich Ralph bereit, in größerer Höhe noch ein paar Übergänge zwischen dem Riß mittschiffs und dem Bug zu fahren, damit ich mir überlegen konnte, wo wir morgen landen wollten, wenn wir die ersten Besichtigungsfahrten mit »JJ« unternahmen. Wir sprachen kaum etwas, als wir den leblosen Rumpf mehrmals der Länge nach abfuhren.

Plötzlich ertönte das entsetzliche Warnsignal wieder; der Masseschluß der Batterien verschlimmerte sich offenbar immer mehr. Dann kam auch noch die Einsatzleitung dazu und erklärte uns, das Wetter oben werde noch schlechter. Unsere Zeit war um. Ralph manövrierte »Alvin« vom Wrack weg, warf die Gewichte ab, und wir stiegen wieder auf.

Ich steckte eine Kassette ins Stereogerät, den Soundtrack aus »Flashdance«, meine Lieblingsmusik für Rückfahrten, und allmählich entspannten wir uns wieder. Merkwürdig,

Mike Mahre arbeitet am Heckantrieb von JJ.

beim Abtauchen spielten wir immer klassische Musik, beim Auftauchen Rock. Optimistische Rockmusik paßt zu dem Hochgefühl nach einer gut verlaufenen Tauchoperation und regt auch die witzige Unterhaltung an, die sich dann viel leichter entwickelt.

Zweieinhalb Stunden später näherten wir uns der flachen Wasserschicht, in der Tageslicht herrschte. »Alvin« stampfte schwer, als sich der Seegang bemerkbar machte. Als wir die Oberfläche durchstießen, schoß das Tauchboot plötzlich vorwärts, und ein ganzes Arsenal von Flaschen, Kartons mit Papiertaschentüchern und Videokassetten fiel mir auf den Kopf.

Da schrie Ralph: »›JJ‹ ist nicht mehr in seiner Garage!«

In dem wild stampfenden Boot mußten wir ohnmächtig mit ansehen, wie »JJ« nach unten fiel. Durch das Stampfen und Schlingern von »Alvin« peitschte die Halteleine hin und her; das Kabel schabte am Kabelschneider und konnte jeden Augenblick durchgetrennt werden. Wenn es passierte, war »JJ« verloren, ehe wir überhaupt einen ersten Einsatz mit ihm gefahren hatten. Ralph griff sich das drahtlose Mikrofon von »Alvin« und nahm Verbindung mit der Einsatzleitung oben auf, während Taucher aus ihrem Schlauchboot auf das Tauchboot kletterten, ohne von der Krise etwas zu merken.

»›A II‹, hier ›Alvin‹. Schickt die Taucher sofort ins Wasser und befestigt eine Sicherheitsleine an ›JJ‹!«

Seine Anweisung ging im Trubel unter. Die Brücke, die Einsatzleitung, der Tauchkoordinator und das Schlauchboot mit den Tauchern waren samt und sonders mit Funkgeräten ausgestattet, und alle schienen gleichzeitig zu reden, während die Vorbereitungen zur Bergung des Tauchboots getroffen wurden. Vergeblich versuchte ich, ihnen durchs Bullauge Zeichen zu geben. Die Taucher waren zu sehr damit beschäftigt, die Sicherheitsleinen am Bug des Tauchboots zu befestigen. Endlich hatten wir mit dem Hilfsboot Verbindung aufgenommen, und Ralph brüllte: »Legt sofort eine Sicherheitsleine an ›JJ‹!« Die Taucher rasten zu »JJ«, und bald befand er sich sicher auf dem Hilfsboot. Da die See viel zu rauh war, als daß die Taucher hätten »JJ« von Hand in seine Garage zurückbefördern können, bestand die einzige Möglichkeit darin, seine Leine zu kappen. Mit bestürzender Leichtigkeit tat der Kabelschneider sein Werk; die Krise war gemeistert, und bald befanden wir uns alle wieder sicher auf der »Atlantis II«.

Wir hatten insgesamt zwei Stunden und fünfzig Minuten damit verbracht, das ganze Vorderteil der »Titanic« vom Bug bis zum vorderen Ansatzpunkt des ehemaligen dritten Schornsteins zu untersuchen und damit den hintersten Punkt des abgebrochenen Vorschiffs festgelegt. Bald war unser Videostudio vollgestopft mit Leuten, die zum ersten Mal eine Nahaufnahme von der »Titanic« sehen wollten. Sie wurden nicht enttäuscht.

Inzwischen hatten Chris von Alt und seine Mannen »JJ« auf den Tisch gelegt und alles für eine Nachtoperation vorbereitet. Sie mußten nicht nur das durchgeschnittene Halteseil ersetzen, sondern wollten auch feststellen, warum sich »JJ« auf seiner ersten Fahrt so schlecht benommen hatte und außer-

Mit äußerster Konzentration bedient Martin Bowen die Fernsteuerung von JJ.

dem ein Rauschen beseitigen, das unser Videosignal gestört hatte. Zudem wollten sie natürlich verhindern, daß er sich beim Auftauchen wieder aus seiner Garage befreite.

Als ich endlich in meine Koje fiel, schwor ich mir, morgen die große Freitreppe hinunterzufahren, sofern »JJ« einwandfrei funktionierte. Jede Tauchfahrt konnte unsere letzte sein, und angesichts der wiederholten Batteriepannen bei »Alvin« hatten wir nicht genug Zeit, uns erst lange einzuarbeiten. Morgen mußte es um alles gehen.

Während ich schlief, machte sich das »JJ«-Team an die Arbeit. Chris verfiel auf eine ingeniöse Lösung, wie man »JJ« auch bei rauhen Starts und Bergungen fest an Ort und Stelle halten konnte: ein aufgeblasener Luftballon aus schwarzem Gummi, ähnlich dem Schlauch in einem Autoreifen, wurde an der Vorderseite der Garage befestigt. Auf der Wasseroberfläche hielt er »JJ« fest, und auf dem Meeresboden preßte der

Wasserdruck die Luft im Ballon zusammen, so daß der Ballon flach wurde und »JJ« freigab, der sich so auf Befehl aus der Garage und in die Garage begeben konnte.

Der Kern des Sturms zog an uns vorbei, und bis zum Morgen hatte sich das Wetter wieder beruhigt; meine Hoffnung auf einen vollkommenen Tag ohne Ausfälle verflog allerdings gleich wieder. Als wir alles startklar machten, prüfte Chris die Systeme von »JJ« von der Kugel aus und stellte dabei fest, daß einer der vier Motoren klemmte. Beim Probelauf außerhalb des Gehäuses hatte er einwandfrei funktioniert; jetzt stieß er an die Ummantelung.

Obwohl heute Dudley Foster am Steuer sitzen sollte, erinnerte mich sein Chef Ralph Hollis noch daran, daß jede Verzögerung weniger Zeit auf dem Meeresboden bedeutete; wir mußten ja schließlich rechtzeitig zum Essen wieder oben sein . . .

Die nächsten drei Stunden waren ein Alptraum. Panne folgte auf Panne. Als der Backbordmotor von »JJ« repariert war, lief der Steuerbordmotor nicht mehr. Während Martin einen Kondensator in der Kamera am Arm von »Alvin« auswechselte, tauschte Chris eine durchgebrannte Birne im Strobelicht von »JJ« aus. So verging die kostbare Zeit.

Um 11.18 Uhr sank »Alvin« endlich zu Boden; »JJ« ruhte sanft in seiner Garage. Heute wollte Martin Bowen unser Auge an der Leine in Betrieb nehmen, sofern es noch funktionierte, wenn wir unten angekommen waren.

Es war fast 14 Uhr, als wir Bodennähe erreicht hatten. Ich steckte meine Lieblingskassette für solche Anlässe in die Stereoanlage: Die Boston Pops spielten Themen aus »E. T.«, »Chariots of Fire« und »Raiders of the Lost Ark«, die richtige Musik, um uns alle für die Tauchfahrt in Stimmung zu bringen (wir bezeichneten »E. T.« immer als »JJ«-Lied, und »Raiders of the Lost Ark« war die Kennmelodie für unsere Expedition). Das Orchester tönte mit voller Lautstärke, Dudley ließ die Sinkgewichte fallen und brachte uns knapp unter 100 Meter Höhe vor der Backbordseite der »Titanic« zum Stehen. Unter Wasser herrschten ausgezeichnete Tauchbedingungen; es ging nur eine schwache Strömung. Wir durchquerten schnell ein Feld mit kleinen Trümmern, vor allem weißen Porzellantassen für die Passagiere der 3. Klasse; das Wappen der White Star Line war noch darauf zu erkennen. Gleich danach tauchte der gewaltige Rumpf der »Titanic« aus der Finsternis auf. Wir kamen auf der Backbordseite heran, diesmal in der Nähe des hintersten Bugteils.

Da wir wenig Zeit hatten, steuerte uns Dudley schnell an die Schiffsseite und über das steuerbordseitige Bootsdeck bis zum Treppenausschnitt. Fast streiften wir die Reling auf dem darüberliegenden Deck, als wir uns auf den Bereich zu bewegten, wo ich landen wollte.

Ich deutete auf die große Öffnung über der Freitreppe.

»Verstanden«, erwiderte Dudley.

»Jetzt das Boot etwas nach rechts drehen und neben dem kleinen Steigrohr landen.«

Das genau mittschiffs stehende Rohr war die Entlüftung für den darunter (und unter uns) liegenden großen Fahrstuhlschacht gewesen.

Ich wies den Piloten an, bis an den Rand des Ausschnitts zu fahren und dann »Alvin« entgegen der Fahrtrichtung abzusetzen, so daß die Garage von »JJ« in die Nähe der Fahrstuhlentlüftung zu stehen kam. Wir setzten sacht auf dem Deck auf, Dudley schaltete die Ballastpumpen an; ihr Quietschen war in unserer kleinen Kugel laut zu hören. Langsam ließen unsere Schlingerbewegungen nach. Wir durften nicht zu schwer sein, sondern nur so viel Gewicht haben, daß wir fest stehenblieben.

»Alvin« ruhte sanft auf dem obersten Deck der »Titanic«, direkt über dem Schacht, in dem drei Fahrstühle die Passagiere der 1. Klasse heraufbefördert hatten, wenn sie die elegante große Freitreppe nicht benutzen wollten. Wir wollten jedoch lieber über die Treppe eintreten.

Martin war sehr nervös, nicht etwa, weil er sich der Aufgabe nicht gewachsen gefühlt hätte, sondern weil es die erste echte Erprobung von »JJ« war. Er konzentrierte sich fast ausschließlich auf einen Videomonitor in unserem Boot, aber in Gedanken war er weit weg von seinem Körper, nämlich im ferngesteuerten schwimmenden Auge dort vorn.

Die Steuerung für »JJ« hielt Martin auf dem Schoß. Mit der rechten Hand betätigte er den Steuerknüppel, der so aussah, als gehöre er zu einem Computerspiel. Wenn Martin den Hebel in irgendeine der 360 Richtungen stellte, bewegte sich »JJ« in derselben Richtung. Drehte er ihn im Uhrzeigersinn, drehte sich »JJ« im Uhrzeigersinn um die eigene Achse usw. Mit der linken Hand hielt er eine Art Pistolengriff. Wenn er den Knopf neben dem Daumen von sich wegdrückte, sank »JJ«; zog er ihn auf sich zu, stieg »JJ«. Zog er den Auslösefinger einmal an, wickelte sich das Kabel von der Trommel ab; zog er noch einmal, begann das Kabel, »JJ« wieder in seine Garage zurückzuziehen. Wenn er mit dem Mittelfinger einen Rändelknopf drehte, rollte das Auge von »JJ« in einem Bereich von 170 Grad auf- und abwärts. Betätigte er mit demselben Finger einen anderen Knopf, leuchtete das Strobelicht von »JJ« auf, und eine Fotokamera neben dem Videoauge von »JJ« nahm ein Bild auf. Martin hatte diese Manöver mit »JJ« in einem Teich in Woods Hole stundenlang geübt. Jetzt mußte sich zeigen, ob er sie beherrschte.

Vorsichtig verließ »JJ« seine Garage. Dann drehte ihn Martin um, so daß er den an Deck ruhenden »Alvin« im Bild hatte. Zum ersten Mal sahen wir uns durch das Auge von »JJ« auf dem Bildschirm. Da saßen wir in einem winzigen Tauchboot, mitten in der Finsternis und von unvorstellbar hohem Druck umgeben; unsere eingeschalteten Scheinwerfer wirkten wie die Augen eines Tiefseeungeheuers.

»JJ« wandte sich ab und schwebte gemächlich über die Treppe. Einen Augenblick torkelte er wie betrunken, bis Martin ihn wieder in der Hand hatte. Während ich »JJ« auf dem Bildschirm von »Bibo« beobachtete, hatte ich einen Moment Angst, daß er über die Kante fiel. Aber vier Kleinmotoren machten »JJ« zu einer Art Schwebefahrzeug unter Wasser, das sich langsam über die gähnende Schwärze hinwegbewegte.

Ich sah zu dem roten Sicherheitsdeckel hinüber, der den Nottrennschalter für »JJ« schützte. Einmal hatten wir diesen Deckel bisher abnehmen und die Leine von »JJ« kappen müssen. Der Schalter konnte uns unter Umständen das Leben retten, aber wenn wir ihn hier unten betätigen mußten, war »JJ« für alle Zeiten verloren und eine halbe Million Dollar umsonst ausgegeben. Ich hoffte sehr, daß wir den Schalter nicht mehr brauchten.

Der beste Weg nach unten schien mir an der vorderen Wand des Treppenschachts entlang zu führen, wo einmal eine reich geschmückte Uhr mit den Figuren von Ehre und Ruhm als Krönung der Zeit gehangen hatte. Sie hatte den Treppenabsatz zwischen dem Bootsdeck und dem A-Deck geziert. Auf diesem Weg schienen die wenigsten Hindernisse zu liegen, und Martin hielt sich genau daran, als er mehr Kabel gab und »JJ« tiefer sank. Zunächst sah »JJ« nur die rostige, orangefarbene Kruste des senkrechten Schotts, in dem die Nieten noch zu erkennen waren. Von der ganzen Eichenholztäfelung und all den Paneelwänden war nichts übriggeblieben. Dudley bewegte »Alvin« Zentimeter für Zentimeter vorwärts, so daß die Kamera von »Bibo« unseren kleinen Forscher verfolgen und mitansehen konnte, wie er immer tiefer sank. Bald war »JJ« unseren Blicken entschwunden, und Martin war ganz sich selbst überlassen. Ich konzentrierte mich jetzt auf die Bilder, die der Bildschirm von »JJ« im hinteren Teil des Tauchboots zeigte. Auch Dudley richtete sich danach. Es war der spannendste Augenblick, den wir bisher auf unseren Tauchfahrten erlebt hatten.

Vor dem Backbordfoyer auf dem A-Deck erschien ein Raum; man erkannte ihn an den undeutlichen Umrissen von Säulen. Martin drehte »JJ«, um ein schärferes Bild zu bekommen, und sah in einiger Entfernung etwas Interessantes. »Schaut euch das an«, sagte er leise. »Seht nur den Leuchter.«

Jetzt hatte ich auch ein Bild. »Das kann doch kein Kronleuchter sein«, sagte ich mehr zu mir als zu Martin. »Der hätte das doch nicht ausgehalten.« Ich traute meinen Augen nicht. Das Schiff war fast vier Kilometer tief gefallen und mit der Gewalt eines Eisenbahnzugs aufgeschlagen, der gegen einen Berg rast; und trotzdem fanden wir hier einen fast intakten Kronleuchter! Weiter hinten waren noch mehrere zu erkennen. »Tatsächlich, es ist ein Kronleuchter!« schrie ich. Genauso sah das Gebilde aus.

Ich wies Martin an, noch tiefer in den Raum hineinzufahren. So konnte man die Manovrierfähigkeit von »JJ« am besten erproben: Wie nahe konnten wir herangehen, ohne unser Untersuchungsobjekt zu stören? Unser Roboter verließ das Treppenhaus, drang in den Raum ein und bewegte sich auf den Beleuchtungskörper zu. Dabei stieß er gegen einige von der Decke herunterhängende Rostzapfen. Der Rost löste sich beim Aufprall auf; plötzlich war »JJ« in einem orangefarbigen Nebel verschwunden, und die Sicht war gleich Null. Aber wir drehten das Auge von »JJ« nach oben und konnten unseren »Kronleuchter« bald wieder sehen. Martin ging noch näher, bis auf knapp dreißig Zentimeter heran. Eine Seefeder sproß aus dem Beleuchtungskörper heraus und verwandelte ihn in eine Kristallkrone mit Feder. Die schöne Zeichnung der Messingarbeit auf der Fassung und darüber war immer noch glänzend und deutlich zu erkennen. Sogar die Fassung für die Birne steckte noch an Ort und Stelle.

»Mach ein Foto; das ist ja kaum zu glauben«, rief ich aus.

»Bob, unsere Zeit ist gleich zu Ende. Wir müssen wieder auftauchen.«

Dudley machte mit einem Satz meine ganze Stimmung kaputt. Wir steckten tief im Innern der »Titanic«, waren die große Freitreppe hinuntergegangen und hatten uns damit einen alten Traum erfüllt, und jetzt wollte Dudley zum Abendessen nach Hause! Ich wußte, daß er sich nur an seine Anweisungen hielt, aber ich hätte am liebsten ein Protestgeschrei vollführt. Wir waren noch nicht einmal eine Stunde unten, und die Batterien hätten noch lange gehalten. Ich konnte sehen, daß Martin meine Enttäuschung teilte, als er »JJ« vorsichtig aus dem Raum zurückholte und die senkrechte Wand hoch manövrierte.

Als er aus dem schwarzen Loch auftauchte, leuchtete uns unser tapferer kleiner Roboter mit seinen Scheinwerfern an. Auf dem Bildschirm sahen wir ihn auf uns zukommen. Es wirkte fast so, als ob uns Außerirdische beobachteten. Nicht wir schauten in eine ungewohnte Welt, sondern irgend jemand beobachtete uns. Dann war »JJ« vor »Alvin« angelangt, seine Scheinwerfer strichen über unsere drei Bullaugen und tauchten das Innere in überirdischen Glanz. Es erinnerte mich an eine Szene in »Gefährliche Begegnungen der Dritten Art«, in der ein fremdes Raumschiff über einem Lastwagen steht und ihm mit Scheinwerfern in die Fenster leuchtet. Aber lassen wir die fliegenden Untertassen einmal beiseite: »JJ« war gerade auf dem Mond spazierengegangen und sicher heimgekehrt.

Kapitel 9

Die letzte Ruhestätte

Zweieinhalb Stunden nach ihrem Abheben von der großen Freitreppe landeten die drei Aquanauten mit ihrer Unterwasser-Raumkapsel wieder auf der Heckplattform der »Atlantis II«, wo sich eine Schar von Kollegen versammelt hatte. Die Nachricht von unserer erfolgreichen Tauchfahrt hatte schon die Runde gemacht, und alle wollten von uns hören, was wir unten gesehen hatten. Wenn die Expedition damit zu Ende gegangen wäre, hätte es mir gar nicht leid getan. Wir hatten bewiesen, was wir hatten beweisen wollen. »JJ« war in den 1.-Klasse-Kabinen der »Titanic« herumgelaufen!

Immer noch unter dem Eindruck unseres Spaziergangs über die Freitreppe versuchten Martin und ich, unseren Kollegen auf dem Schiff die Eindrücke zu schildern, die wir beim ersten Besuch der »Titanic« gesammelt hatten. An einer Stelle verstieg sich Martin zu einer verzeihlichen Übertreibung, als er ausrief: »Wir haben sogar im Ballsaal getanzt!« Ich nickte dazu. Daß es auf der »Titanic« überhaupt keinen Ballsaal gegeben hatte und unser »Kronleuchter« nur ein ganz ordinärer Beleuchtungskörper wie noch viele Hunderte auf dem Schiff gewesen war, machte gar nichts. Der Satz gab einfach unsere Hochstimmung wieder. Ich packte Martin fest um die Schulter, als die Zuschauer applaudierten.

Die Menge folgte uns vom Deck ins Videostudio, wo wir »Jason jr. schreitet die Freitreppe hinab« in Erstaufführung zeigten. Auch Martin und ich schauten uns den Film an; wir konnten uns gar nicht sattsehen. Auf den Bildschirmen waren die Form der Balustraden und verschiedene Decksebenen deutlich zu unterscheiden, während sich »JJ« durch den Treppenschacht bewegte. Der Beleuchtungskörper, den wir uns am genauesten angesehen hatten, lag auf der Backbordseite; an Steuerbord kamen immer mehr ins Blickfeld, je weiter wir

JJ hält einen Besen hoch zum Zeichen, daß »alles klar« ist, während einer von uns durch Alvins vorderes Bullauge späht.

Wir freuen uns, daß der Abstieg über die große Freitreppe gelungen ist.

uns in die Dunkelheit hineinbewegten. Wie der erste, waren sie alle aus der Befestigung in der Decke herausgefallen und hingen nur noch am Kabel. Einige waren völlig unversehrt; sogar die geschliffenen Glasstückchen steckten noch in den Fassungen. Bei anderen war nur die Messingfassung zu sehen.

Von den Eichenholzarbeiten war mehr übriggeblieben, als ich zuerst gedacht hatte; vielleicht hatten die Holzbohrer im tiefen Innern des Schiffs doch nicht ganze Arbeit getan. Einige Stützpfeiler waren am Fuß immer noch mit Holz verkleidet; das Muster konnte man gerade noch erkennen. Eine waagerechte Holzleiste war gegenüber dem Treppenhaus auf Höhe jedes Deckniveaus ebenfalls schwach zu sehen. Leider war von den schönen schmiedeeisernen Geländern, die mir auf den alten Fotos so gefallen hatten, keine Spur mehr zu entdecken. Vermutlich lagen sie irgendwo in der Nähe und waren von Rostzapfen zugedeckt. Höchstwahrscheinlich waren sie aber so tief in den Treppenschacht hineingefallen, daß wir sie mit »JJ« nicht erreichen konnten. Vielleicht hatte sie der Rost auch völlig zerfressen.

Nach Abendessen und Sonnenuntergang, während »Alvin« und »JJ« für die Tauchfahrt am nächsten Tag vorbereitet wurden, lieferte ich über die Satellitentelefonverbindung meinen täglichen Bericht an die Küste ab, in dem ich unsere Unterwasserabenteuer schilderte. Dann versorgte ich die Medien, einen Sender nach dem anderen, eine Agentur nach der anderen. Wie im letzten Jahr, bestürmten sie uns auch diesmal um Nachrichten, und wieder war ich erstaunt ob der anhaltenden Begeisterung der Öffentlichkeit über dieses Schiff. Frage um Frage mußte ich beantworten: »Haben Sie Leichen gesehen?« – »Wie groß ist das Loch?« – »Wie gefährlich ist es dort unten?« – »Was ist denn das Aufregendste, was Sie bisher gesehen haben?« »Haben Sie irgendwelche Wertgegenstände gefunden? Haben Sie etwas mit nach oben gebracht?«

Die Frage nach Bergungsgut wurde immer wieder gestellt, aber schon vor der Fahrt hatte ich streng verboten, irgend etwas vom Meeresboden mit nach oben zu nehmen. Es hatte darüber auch lange Diskussionen mit allen möglichen Leuten gegeben, vom Forschungsdirektor in Woods Hole, Dr. Derek Spencer, bis zur Smithsonian Institution. Natürlich war die Versuchung groß. Die Sammler von Seefahrtsouvenirs auf der ganzen Welt hätten viele tausend Dollar für ein Stück des Schiffs bezahlt. Kleine Gegenstände konnte man mit dem starken Roboterarm von »Alvin«, der ja für die Entnahme von biologischen und geologischen Proben in der Tiefsee konstruiert worden war, ohne weiteres bergen. Wie gern hätte ich eine Flasche Champagner von der »Titanic« für meinen eigenen Weinkeller mitgebracht. Aber bei allen unseren Gesprächen stellte sich heraus, daß die »Titanic« keinen wirklichen archäologischen Wert hat. Trotz des naheliegenden Vergleichs ist die »Titanic« keine Pyramide der Tiefsee. Wir wissen genau, wie das Schiff gebaut wurde und was es an Bord hatte. Einen Nachttopf oder eine Weinflasche oder einen kupfernen Kochtopf mitzunehmen, wäre wirklich nur Schatzsuche. Meine Hauptfinanzquelle, die Marine, war nicht geneigt, für so etwas Steuergelder auszugeben.

Es gibt in den Tiefen der See viele wirkliche, noch ungeöffnete »Pyramiden«. So sind zum Beispiel Tausende und Abertausende von Schiffen im tiefen Mittelmeerbecken gesunken und warten heute noch auf ihre Entdeckung; das sind Schiffe von archäologischem Wert. Ihre Ladung sollte sorgfältig dokumentiert, geborgen und konserviert werden. Für die »Titanic« gilt das nicht.

Alle Untersuchungen von »Jason jr.« nach dem Tauchgang hatten ihm beste Gesundheit attestiert. Die Batteriepannen in »Alvin« waren offenbar auch behoben, und der Start an diesem Morgen war schon fast Routine. Auch das Wetter, das es schon die ganze Zeit fast immer gut mit uns gemeint hatte, machte weiter mit, wenn auch zögernd.

Die See war wiederum ruhig, aber es herrschte dichter Nebel. Dennoch begann die vierte Tauchfahrt am 16. Juli mit ein paar Fehlzündungen. Kaum war »Alvin« aus seinem Decksgeschirr hochgehievt worden, als Will Sellars, unserem heutigen Piloten, etwas an einer der Kameras von »Alvin« auffiel und er noch einmal auf Deck landen wollte, um es zu reparieren. Zum Glück schwebten wir schon zehn Minuten später wieder über der Reling und waren bald vom Schiff getrennt.

Der Nebel machte das Unternehmen gefährlicher als sonst: »Alvins« Turm aus glasfaserverstärktem Kunststoff erzeugt auf Radargeräten keinen Schatten, und ein Schiff, das in dieser Erbsensuppe Kurs auf uns hielte, könnte uns nie sehen. Während also Will seine letzten Tests über Wasser schnell abschloß, stand die »Atlantis II« Wache und suchte mit ihrem Radargerät sorgsam nach Eindringlingen. Auf dem Bildschirm war nur ein einziger großer Zacken zu erkennen, die »Ortolan«, ein amerikanisches Bergungsschiff aus Charleston im Staat South Carolina. Die »Ortolan« leistete uns Gesellschaft.

Zweimal die bronzene Telemotor-Steuersäule der *Titanic*, aufgenommen 1986 (links) und 1912

Endlich waren die Sicherheitschecks abgeschlossen, Will flutete die Tanks, und »Alvin« sank in sichere und stillere Gewässer. Die Vorstellung war schon merkwürdig, daß es weniger gefährlich war, 3750 Meter tief zu tauchen, als an der Oberfläche zu bleiben; doch bei diesem dicken Nebel war es so. Für Martin und mich wurde die Fahrt zur »Titanic« langsam ein alter Hut; Will Sellars dagegen war zum ersten Mal hier unten. Will war noch nicht so lange dabei wie Ralph Hollis oder Dudley Foster, war aber schon ein erfahrener Pilot. Ich wußte auch, daß er sich ebenso strikt an seine Anweisungen halten mußte wie seine Kollegen; er hatte gar keine andere Wahl. Wenn es Zeit zum Aufbruch war, mußte er aufhören, ob wir gerade mitten in einer epochalen Entdeckung steckten oder nicht.

Als die »Titanic« wieder in Sicht kam, hielten wir auf das Steuerhaus zu. Während wir »Alvin« in Position brachten, bat ich Will, bei den Messingresten der Steueranlage zu landen, die in unserem Scheinwerferlicht aufblitzten. Da die Strömung stärker als gestern war, mußte Will seine Erregung über den ersten Anblick der »Titanic« unterdrücken, um eine genaue Landung hinzukriegen, ohne dabei die Stützen der Rudersäulen oder gar unser Tauchboot zu beschädigen.

Auf meine Bitte drehte er das Tauchboot herum, so daß es auf die Rudersäule und die Backbordseite des Schiffs gerichtet war, und setzte knapp neben dem rechteckigen Holzrahmen an Deck auf, wo das Steuerhaus gestanden hatte. Das Oberteil des Vormasts der »Titanic« lag direkt vor unseren vorderen Scheinwerfern. Rechts vor uns, wo sich einmal die äußere Brücke des Schiffs mit ihren vielen blitzenden Instrumenten erhoben hatte, hörte das Deck einfach auf; es endete in einem gezackten, nach unten abgeknickten Rand. Es war vielleicht abgerissen worden, als der vordere Schornstein umgefallen war, während das Schiff sank.

»Alles klar, Bob. Jetzt bist du dran«, sagte Will mit hörbarer Erleichterung.

In Wirklichkeit war Martin dran. Er holte »JJ« aus seiner Garage hervor und ließ ihn auf die Überreste des Schiffssteuerrads zuschwimmen. Dann hielt er auf den Mast zu. Mit den Augen von »JJ« konnten wir sehen, daß ein Positionslicht aus Messing immer noch am Mast befestigt war; sogar die feinen Metalldrähte in der unversehrt gebliebenen Birne waren noch zu erkennen.

Jetzt bat ich Martin, »JJ« an dem geneigten Mast entlang bis zum Krähennest vordringen zu lassen, dabei aber auf Ka-

Links: Zahlmeister Herbert McElroy und Kapitän Smith vor dem Offizierslogis

bel zu achten. Wenn er etwas über dem Mast blieb, konnte eigentlich nichts passieren. »JJ« verschwand prompt aus unserem Blickfeld; sein gelbes Kabel zog er in der Finsternis hinter sich her. Wie festgewurzelt saß ich vor dem Monitor und sah mit an, wie unser kleiner Freund einen Hochseilakt vollführte.

Martins Geschick im Umgang mit »JJ« war fast so eindrucksvoll wie das, was wir zu sehen bekamen. Er spielte mit dem Bedienungspult wie ein Konzertpianist; seine Finger bewegten sich mit rascher Präzision über die vielen Knöpfe, Hebel und Schalter. Plötzlich tauchte das Krähennest im Blickfeld von »JJ« auf. Jetzt befand er sich genau an der Stelle, wo Frederick Fleet und Reginald Lee gestanden hatten, als sie unvermittelt den Eisberg der »Titanic« hatten auftauchen sehen. Und »Alvin« ruhte sich fast genau dort aus, wo der Sechste Offizier James Moody den Alarmruf vom Ausguck entgegengenommen und an den Ersten Offizier Murdoch weitergegeben hatte. Ich erinnerte mich an den Dialogfetzen zwischen Fleet und Moody, der in Anbetracht der Situation so unglaublich ruhig und weltfern wirkte. Fleet: »Können Sie mich hören?« Moody: »Ja. Was haben Sie gesehen?« – »Eisberg rechts voraus«, erwiderte Fleet. »Danke«, antwortete Moody

So sieht das Fenster einer Offizierskammer heute aus.

höflich. 37 Sekunden später kam der Aufprall. Auf meinem Platz am Fenster von »Alvin« konnte ich mir vorstellen, wie der Mann am Ruder das Rad hart Steuerbord gedreht und vergebens versucht hatte, die Kollision doch noch zu vermeiden.

Wie phantastisch deutlich das Videobild von »JJ« war, zeigte sich jetzt, als das Loch im Mast direkt über dem verbogenen Krähennest erschien, das wir vorher für den Telefonanschluß des Ausguckpostens gehalten hatten. Es sah viel größer aus, als wir angenommen hatten, und war in Wirklichkeit die Luke, durch die die Männer steigen mußten, wenn sie das Krähennest betreten und wieder verlassen wollten.

Jetzt tauchte »JJ« neben dem Krähennest ins Niemandsland des Welldecks ein. Vorn lagen die beiden großen Kräne, mit denen das Gepäck in die Laderäume 2 und 3 befördert worden war. Die Fensterlinie zum Welldeck hin, die graziös darüber drapierten Trossen, die Details der Kräne ergaben ein schönes, aber auch gefährliches Bild. »JJ« war durch Aufbauten, Trossen, Ausleger und Wrackteile beengt. Und was wir gefürchtet hatten, trat ein: Wir gerieten das erste Mal richtig in die Klemme.

Martin steuerte »JJ« bis zum vorderen Schott des C-Decks, etwas achterlich vom Ladekran auf dem Welldeck, weil wir uns eine Tür im Schanzkleid ansehen wollten, die den Passagieren der 3. Klasse den Zutritt zur 1. Klasse verwehrte. Diese Tür war noch immer geschlossen. Dann ließ er »JJ« die bugseitige Fensterreihe auf dem B-Deck entlangschweben und suchte ein zerbrochenes Fenster, durch das er hineinsehen konnte. Das Fenster zur Erste-Klasse-Kabine B 3 war herausgefallen, und »JJ« schaute durch die Öffnung. Von Möbeln und Ausstattung war nichts mehr zu erkennen; nur noch die Metallröhren waren vorhanden, die anzeigten, wo Decke und Wände verlaufen waren. Auf seinem Flug von Fenster zu Fenster auf diesem vorderen Ende des B-Decks konnte »JJ« auch die großen Stahltüren erkennen, die auf Deck hinausführten. Sie waren fest verschlossen, ihre Scharniere und Gucklöcher intakt.

Doch »JJ« war zu weit gegangen. Martin stellte fest, daß sich sein Kabel an einem der zackigen Metallstücke verfangen hatte, die aus der Brücke hervorstanden. Er versuchte, es einzuholen, aber es scheuerte gegen ein abgerissenes Stahlstück. »Das wird nichts«, flüsterte er und bemühte sich, »JJ« hoch- und ein Stück wegzubewegen, um das Kabel straffzuziehen. »JJ« sah zu uns her und konnte selbst beobachten, was bei diesen Manövern herauskam. Als der Abstand zwischen uns und unserem Roboter immer größer wurde, kam das Kabel schließlich wieder frei.

»Hol ihn ein«, sagte ich. Hier war es einfach zu gefährlich. »Versuchen wir es an einer anderen Stelle.«

Nachdem »JJ« wieder sicher in seiner Garage untergebracht war, stieg »Alvin« aus dem Steuerhaus, schwenkte nach links und überquerte etwas, was vordem Kapitän Smiths Kajüte auf der Steuerbordseite gewesen war. Das äußere Schott war nach außen gefallen und lag an Deck. Die Innenseite eines Fensters schwebte ein paar Zentimeter vor meinem Bullauge vorbei, und ich konnte eine glänzende Messingschnecke sehen, mit der das Oberteil des Fensters geöffnet und geschlossen worden war. War dies vielleicht ein Fenster, das Kapitän Smith ein Stückchen geöffnet hatte, damit etwas frische Luft in sein Schlafzimmer kam, ehe er sich hinlegte?

»Aufpassen«, sagte ich, »wir sind zu dicht an der Reling. Sie taucht direkt vor meinem Bullauge auf.«

Will drückte das Heck von »Alvin« herum; wir umgingen das Hindernis und sanken dann auf das steuerbordseitige Bootsdeck. »Alvin« blickte achterlich auf den Riß mittschiffs. Aus irgendeinem Grund hatte die Strömung nachgelassen. Ich bewegte den mechanischen Arm von »Alvin« nach rechts und richtete die Kameras von »Bibo« auf die Fensterreihe auf dem Bootsdeck. Während wir sie abfuhren, kam ich mir vor wie auf Besuch in einer Geisterstadt im Wilden Westen, in der eines Tages alle Bewohner ihre Häuser dichtgemacht hatten und weggezogen waren. Manche Fenster standen offen, andere waren geschlossen.

Ein leerer Bootsdavit erhob sich auf der Steuerbordseite; nach dem letzten Einsatz hatte man ihn nicht mehr heraufgekurbelt, aber er stand fast senkrecht. Dieser Davit war in jener Nacht am häufigsten benutzt worden, denn er hatte sowohl das Rettungsboot 1 als auch das Notboot C abgefiert. Dann war er für einen weiteren Start hochgedreht worden: Notboot A. Aber die »Titanic« hatte geschlingert, und Boot A war von allein losgeschwommen. Steward Edward Brown war hineingesprungen und hatte die Leinen gekappt, bevor eine Welle das Boot vom Schiff wegschob und dabei zum Teil unter Wasser drückte. Ein paar Schwimmer konnten sich später darauf in Sicherheit bringen. Seitdem stand dieser Davit und wartete vergeblich darauf, daß ein weiteres Boot weggefiert wurde. Weiter vorn rostete eine elektrische Winde auf Deck vor sich hin; am äußeren Decksrand konnte ich die Klötze erkennen, auf denen die Rettungsboote der »Titanic« gesessen hatten.

Auf diesem Deck hatte sich in den knapp drei Stunden von 23.40 Uhr, als das Schiff auf den Eisberg aufgelaufen war, bis 2.20 Uhr, als es in den Wellen versank, die ganze Palette menschlichen Verhaltens gezeigt. Alfred Rush, der gerade achtzehn Jahre alt geworden war, weigerte sich, in ein Rettungsboot mit Frauen und Kindern zu steigen, weil er doch jetzt ein Mann war; er ging mit dem Schiff unter. Bruce Ismay, der wohlhabende Präsident und Generaldirektor der International Mercantile Marine, der die White Star Line gehörte, war in das nur zum Teil besetzte Notboot C gesprungen, als es gerade weggefiert werden sollte, und bereute diesen instinktiven Schritt den Rest seiner Tage. Öffentlich als J. »Brute« Ismay verhöhnt, zog er sich völlig zurück und starb als gebrochener Mann. Von hier hatte man sicherlich auch gehört, wie die tapfere Kapelle der »Titanic« noch fröhliche Ragtimemusik gespielt hatte, um die Stimmung hochzuhalten, als das Deck schon immer steiler stand.

Wir hatten »Alvin« kurz hinter der Stelle aufgesetzt, wo Ismay ins Rettungsboot gesprungen war; gleich daneben hatte vorher das Rettungsboot 5 gesessen. Jetzt ließen wir »JJ« denselben gefährlichen Weg gehen, wie ihn die Rettungsboote ins Wasser genommen hatten. Eines von ihnen hatte seine Passagiere fast ausgekippt, ehe man es wieder geradestellen konnte. Eine hübsche junge Französin erreichte das Boot 9 fast nicht mehr, und eine andere Frau verfehlte das Boot 10 völlig und fiel zwischen das hängende Rettungsboot und die Schiffswand. Ein beherzter Mann packte sie jedoch bei den Füßen, und während sie halb entblößt über der Reling hing, zogen sie die Leute ein Deck tiefer auf die Promenade.

Der Passagier Lawrence Beesley beschrieb seine Eindrücke, als er das turmhohe Schiff in einem winzigen Rettungsboot verließ: »Es war aufregend, wie das Boot ruckartig Meter um Meter sank, je nachdem, wie von oben Seil nachgeführt wurde; während das Seil durch Blöcke lief, quietschte es, die neuen Seile und das Laufzeug ächzten unter der Last eines vollen Boots, und die Besatzung rief zu den Matrosen hinauf, während sich das Boot mal nach der einen, mal nach der anderen Seite neigte: ›Achtern tiefer!‹, ›tiefer!‹ und ›zusammen tiefer!‹, als es endlich wieder gerade stand . . . Es war schon ein gewaltiger Anblick, wenn man den schwarzen Schiffsrumpf auf der einen Seite und in 20 Meter Tiefe das Meer auf der anderen Seite sah und an den Kabinen und hellerleuchteten Salons vorbeischwebte . . .«

Als wir mit dem Auge von »JJ« in die Promenade auf dem A-Deck schauten, konnte ich mir vorstellen, wie die Passagiere der 1. Klasse ungeduldig warteten. Lightoller hatte den guten Einfall gehabt, die Prozedur dadurch zu beschleunigen, daß er einige Boote vom Promenadendeck aus besetzte. Doch dessen Fenster waren geschlossen gewesen, und viele Passagiere hatten sich wieder aufs Bootsdeck zurückbegeben. Schließlich wurden die Fenster jedoch geöffnet, das Rettungsboot 4 wurde so bemannt und vom A-Deck aus weggefiert.

»JJ« sank weiter bis unter die Fenster des Salons der 1. Klasse auf dem B-Deck. Im Vorbeischweben zeigte er kurz das Innere der Kabine B 49. Die hintere Wand und die Decke waren deutlich zu erkennen; die Stahlröhren lagen frei zutage, wo vorher eine abgehängte Decke gewesen war. Die Wände waren offenbar weiß gestrichen gewesen und noch verhältnismäßig sauber, doch von Holzvertäfelung oder Möbeln gab es keine Spur mehr. Während »JJ« seinen Weg nach unten fortsetzte, folgte auf die Fenster eine Stahlwand, die von einer endlosen Reihe von Bullaugen unterbrochen war: das C-Deck. Ein paar Bullaugen standen offen; zweifellos waren sie von Passagieren der 1. Klasse entriegelt worden, die gemerkt hatten, daß die Schiffsmaschinen nicht mehr liefen und dann auf See hinausgeguckt hatten, um festzustellen, was passiert war. Einige Leute in den Rettungsbooten erinnerten sich noch daran, daß sie das Wasser durch diese offenen Bullaugen hatten eindringen sehen. Als dieser Teil des Schiffs unter Waser geriet, war er aber schon längst geräumt.

Martin holte »JJ« wieder zurück, und dann schickten wir ihn auf einen Spaziergang über das Bootsdeck. Auf seinem Weg nach achtern guckte er in die Fenster einiger 1.-Klasse-Kabinen und die jetzt nackten Gänge hinunter, bis er an den Doppeleingang zur großen Freitreppe und zum Gymnastikraum kam. Dabei schaute er durch die Fenster ins Foyer der großen Freitreppe. Obwohl das Dach nach ein paar Metern eingebrochen war, so daß man nicht weit sehen konnte, waren die Säulen immer noch deutlich zu erkennen. Ganz oben auf dem Wetterschutz über den Türen war die Befestigung für ein beleuchtetes Schild mit der Inschrift »Eingang erste Klasse«

erhalten geblieben. »JJ« sah kurz in den Eingangskorridor zur großen Freitreppe, die Tür zwischen dem Vorraum und dem Gymnastikraum kam ins Blickfeld, aber dann wirbelte er einen Staubsturm auf und trat den Rückzug an. Während »JJ« langsam an den Fenstern des Gymnastikraums vorbeizog, erkannten wir unter dem Gerümpel noch Überreste von Geräten, darunter auch ein Stück vom Metallgitter, das Apparate wie das elektrische Kamel geschützt hatte, eine Fitneßmaschine aus der Zeit um die Jahrhundertwende. Verschiedene Räder und ein Handgriff waren auch zu sehen. Die Decke starrte vor Rostzapfen; binnenbords war sie eingebrochen. In diesem verlassenen Gymnastikraum hatte John Jacob Astor seine schwangere Frau mit der Erklärung beruhigt, daß Rettungswesten mit Kork gefüllt sind und dabei mit einem kleinen Taschenmesser eine Weste aufgeschnitten.

Durch das vordere Bullauge von »Alvin« konnte ich »JJ« ganz weit hinten auf dem Deck erkennen, wie er sich drehte und wendete, um besser in die Gänge und Fenster schauen zu können. Fast schien es, als habe unser kleiner Roboter einen eigenen Willen, so bestimmt und neugierig wirkte er. Martin steuerte »JJ« mit einer solchen Geschicklichkeit, daß dieses schwimmende Auge wie mit ihm verwachsen war.

Nachdem Martin »JJ« wieder zurückgeholt hatte, wollte ich eigentlich noch einmal die große Freitreppe hinuntergehen. Auf unserer letzten Tauchfahrt hatte uns Martin ganz nah an diesen »Kronleuchter« herangebracht, doch wir hatten erst später festgestellt, daß die Fotokamera nicht funktioniert hatte. Jetzt hatten wir zwar gute Videoaufnahmen, aber überhaupt keine Fotos.

»Ich dachte, ich hätte es hinter mir«, meinte Martin, als ich ihm erklärte, wir wollten noch einmal an den Ort seines gestrigen Triumphs zurückkehren.

Wieder landeten wir bei den Überresten der Entlüftung für den Fahrstuhlschacht, aber diesmal auf der Backbordseite; wiederum blickten wir nach achtern. »JJ« schwebte das Treppenhaus hinunter. Ich bat Martin, ein paar Räume auf der Steuerbordseite des Schiffs zu prüfen. Da hingen jedoch alle möglichen Drähte unter der Decke, so daß wir auf diesen Besuch lieber verzichteten. Endlich stießen wir wieder auf den Beleuchtungskörper, den wir gestern gesehen hatten; die Seefeder ragte lustig daraus hervor, und Martin brachte »JJ« ganz dicht heran, während ich ein Bild nach dem anderen schoß. Dann steuerte Martin noch tiefer in den Raum hinein. Bis auf die Säulen, die Beleuchtungskörper und die Drähte war in dem Gewirr von heruntergefallenen Rostzapfen, die den Boden zentimeterhoch bedeckten, kaum noch etwas zu erkennen. Von der einstigen luxuriösen Ausstattung dieses Raums existierte nichts mehr.

Wir befanden uns jetzt gefährlich tief im Schiffsinnern; auf keinen Fall wollten wir »JJ« noch weiteren Risiken aussetzen. Dieser vierte Tauchgang entwickelte sich allmählich zu einem Rekordeinsatz für ihn. Wir taten jetzt genau das, was wir uns vorgenommen hatten: nacheinander an vielen Stellen zu landen und Martin und »JJ« wirken zu lassen. Unser nächster Haltepunkt war der Bug.

»Alvin« landete sanft auf dem Bodensediment ein Stück vor dem messerscharfen Steven, der uns überragte. Wieder war ich von der Größe und Majestät der »Titanic« beeindruckt; ihr mächtiges Vorschiff durchpflügte den Schlamm. Von unserem Beobachtungspunkt aus ließ nichts darauf schließen, daß dieser Gigant von einem Eisberg zur Strecke gebracht worden war. Rasch war »JJ« wieder aus seinem Käfig ausgefahren und ging auf die nächste Erkundungstour – ein Winzling vor dem großen, schwarzen Rumpf. »JJ« kletterte zum Backbordanker hinauf, machte kurz an dessen Ankerklüse halt und ließ eine dicke Rostwolke auffliegen, stieg dann höher und suchte noch einmal vergebens nach dem Schriftzug »Titanic«. Dann kletterte er weiter, überquerte die Reling auf dem Vorschiff, begab sich zum Hilfsankerkran und auf eines der großen Bronzespills in der Nähe. Zentimetergenau richtete Martin das optische Auge von »JJ« nach unten, so daß das Namensschild des Herstellers leicht abzulesen war: »Napier Bros. Ltd., Engineers, Glasgow.«

Nur ungern holte Martin »JJ« wieder zurück. Wir mußten auftauchen. Vier getrennte Landeplätze hatten wir angesteuert und jedesmal unseren Roboter erfolgreich eingesetzt. Wir waren erschöpft, aber in Hochstimmung, als wir mit Rockmusik nach oben schwebten. Unser Kabinenboden war mit Videokassetten vollgepackt, dem unbezahlbaren Bergungsgut von der »Titanic«. Wir machten Witze und gingen die Höhepunkte eines phantastischen Tages immer wieder durch.

Es gibt einfache und schwierige Tauchfahrten. Unser fünfter Besuch der »Titanic« am 17. Juli bestand aus entnervenden drei Stunden und fünfunddreißig Minuten. Martin hatte diesen Tag frei, denn der Erbauer von »JJ«, Chris von Alt, wollte seine Erfindung auch einmal selbst ausprobieren. Paul Tibbits, ein Neuling im »Alvin«-Team, war unser Pilot.

Die Strömung am Meeresboden war so stark, wie wir sie noch nie erlebt hatten; das Wasser starrte vor trübem Sediment. Als wir auf dem Vorderschiff landen wollten, knallte das Tauchboot gegen die Öffnung der ersten Luke und gegen ein Spill in der Nähe, ehe wir endlich zur Ruhe kamen. Daß ein Wrackstück ein Loch in unser Bullauge schlagen könnte, war unser ständiger Alptraum, denn die Bullaugen sind die einzigen Schwachstellen im Tauchboot. Dann mußten wir mit ansehen, wie »JJ« wie ein Drachen in einem Tiefseewind hochgerissen wurde; sein Kabel konnte sich jeden Moment hoffnungslos um eine Reling oder ein Wrackstück wickeln. Nachdem wir uns dazu durchgerungen hatten, »JJ« lieber in seiner Garage zu lassen, ging es uns selbst kaum besser bei dem Versuch, an den Riß heranzukommen, die Stelle kurz vor dem dritten Schornstein, wo das Vorschiff abgebrochen war. Als wir den häßlichen Wracktrümmern schlingernd bedenklich nahe kamen, machte die Strömung das Steuern unmöglich. Immerhin konnten wir sehen, daß die Schiffsdecks wie eine riesige Ziehharmonika ineinandergefallen waren. Wir mußten schleunigst wieder weg, bevor uns die Strömung in diese verräterische Untiefe zog.

Paul war fix und fertig, als wir endlich den Rückweg antraten. Wir alle waren erleichtert, nach der rauhen Behandlung durch die Strömung wieder friedlich nach oben zu schweben. Auf der »Atlantis« kamen wir müde und enttäuscht an, besonders Chris, der seine einzige Chance verpaßt hatte, »JJ« in der Tiefsee zu erproben. Die »Titanic« war ein höchst unbere-

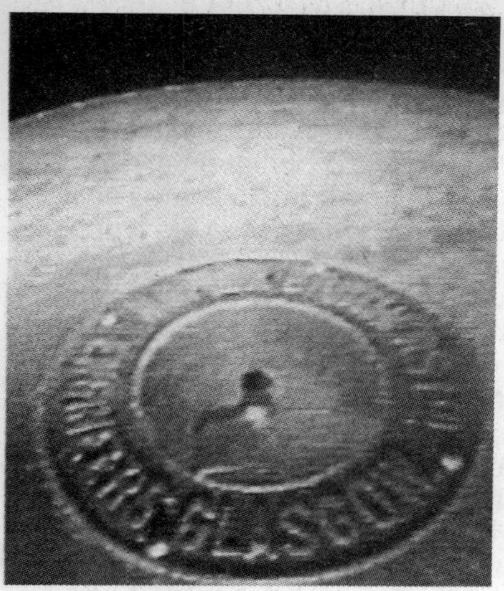

Auf diesem Standfoto aus dem Videofilm ist der Name des Herstellers auf der Bronzehaube einer Ankerwinde noch gut lesbar.

chenbares Ziel: Wenn wir dachten, daß wir sie endlich wieder im Griff hatten, entzog sie sich uns aufs neue.

An diesem Abend sah ich mir zusammen mit Al Uchupi die Fotos an, die er mit dem ANGUS-Team jede Nacht entwickelt hatte, nachdem »Alvin« und »JJ« vom Bug der »Titanic« zurückgekehrt waren. Auf unserem nächsten Tauchgang wollten wir zum erstenmal das Trümmerfeld besichtigen, und die wenige Zeit, die uns noch verblieb, sollte dabei möglichst gut genutzt werden; wir hatten schließlich nur noch sieben Tage. Ich hatte deshalb Al gebeten, auf einer Karte die interessanteren Ziele einzuzeichnen; diese Karte wollte ich mit ins Tauchboot nehmen. Damit konnten wir etwas Zeit sparen, während uns der Navigator oben von Ziel zu Ziel leitete.

Bisher hatte ANGUS nur verstreute Trümmer auf den 600 Metern zwischen Bug und dem großen Heckstück gefunden, die wir letztes Jahr entdeckt hatten. Die meisten schweren Stücke schienen sich östlich um dieses Heckteil zu konzentrieren, darunter auch alle kleineren Einenderkessel des Schiffs. Al und ich waren der Meinung, daß sie aus dem Mittelstück des Schiffs herausgefallen waren, als es an oder nahe der

Oberfläche auseinandergebrochen war. Wahrscheinlich waren diese schweren, runden Gebilde wie riesige Kegelkugeln geradewegs zu Boden gegangen. In der Umgebung des Hecks fanden sich auch noch weitere große Wrackstücke in einem ausgedehnten Feld von leichteren Trümmern. Neben den Kesseln spürte ANGUS dort auch drei Schiffstelegraphen auf.

Zu den leichteren Sachen gehörten ein Teil des Kohlevorrats der »Titanic« und viele Kleinteile aus dem Wrack, wie zum Beispiel Tassen und Teller, Silbertabletts und zahllose Fußbodenkacheln, die von der starken Strömung in jener Nacht offenbar ostwärts vom Heck deponiert worden waren. Ich überlegte mir, was uns eine Nahaufnahme dort noch zeigen konnte.

Meine Arbeit mit Al an diesem Abend wurde durch einen Anruf aus dem Funkraum unterbrochen. Peter Jennings von der Fernsehgesellschaft ABC wollte mich für die Abendnachrichten interviewen. Wie so viele Kollegen vor ihm, stellte auch er die unvermeidliche Frage, ob vielleicht noch Überreste von Menschen zu finden sein könnten. »Peter«, antwortete ich, »wenn wir dort überhaupt Leichen finden, dann allenfalls morgen, wenn wir in das Trümmerfeld tauchen.« Daß wir noch auf Leichen stießen, war höchst unwahrscheinlich, aber vielleicht fanden wir menschliche Skelette. Das war eine Aussicht, die uns frösteln ließ.

Der 18. Juli begann wieder als schöner, sonniger Sommertag. Doch als ich mich sacht ans Steuerbordbullauge in unserem kleinen Tauchboot, meiner zweiten Heimat, lehnte und Als Karte studierte, war mir bei unserer heutigen Fahrt doch nicht ganz wohl. Ich stellte mir vor, was wir dort unten antreffen konnten. Dafür waren im Trümmerfeld für Jim Hardiman und seinen noch in Ausbildung befindlichen Kopiloten, John Salzig, kaum Gefahren zu erwarten.

Es sollte eine Ausbildungsfahrt mit »Alvin« werden, und »JJ« war daheimgeblieben, weil wir ihn nicht brauchten. Die Gruppe »Alvin« sucht ständig neue Piloten. Manche, wie zum Beispiel Ralph und Dudley, bleiben jahrelang beim Programm, andere kündigen nach nicht einmal hundert Tauchfahrten. Bei dem vollen Terminkalender von »Alvin« kommt diese Anzahl von Tauchfahrten schon in knapp fünf Jahren zusammen. Um deshalb immer auf ein genügendes Reservoir von gut ausgebildeten neuen Piloten zurückgreifen zu können, hat man die Vorschrift erlassen, daß auf jeder siebten Tauchfahrt ein Platz an einen in Ausbildung befindlichen Piloten abgegeben werden muß.

Unsere sechste Tauchfahrt verlief ereignislos. Keine Batteriekurzschlüsse, keine Pannen im Sonar, kein störender Alarm. Wir erreichten unser Ziel ohne Zwischenfälle, landeten westlich vom Trümmerfeld und fuhren dann auf dem Meeresboden dichter heran. Als die ersten Trümmerbruchstücke auftauchten, hatten wir den Eindruck, ein ausgebombtes Museum zu betreten. Tausend und Abertausende von Gegenständen lagen auf den hügeligen Sedimentschichten verstreut, manche von ihnen sehr gut erhalten. Die Eingeweide der »Titanic« waren über den Meeresboden verteilt. Ganz im Gegensatz zur Großartigkeit des zerstörten Bugs war dies eine grauenerregende Mischung von Schönheit und Verwüstung.

Während ich mit meiner Nikon drauflosfotografierte, zogen draußen Sachen vorbei, die das Herz eines Sammlers von Andenken an die »Titanic« hätten höher schlagen lassen: Porzellangeschirr, Silbertabletts, Töpfe und Pfannen, Weinflaschen, Stiefel, Nachttöpfe, Ablagesimse, Heizkörper, Badewannen, Koffer und Porzellanwaschbecken. Und dann blickte ich ohne jede Vorwarnung plötzlich in die Augen eines kleinen, weißen, lächelnden Gesichts. Einen Moment dachte ich, daß wir tatsächlich auf einen Leichnam gestoßen seien, und erschrak fürchterlich. Dann merkte ich, daß es der Kopf einer Porzellanpuppe war, die Haare und Kleider verloren hatte. Nach dem ersten Schock wurde ich traurig, als mir die Bedeutung dieses Bildes erst richtig zu Bewußtsein kam. Wem hatte die Puppe gehört? War das Mädchen unter den glücklichen Überlebenden gewesen? Oder hatte es die Puppe festgehalten, als es in den eisigen Fluten versank?

Wir zogen weiter; ich sah zu meinen beiden Gefährten hinüber. Auch sie waren in die erstaunlichen Bilder vertieft, die vor unseren Bullaugen vorüberschwebten. Die Küchen der

»Titanic« hatten ihren ganzen Inhalt hier auf dem Meeresboden ausgeleert: Kupfertöpfe und -pfannen (mit Deckeln), von der Strömung blitzblank poliert; Serviertabletts, Teller, Tassen und sogar einen Kupferausguß. Mitten in einer Pfanne lag ein Stück rosa Fußbodenbelag. Ein Wein- und Spirituosenkeller breitete sich hier unten aus, dessen Verkauf ein Vermögen erbracht hätte. Da lagen Champagnerflaschen, die meisten noch fest verkorkt. Bald hatten wir die Übersicht verloren. Porzellannachttöpfe, die Kopfenden von weißen Emailbettgestellen, aufwendige schmiedeeiserne Stützen von den Holzbänken auf Deck, rostende Badewannen, Wasserhähne mit der Aufschrift »heiß« und »kalt«, Ausgußbecken, hellrote und weiße Fußbodenkacheln, sogar ein Spucknapf. Was ein Schiff so mit sich schleppt, lag hier ausgebreitet. Daß alles so ganz alltäglich war, machte es nur noch schwerer erträglich.

Manchmal ergaben die nebeneinanderliegenden Dinge dramatische Gegensätze. Da steckte ein häßlich verknäultes Stück Eisen nur ein paar Zentimeter neben einem wunderschönen Glasfenster aus einer Sitzecke im 1.-Klasse-Salon, verbogen, aber noch heil. An einer anderen Stelle untersuchten wir gerade die Außenfläche eines Kessels; oben auf dem Deckel stand eine verrostete Metalltasse von der Art, wie sie die Mannschaft verwendete, als habe ein Heizer sie dort abgestellt, bevor das Wasser in den Kesselraum eingebrochen war. Davor lag eine Türklinke; die Holztür selbst hatte sich längst aufgelöst.

Zuerst durchmaßen wir das Trümmerfeld noch systematisch und langsam und hielten uns an Al Uchupis Karte. So sehr wir auch suchten: den Schiffstelegraphen konnten wir nicht finden, obwohl er doch auf den Standbildern von ANGUS so deutlich zu erkennen gewesen war. Bald gingen wir lieber der Nase nach und hielten nach Gegenständen Ausschau, die am äußeren Lichtsaum von »Alvins« Scheinwerfer zu erkennen waren. Sooft in meinem Bullauge etwas Interessantes auftauchte, verlangsamten wir unsere Fahrt, damit ich ein Bild aufnehmen konnte. Schon die Größe dieses »Museums« war überwältigend.

Um die Mittagszeit stießen wir auf einen Safe. Ich bat Jim, das Tauchboot anzuhalten. Augenblicklich steckten wir in einer dicken Sedimentwolke. Mit »Alvin« langam auf diesem Schlammboden herumzufahren, war etwa so, als bewege man einen Geländewagen mit 100 Stundenkilometer Geschwindigkeit über eine Salzwüste und ziehe eine lange Staubfahne hinter sich her. Die Sicht war gut, solange wir in Fahrt waren; sobald wir anhielten, holte uns jedoch unsere Wolke ein.

Da die Strömung heute nicht besonders stark war, mußte es eine Weile dauern, bis sich der Schmutz wieder gesetzt hatte. Ich wollte mir den Safe auf jeden Fall aus der Nähe ansehen; er schien sich noch in gutem Zustand zu befinden. Zuerst wollte ich ihn nur fotografieren. Der Safe lag zwanzig bis dreißig Meter hinter uns und etwas weiter rechts; deshalb bat ich Jim, um 180 Grad zu drehen und etwas näher heranzugehen. Wir hatten ohnehin schon so viel Dreck aufgewirbelt, daß wir ruhig zu Mittag essen und warten konnten, bis sich alles wieder setzte. Bald durchzog der Geruch von Erdnußbutter unsere kleine Kabine, während wir uns angeregt über unseren Safe und dessen Inhalt unterhielten.

Das Essen in »Alvin« verdiente keine drei Sterne; es schmeckte eher nach Stehimbiß. Doch die Arbeit in diesem kalten, engen Raum machte einen solchen Hunger, daß wir fast alles gegessen hätten. Die besten Unterwassermahlzeiten gab es bei den Franzosen: guten Käse, frisches Obst, kaltes Fleisch, feines französisches Brot und manchmal sogar einen Plastikbecher mit leicht gekühltem Beaujolais. Auf »Alvin« war Alkohol streng verboten.

Vor sechzehn Jahren, als ich das erste Mal mit »Alvin« getaucht war, bestand das traditionelle Mittagessen aus einem Bolognasandwich. Die Mahlzeiten von damals sind mittlerweile Legende geworden. Im Oktober 1968 war »Alvin« mit drei Mann Besatzung aus seiner Verankerung gerissen worden, durch die offene Luke voll Wasser gelaufen und in fünfzehnhundert Meter Wassertiefe gesunken. Die Mannschaft konnte sich gerade noch retten. Als das Tauchboot zehn Monate später wieder gehoben wurde, waren die Bolognasandwiches immer noch genießbar. Daraus entwickelte sich damals ein neues Forschungsgebiet in der Mikrobiologie, denn aus diesen Beweisen war gefolgert worden, daß die Zersetzung von organischen Substanzen in diesen Tiefen viel langsamer ablief, als man bisher angenommen hatte. Wegen dieses Unfalls mit »Alvin« hofften auch viele, daß die »Titanic« besser erhalten sei, als sie es nachher schließlich war.

1977 hatte uns auf einem unserer Tauchgänge vor den Galápagos-Inseln unser portugiesischer Koch mit Pfeffersteak und Zwiebeln als Sandwichbelag auf den Meeresboden geschickt. Als wir die Pakete in unserer kleinen, luftdichten Kapsel öffneten, wären wir fast in Ohnmacht gefallen. Seither gibt es nur noch Sandwiches mit unserer geliebten Erdnußbutter und Marmelade, Äpfel, Kekse und Schokoladeriegel.

Gegen Ende eines langen Tages in einem so kleinen Tauchboot kann die Luft ziemlich dick werden. Man hofft immer, daß die Kollegen an diesem Morgen besonders ausgiebig geduscht und am Abend vorher möglichst weder Knoblauch noch Bohnen gegessen haben. Und weil für eine Toilette kein Platz ist, müssen wir uns mit Behelfen begnügen, wie sie die schwerelosen Astronauten benutzen. Im Gegensatz zu den Astronauten brauchen wir allerdings nicht mehrere Tage in unserer Kapsel zu verbringen.

Nach dem Essen tauchte der Safe wieder am Rand des Scheinwerferkegels auf. Ganz vorsichtig, um nicht erneut Schlamm aufzuwirbeln, drehte uns unser Pilot herum, bis unser Untersuchungsobjekt direkt vor meinem Steuerbordfenster lag. Seine Tür wies nach oben. Der Türgriff sah nach Gold aus, mußte aber aus Messing sein. Gleich daneben konnte ich ein kleines, rundes, goldenes Zifferblatt und darüber ein glänzendes Goldwappen erkennen. Die beiden einander zugekehrten Figuren darauf hoben sich deutlich ab; sie sahen aus wie Pferde oder Einhörner auf den Hinterbeinen. Das Wappen war jedoch so klein, daß ich die Inschrift nicht entziffern konnte.

Ich wies Jim an, den Probesammelarm von »Alvin« so zu drehen, daß ich ein Bild aufnehmen konnte. Dabei mußte der Greifer den Türgriff des Safes fast berühren. Warum versuchten wir nicht gleich, den Safe zu öffnen? Ich sah zu, wie die

Metallfinger des Greifarms den Türgriff packten und sich das Handgelenk nach rechts zu bewegen begann. Der Griff ließ sich verhältnismäßig leicht bis zum Anschlag drehen. Doch die Tür rührte sich nicht; offenbar waren die Scharniere festgerostet. Einen Augenblick kam ich mir vor wie das Kind, das mit der Hand in der Keksdose auf frischer Tat ertappt wird. Man konnte den Safe ja ohne weiteres nach oben bringen. Mit »Alvin« hatten wir schon schwerere Dinge gehoben.

Ich sah Jim an, er sah mich an.

»Und jetzt?« fragte er.

Lange Pause. Ich dachte nach und stellte mir vor, was der Safe enthalten mochte. Was hätte ich getan, wenn wir den Safe geöffnet und etwas Wertvolles darin gefunden hätten, zum Beispiel das rubinenbesetzte »Rubaijat« des Omar Chajjam? Wahrscheinlich hätte ich nach oben telefoniert und den Funker beauftragt, Woods Hole anzurufen: »Haben einmaligen Kunstgegenstand auf der ›Titanic‹ gefunden. Bitten um Anweisungen.« Zum Glück wurde mein Schwur, von der »Titanic« keine Souvenirs mitzubringen, nicht auf die Probe gestellt. Wahrscheinlich war der Safe ohnehin leer. Mir fiel ein, daß Bill Tantum mir einmal erzählt hatte, die Safes in der 2. Klasse des Schiffs seien angeblich kurz vor dem Untergang der »Titanic« von der Mannschaft geöffnet und geleert worden. In seinem Bericht über den Untergang erinnerte sich Lawrence Beesley, wie er die Safetür im Büro des Zweiten Zahlmeisters wieder habe ins Schloß fallen hören, nachdem der Safe offenbar ausgeräumt worden sei. Bei näherer Untersuchung zeigte sich, daß unser Safe eindeutig aus der Zahlmeisterei der 2. Klasse stammte. Also hatte er wahrscheinlich nie wirkliche Wertgegenstände enthalten, sondern allenfalls etwas Geld und nicht besonders teuren Schmuck. Wie schön, wenn wir das hätten genauer feststellen können.

»Lassen wir es. Ich mache noch ein paar Bilder«, antwortete ich endlich. Wenn ich auf dieses Souvenir verzichten konnte, brachte mich nichts mehr in Versuchung. (Als ich mir später die Fotos ansah, merkte ich, daß der Boden des Safes weggerostet war. Den Inhalt hätte man also auf dem Sediment sehen müssen, aber wir hatten nichts gefunden.)

Das Zahlmeisterbüro der 2. Klasse auf der *Olympic*. Drei im Trümmerfeld gefundene Safes stammten aus einem ähnlichen Büro an Bord der *Titanic*.

Bis zu meiner nächsten Tauchfahrt zur »Titanic« vergingen zwei Tage. Diesmal durfte einer der jungen U-Boot-Offiziere von der Marine (der mitgekommen war, um sich in der Bedienung von »JJ« zu üben) mitfahren, während ich eine Liste von allem aufstellte, was wir bisher gefunden hatten. Ich hatte eine Pause dringend nötig. Wir hatten unsere Zeit zur Hälfte verbraucht und schon sehr viel von der »Titanic« auf Videoband und auf ausgezeichneten Einzelbildern aufgenommen.

Doch Marineleutnant Jeff Powers mußte sich noch einen Tag gedulden, bis er auf die Reise gehen durfte, denn das Batterieladegerät von »Alvin« streikte. Jemand hatte vergessen, es über Nacht einzuschalten. Statt zum Meeresboden zu sinken, verbrachte »Alvin« deshalb den 19. Juli auf der »Atlantis II« und ließ sich die Batterien aufladen. Am darauffolgenden Morgen, dem 20. Juli, ging Tauchfahrt Nr. 7 mit Leutnant Powers an Bord und Jim Aguilar am Steuer planmäßig los. Martin fuhr mit, um Jeff bei der Bedienung von »JJ« zu helfen.

Diese Ausgabe des »Rubaijat« von Omar Chajjam war für 405 Pfund Sterling in einem Auktionshaus erstanden worden und auf der *Titanic* nach New York unterwegs. Der Einband trug ein Pfauenmotiv aus Gold und war mit über tausend kostbaren Steinen geschmückt.

Trotz einer starken Strömung am Meeresboden gelang es, das Tauchschiff auf der »Titanic« abzusetzen und ein paar Bilder zu machen. »JJ« spielte wieder nicht mit; diesmal funktionierte das Videogerät nicht. Nach den problemlosen ersten Einsätzen entwickelte sich »Jason jr.« allmählich zu einem schwierigen Kind.

Nach zwei Tagen Ruhe war ich auf der nächsten Fahrt wieder dabei; diesmal ging es zum Heck. Ralph Hollis übernahm das Steuer, und als drittes Besatzungsmitglied fuhr Ken Stewart mit, ein Doktorand im Tieftauchlaboratorium. Ken war für die Entwicklung von »JJ« zuständig gewesen, ehe Chris von Alt bei uns angefangen hatte, und freute sich schon darauf, mit »JJ« die Schrauben aus der Nähe zu besichtigen, wenn sie überhaupt zu finden waren.

Heute hatte ich vor, Jack Grimms Behauptung von der »Schraube« ein für allemal zu widerlegen. Wir wollten »Alvin« direkt hinter dem Heck auf dem Meeresboden absetzen und dann »JJ« unter den überhängenden Rumpf schicken. Sofern die Schrauben beim Absturz nicht abgefallen waren, mußten sie sich noch an Ort und Stelle befinden. Alle Augenzeugen hatten übereinstimmend erklärt, daß nur das Vorderteil der »Titanic« den Eisberg wirklich gestreift hatte. Ein Teil der Besatzung hatte den Berg jedoch überhaupt nicht gesehen und auch vom Zusammenstoß kaum etwas gemerkt. Sie hatten gemeint, das Schiff habe gestoppt, weil ein Blatt von der Schraube abgefallen war. Das kam zwar selten vor, war aber schon passiert. Wenn es nur so einfach gewesen wäre! Auf jeden Fall bestand Grund zu der Annahme, daß die großen Blätter noch an den Naben saßen und auch das über hundert Tonnen schwere Ruder noch an Ort und Stelle hing. Die »Titanic« war mit drei riesigen Schrauben ausgestattet gewesen. Die beiden dreiblättrigen Schrauben auf beiden Seiten hatten etwas über sieben Meter, die kleineren in der Mitte knapp fünf Meter gemessen. Zusammen konnten sie das 46000-Tonnen-Schiff mit einer Geschwindigkeit von über 23 Knoten antreiben. Die Höchstgeschwindigkeit der »Titanic« hatte man übrigens nie ermittelt. Ismay sagte später aus, diese Erprobung sei für Montag, den 15. April, vorgesehen gewesen . . .

Dies war Ralphs dritte Reise hinunter zum Wrack. Statt wieder auf unserer Kufe am Boden entlangzugleiten, kamen wir in einem atemberaubenden Sturzflug über dem Trümmerfeld an. Bald zeigte das Auge der »Argo«-SIT-Kamera das Poopdeck. Dieses hinterste Deck am Heck der »Titanic« war gerade noch an den großen Führungsrollen für die Festmacherleinen zu erkennen. Wir landeten jedoch nicht auf diesem Deck, denn es war mit gefährlich vielen Trümmern besät, sondern Ralph steuerte uns achtern daran vorbei und hinunter zu einer Stelle neben dem Heckrumpf und verhielt dort kurz, während »Bibo« vergeblich nach einem Hinweis auf das Namensschild der »Titanic« oder auf den Heimathafen Liverpool suchte. Die Rostzapfen waren einfach zu dick.

Dann sanken wir weiter; Ralph führte eine weiche Landung auf dem Meeresboden durch und flutete die Ballasttanks, so daß wir »JJ« von einer festen Basis aus einsetzen konnten. Darauf hatte Ken Stewart schon die ganze Zeit gewartet, aber er ließ sich die Erregung nicht anmerken. Trotzdem konnte ich mir vorstellen, wie es ihm ging; es war zwar nicht seine erste Tauchfahrt mit »Alvin«, doch sein erster Blick auf die »Titanic«. Kaum war »JJ« aus seiner Garage heraus, als wir merkten, daß etwas nicht stimmte. Er sauste im Kreis herum. Einer seiner Motoren, der oben noch einwandfrei funktioniert hatte, lief nicht mehr.

»Verdammt«, sagte ich. »Jetzt sind wir so weit gefahren, sitzen genau dort, wo wir arbeiten wollen, und ›JJ‹ spinnt.« Es sei dankbar angemerkt, daß Ralph mit keiner Miene andeutete, er habe es ja gleich gewußt. Er hätte ein Recht dazu gehabt, als wir unseren toten Roboter an der Leine nach Hause schleiften.

Dies war die einzige Fahrt zum schwer beschädigten Heckteil, die ich eingeplant hatte, und jetzt schien nichts daraus zu werden. Niedergeschlagen hockte ich hinter meinem Bullauge, stierte auf den schlammigen Meeresboden und tat mir selbst leid. Plötzlich bewegte sich der Schlamm! Ralph schob »Alvin« zentimeterweise auf seiner Kufe unter das Heck. War er verrückt geworden? Wenn jetzt ein Wrackteil auf uns herunterfiel! Ich sah Ken an, rollte die Augen und deutete mit dem Daumen auf Ralphs Rücken, als wollte ich sagen: »Er sitzt am Steuer, und wir sind ihm ausgeliefert.« Er nickte leise. Ken dachte wohl dasselbe. Wie Ralph »Alvin« steuerte, verstieß er gegen die wichtigste Grundregel: Niemals unter einen künstlichen Überhang fahren. Doch er wollte beweisen, daß »Alvin« alles, was »JJ« konnte, noch besser fertigbrachte. Er war nach wie vor felsenfest davon überzeugt, daß er den Kampf gegen unbemannte Roboter gewinnen konnte.

Durch mein Bullauge konnte ich vor uns die Linie erkennen, hinter der das Niemandsland anfing, die Fläche, auf die aller Rost vom darüber hochragenden Bug gefallen war. Bis zu dieser Demarkationslinie war der Meeresboden sauber; dahinter sah er aus wie ein Schrotthaufen mit Hunderten von rund dreißig Zentimeter langen Rostzapfen. Wenn man diese Linie überschritt, gab man den sicheren Rückweg im Notfall auf. Ich betete, daß Ralph wußte, was er tat, sagte aber kein Wort. Ich wollte unbedingt die Schrauben sehen. Keiner redete. Nur unser Atmen war im Boot zu hören.

Vorsichtig langte ich an eine Stelle neben Ralphs rechtem Ellenbogen hinüber, wo der Regler für den Arm von »Alvin«

saß und verstellte die Kamera von »Bibo«, bis sie nach oben blickte. Wenn uns etwas zustieß, konnte es nur von dem korrodierten Rumpf über unseren Köpfen kommen. Ich kehrte dem Bullauge den Rücken und konzentrierte mich ganz auf den Farbmonitor an der Rückwand der Kugel.

Zuerst konnte ich nur einen Strom von schwebenden Teilchen erkennen, doch dann rückte Zentimeter um Zentimeter eine massive schwarze Fläche auf das Objektiv zu. Bald füllte eine riesige Stahlplatte die ganze Bildfläche; die Nieten waren deutlich zu sehen. Wenn wir noch viel weiter vorrückten, mußten wir uns unter dem Heck verklemmen. Normalerweise bekomme ich im Boot keine Platzangst, aber diesmal war es anders. Der Rumpf schien uns von allen Seiten einzukesseln.

»Ich sehe das Ruder, Bob, aber keine Schrauben«, berichtete Ralph mit nüchterner Stimme. Wenn er nervös war, zeigte er es nicht. Er hatte »Alvin« angehalten.

Ich rückte an sein Bullauge hinüber und starrte in die Finsternis hinaus. Unmittelbar vor mir und nach allen Richtungen ragte das Heck aus dem Meeresboden auf. Die gekrümmte Rumpfbeplattung verschwand oben aus unserem Blickfeld. Von hier aus schien sie sich in einwandfreiem Zustand zu befinden, als stehe das Schiff zur Bodenreinigung im Trockendock. Dabei war der Boden schon sauber! Er hatte kaum Rost und praktisch keine Meeresorganismen angesetzt. Offenbar stand der Rumpf so steil, daß sich Rostzapfen daran nicht halten konnten.

Wie der Bug, so war auch das Heckteil der »Titanic« über dreizehn Meter tief im Schlamm eingegraben, so daß die Schlammgrenze ziemlich weit über der Stelle verlief, an der die Schrauben sitzen mußten. Man sah nur knapp fünf Meter vom Ruder aus dem Untergrund herausragen, als treibe das Schiff auf dem Meeresspiegel. Die Schrauben mußten noch dort unten sein, aber ich konnte es nicht beweisen. Fast hörte ich Jack Grimm höhnisch lachen. Ich wußte jetzt schon, daß er mir nicht glaubte. Mehr konnten wir nicht tun, und Ralph hatte seinen Beweis erbracht. »Hauen wir von hier ab«, sagte ich.

Die riesigen Schrauben am Heck der *Titanic* liegen jetzt tief im Schlamm begraben.

Der Pilot wendete »Alvin« und fuhr mit äußerster Vorsicht denselben Weg zurück, den unsere einsame Skispur gezogen hatte. »Alvin« überquerte die Rost-Demarkationslinie wieder und kam unter dem Heck hervor. Jetzt konnten wir endlich aufatmen. Unsere Erleichterung war fast mit Händen zu greifen, aber niemand sagte etwas. Wir alle, auch Ralph, waren froh, daß unser Abenteuer vorüber war.

In der Zeit, die uns auf dieser achten Tauchfahrt zur »Titanic« noch blieb, wollte ich etwas tun, das mir schon lange auf der Seele gelegen hatte. Ich wollte eine Erinnerungsplakette zum Gedenken an meinen Freund Bill Tantum und an alle, die mit der »Titanic« untergegangen waren, auf dem Deck niederlegen. Bill hatte mehr als jeder andere meinen Traum von der »Titanic« am Leben gehalten. Eine Erinnerung an ihn war gleichzeitig eine Erinnerung an die Mitglieder der Titanic Historical Society, die so viel dazu beigetragen hatte, dieses Schiff nicht in Vergessenheit geraten zu lassen. Bills Frau

Anne hatte die Idee zugesagt, und am Tag unserer Abfahrt hatte sie mir eine Bronzeplakette in die Hand gedrückt.

Zunächst hatte ich daran gedacht, die Plakette auf dem besser erhaltenen Bug niederzulegen. Doch alle, die auf der »Titanic« gestorben waren, hatten sich auf dem Heck versammelt gehabt, als das Schiff mit dem Bug voran untergegangen war. Das Heck war ihre letzte Zufluchtsstätte gewesen.

Wir stiegen am Heck auf, und Ralph manövrierte »Alvin« vorsichtig bis an den Rand des Poopdecks in die Nähe der beiden stählernen Führungsrollen. Der Platz war so knapp, daß Ralph nur das Vorderteil des Tauchboots auf dem festen Deck parken konnte; der Rest ragte ins Leere hinaus wie ein Felsen, der auf dem Rand einer Klippe balanciert. Behutsam holte der Arm von »Alvin« die Plakette aus ihrer Hülle, die wir an der Garage von »JJ« befestigt hatten. Dann drehte Ralph den Arm herum und löste den Greifer aus. Auf dem Bildschirm sahen wir, wie die Plakette in die dünne Sedimentschicht sank, die den Rumpf bedeckte.

Jetzt hob Ralph ab, und wir stiegen wieder auf. Die Kamera von »Bibo« blieb noch lange auf die Plakette gerichtet. Je weiter wir stiegen, um so kleiner wurde sie, bis sie schließlich in der Dunkelheit verschwand, als habe jemand in einer Filmdekoration das Licht ausgedreht. Mir war traurig zumute. Aus unserem Blickfeld schwand ein Bild von der letzten Stelle, an der Menschen auf dem trockenen Deck der »Titanic« gestanden hatten. Jetzt lag es friedlich und verlassen da. Wir sprachen kaum etwas. Jeder hing seinen Gedanken nach, als wir wieder der Sonne zustrebten.

Allmählich wurde die Zeit knapp. Unsere nächsten beiden Tauchfahrten erwiesen sich als höchst unergiebig. Nachdem er in der ersten Hälfte unserer Expedition so gut funktioniert hatte, wurde »Jason jr.« jetzt immer häufiger von Pannen heimgesucht. Trotz aufopfernder Arbeit von Chris von Alt und seinen Leuten funktionierte »JJ« weder am 22. Juli noch am 23. Juli richtig. Vier Tage hintereinander hatten wir ohne unser schwimmendes Auge auskommen müssen und deshalb die vielen anderen Stellen im Wrack nicht sehen können, die ich noch aufsuchen wollte.

Am 22. Juli fotografierten wir den ganzen Bug von außen und sahen uns auch den Bereich an, in dem der Eisberg angeblich den Rumpf aufgerissen hatte. Vom Bug bis zu einer Stelle etwa in Höhe der zweiten Ladeluke steckte der Rumpf bis oberhalb der Wasserlinie im Schlamm. Dahinter war der Anfang des Bereichs zu sehen, in dem der Riß hätte sein sollen, doch es war kein Riß zu erkennen. Als wir noch weiter entlang der Schlammlinie nach hinten und abwärts fuhren, kamen wir an drei auffallend großen senkrechten Beulen in der Außenhaut vorbei. Besonders die weiter hinten liegende war sehr interessant. Hier hatte sich der Stahlrumpf in einem Winkel von fast 90 Grad auf- und dann wieder zusammengefaltet, ohne daß eine gerissene Schweißnaht oder eine geplatzte Niete zu sehen waren. Diese senkrechten Beulen rührten eindeutig vom Aufprall des Bugs auf den Boden her; dabei war das Vorschiff um ein paar Grad hinuntergebogen worden. Weiter achtern, etwa auf der Höhe der Brücke und etwas oberhalb der Krümmung der Bilge, konnten wir waagerechte Verbiegungen und Falten in der Außenhaut erkennen; hier klafften die Platten an den Schweißnähten auch etwas auseinander. Löcher waren zu sehen, wo die Nieten gerissen waren. Jetzt befanden wir uns an den Stellen, die der Eisberg beschädigt hatte. Sahen wir ein Stück der Wunde, an der die »Titanic« gestorben war? Wo aber war der große Riß, den wir nach allen Berichten erwartet hatten? Vielleicht wies der Rumpf weiter vorn tatsächlich ein Loch auf; doch nach allem, was wir beobachten konnten, hat es diesen berühmten Riß vermutlich nie gegeben.

Am 23. Juli waren die beiden anderen U-Boot-Offiziere der Marine, Leutnant Mike Mahre und Leutnant Brian Kissel, an der Reihe, mit auf Tauchfahrt zu gehen. Auf der Backbordseite im Vorschiff entdeckten sie auf der Höhe des D-Decks eine große Eingangstür zur Ersten Klasse, die weit offenstand; wahrscheinlich war sie beim Aufprall aufgesprungen. Sie leuchteten mit den Scheinwerfern von »Alvin« durch die Lukenöffnung und in das dahinterliegende Eingangsfoyer, sahen jedoch nur ein Schott und die in der Finsternis verschwindende Decke. Was lag dort, wohin die Scheinwerfer nicht mehr reichten? Wie schön hätte hier »JJ« wie aufs Stichwort seinen Part übernehmen können. Er wäre leicht in den Empfangssalon der Ersten Klasse hineingekommen, hätte sich die drei Aufzüge ansehen können und wäre dann in die Niedergänge nach vorn oder in den Speisesaal der Ersten Klasse nach hinten weitergezogen. Doch unser kleiner Roboter hatte wieder einmal gestreikt.

Am Vorabend unseres letzten Tages und der letzten Tauchfahrt wollte ich »JJ« noch einmal mit mehr Erfolg einsetzen. Ich bat deshalb Chris und seine Truppe, die ganze Nacht zu arbeiten und alle Fehler zu suchen und zu beheben. Kurz vor Mitternacht kam Chris in meine Kabine und drückte mir ein abgebrochenes Drahtstück in die Hand. Emile hatte es in der Aufwickelspule für das Kabel gefunden. Offenbar war dieser kleine Draht bei der Montage gerade so stark beschädigt worden, daß seine schützende Kunststoffhülle gebrochen war: Die Leiter waren dabei noch heil geblieben. An Land hatte sich das nicht weiter ausgewirkt, doch bei den ungeheuren Drücken auf dem Meeresboden hatte der Draht mitunter einen Masseschluß bekommen. Deshalb traten diese Pannen auch einen Tag auf und waren am nächsten Tag verschwunden. So etwas ist ein wahrer Alptraum für einen Techniker. Jetzt hatten wir den Kobold gefunden und unschädlich gemacht; dieses abgequetschte Drahtstück hatte uns allerdings drei Tauchfahrten im Wert von insgesamt 60000 Dollar gekostet.

In der festen Überzeugung, daß jetzt alles in Ordnung war, schlief ich tief und fest und sprang am Morgen des 24. Juli voll Energie aus dem Bett, um einen letzten Blick auf die »Titanic« zu werfen.

Will Sellars, der auf unserer ruhmreichen vierten Tauchfahrt der Pilot gewesen war, sollte das Steuer übernehmen; Martin Bowen befand sich mit mir an Bord und wollte das letzte Mal mit »JJ« arbeiten. Das Wetter hatte bisher gehalten, wir waren bester Laune, aber in Sekundenschnelle wurde aus unserer Starteuphorie tiefste Verzweiflung. Martin Bowen überbrachte mir die Hiobsbotschaft: »Bob, ich habe einen Masseschluß in ›JJ‹.«

»Das kann nicht sein! Sag, daß es nicht stimmt!« war alles, was ich darauf zu antworten wußte.

Noch eine Tauchfahrt ohne meinen kleinen Roboter konnte ich nicht ertragen. »JJ« sollte auf die 1.-Klasse-Promenade auf dem A-Deck sehen, und wenn ich ihn mit dem Arm von »Alvin« hineinwerfen mußte. Es blieb uns keine andere Wahl, als wieder aufzutauchen und zu versuchen, die Störung zu beheben. Heute hatten wir noch weniger Zeit als sonst. Vor dem Start hatte Kapitän Baker betont, daß wir auf jeden Fall pünktlich zurück sein mußten, um planmäßig auf Heimatkurs zu gehen. Von höherer Warte war in Woods Hole eine große Begrüßungszeremonie vorbereitet worden, und der Kapitän wollte nicht zu spät kommen.

Eine Stunde lang schmorten Martin, Will und ich in der Druckkapsel auf dem sanft schlingernden Deck der »Atlantis II«, während sich Chris und seine Kohorten noch einmal an »JJ« zu schaffen machten. Als es in unserer kleinen Kapsel immer wärmer wurde, wußte ich nicht genau, was schuld daran war: die heiße Sonne, die auf unsere Metallhülle schien, oder mein wachsender Ärger. Zum Glück war es ein falscher Alarm gewesen; ein paar kleine elektrische Masseschlüsse in allen vier Motoren von »JJ« hatten sich zu einem scheinbar ernsten Schluß addiert. »JJ« hätte eigentlich einwandfrei funktionieren müssen, sobald wir unten angekommen waren.

Kurz nach 10 Uhr waren wir endlich wieder im Wasser und sanken, so schnell es unsere Sinkgewichte zuließen. Als wir uns gegen Mittag unserem Ziel näherten, aßen wir die letzten Sandwiches mit Erdnußbutter auf der »Titanic«-Expedition 1986. Kurz nach 12.30 Uhr hatten wir unseren mittlerweile vertrauten Landeplatz auf dem Vorschiff erreicht. Eine zweite Plakette (der Explorers' Club, New York, dem ich angehöre, hatte sie uns mitgegeben) legten wir auf einem der schönen Bronzespills am Bug ab. Mit ihrer Inschrift wurden alle, die uns hierher nachfolgten, gebeten, das Schiff in Frieden zu lassen.

Dann hoben wir wieder ab und bewegten uns zur Backbordpromenade des A-Decks. Martin meldete, daß »JJ« einsatzbereit war. Auf früheren Fahrten an der Backbordseite war mir eine Öffnung auf dem B-Deck aufgefallen, die für »JJ« groß genug war. Sie befand sich querab von der Brücke. Es war eine Öffnung im Schanzkleid; die Tür war nicht mehr vorhanden. Das Ganze lag zwei Decks unter einem der noch vorhandenen Davits für die Rettungsboote.

Nachdem wir die Stelle wieder gefunden hatten, bat ich Will, »Alvin« auf dem darüberliegenden Bootsdeck an einem Punkt auf der Backbordseite abzusetzen, den ich mir bei unserer zweiten Tauchfahrt gemerkt hatte. Er lag direkt neben den zusammengebrochenen Offiziersquartieren. Sobald wir die Reling überquert hatten, schwebten wir auf dem Bootsdeck nach vorn, an den Backbordfenstern der großen Freitreppe vorbei, bis wir neben der Dehnungsfuge gleich hinter der Öffnung für den ersten Schornstein und den Offiziersquartieren standen. Der Schiffsaufbau war entlang der Dehnungsfuge aufgerissen, und ich konnte bis auf die Steuerbordseite hindurchsehen; innen zeigten sich die aufregendsten Dinge. In einer Kabine erkannte ich einen kleinen Kohleofen; offenbar war er mit grünen Keramikkacheln verkleidet. Vielleicht hatte er die Offizierspantry geheizt.

Langsam zogen wir bis zum vordersten Davit auf der Backbordseite, dem Davit für das Rettungsboot 2; dort wollten wir unmittelbar neben der Kammer des Ersten Offiziers Murdoch landen. Es war der einzige Davit, der auf der Backbordseite stehengeblieben war. Will konnte den Davit jetzt sehen, aber auch einen ganzen Haufen Wrackteile rechts voraus, wo die Wand der Offiziersquartiere nach außen gefallen war. Dort zu landen wäre schwierig gewesen. Hinter dem Davit standen ein paar Metallträger heraus, die einmal ein kurzes Schanzkleid an der Schiffsseite gehalten hatten. Aber Will landete sicher und brachte »Alvin« so dicht heran, wie es ging.

Das war der letzte Einsatz von »JJ«. Wohl keiner von uns saß je wieder auf dem Deck der »Titanic«. »Jetzt los, Martin. Jetzt oder nie«, sagte ich.

Während ich zusah, wie Martin unseren kleinen Roboter zwischen die aufstrebenden Stützen und den Davit schickte, überlegte ich mir, wie sehr uns dieses Maschinchen ans Herz gewachsen war. Es war zwar nicht aus Fleisch und Blut, hatte aber fast menschliche Züge angenommen, besonders in punkto Unzuverlässigkeit.

Mit dem gewohnten Geschick, aber doch ein bißchen nervöser als sonst, manövrierte Martin »JJ« zwei Decks hinunter, ließ ihn dann auf und ab schweben und die Einstiegsöffnung prüfen, die ich ausgesucht hatte. War sie groß genug? Martin meinte es und ging langsam weiter vorwärts, kletterte über die Reling auf beiden Seiten der Gangway, die zum B-Deck führte, und ging dann vorsichtig hinein. Leider war nicht viel zu sehen. Das Wasser war voll Sediment und herunterfallende Rostzapfen, und Martin gab bald auf.

Nach diesem ersten, leider vergeblichen Versuch, in den Promenadenraum hineinzukommen, holte Martin »JJ« wieder aufs Bootsdeck zurück und inspizierte Davit 2; dabei gelangen uns einige herrliche Nahaufnahmen mit der Fotokamera, auf denen viele Einzelheiten zu erkennen sind. Die Antriebsspindel glänzte wie am Tag der Herstellung. Sowohl Rettungsboot 2 als auch Notboot D waren von hier aus abgefiert worden. Boot D, das als letztes das Schiff verlassen konnte, war von Lightoller und einem Kordon von Besatzungsmitgliedern geschützt worden, die einen Sturm auf das Boot hatten verhindern wollen. Zu den Passagieren in diesem Boot hatten die beiden kleinen Navratil-Jungen gehört, die ihr Vater seiner von ihm getrennt lebenden Frau entführt hatte. Als die »Carpathia« endlich in New York angekommen war, hatte es Tage gedauert, bis man ihre Identität festgestellt hatte. (Der Vater, der mit dem Schiff untergegangen war, hatte als Mr. Hoffman in der Passagierliste gestanden.) Viele andere Kinder hatten nicht soviel Glück gehabt.

Dann führte Martin »JJ« noch einmal über die Reling und suchte einen Weg ins A-Deck; er steuerte ihn auf eine »offene Promenade« am vorderen Ende der Promenade für die 1. Klasse, direkt über die enttäuschende Gangway zum B-Deck. Hier führten zwei Korridore in zwei Richtungen. Auf der Außenbordseite der großen Tür im Schanzkleid, die uns von der Innenpromenade trennte, befand sich ein größeres Fenster. Rostzapfen baumelten bedrohlich darüber, so daß Martin lieber auf eine zweite offene Tür zuhielt, die offenbar ins Schiffsinnere führte. Dabei fiel mir eine Messingtafel rechts daneben auf; er holte sie mit der Zoomoptik heran. Die Inschrift: »Durchgang nur für Crewmitglieder.« Wie sich herausstellte, führte die Tür zu einer Innentreppe, die auf das darüberliegende Bootsdeck in der Nähe der Brücke oder hinunter auf das B-Deck ging, nicht jedoch zu den inneren Kabinen.

Als »JJ« stieg, um noch näher heranzukommen, stieß er gegen einen großen Rostzapfen am überhängenden Deck und wurde auf einen Schlag blind. Er drehte sich um sich selbst, und wir verloren die Orientierung. Dann verfing sich sein Kabel irgendwo. Mir fiel Oliver Hardys berühmter Satz ein: »Da hast du mir ja wieder eine schöne Bescherung eingebrockt.« Zu allem Überfluß mußte uns Will Sellars ausgerechnet jetzt daran erinnern, daß es fast Zeit war, nach oben zurückzukehren.

Endlich konnte »JJ« sein Kabel im rostigen Wasser erkennen. Es hatte sich an einem zackigen Stahlstück verfangen. Martin führte »JJ« etwas höher, befreite es, und wir atmeten erleichtert auf, als ich meinen letzten Befehl erteilte.

»Hol ihn zurück, Martin. Wir haben bewiesen, was wir beweisen wollten. Unsere Ziele haben wir alle erreicht. Jetzt bring ihn wieder in die Garage, und wir fahren heim.« Als »JJ« von der offenen Promenade aufs Bootsdeck zurückkam, zeigte er uns am Decksrand in der Nähe der Stützen einen kleinen Hydranten. Die rote Farbe war noch zu sehen.

Nachdem »JJ« sicher verstaut worden war, hob Will vom Deck ab und entfernte sich etwas vom Schiff, damit wir unsere Aufstiegsgewichte in den Schlamm daneben fallen lassen konnten. Das Boot blieb einen Moment stehen, als trenne es sich nur ungern von der »Titanic«; dann trieben wir wieder nach oben und nahmen immer mehr Fahrt auf, je höher wir kamen. Ich sah auf dem Bildschirm, wie sich das Bootsdeck des Schiffs langsam in der Dunkelheit auflöste. Als letztes waren das eingedrückte Dach der Offiziersquartiere und der einsame Davit für das Rettungsboot zu unterscheiden.

Dann war alles weg. Die »Titanic« verschwand, als Will die Scheinwerfer ausschaltete. Von hier ab trieben wir schweigend im Dunkeln nach oben. Diesmal legte ich keine Kassette mit »Flashdance«-Musik in den Recorder; statt dessen spielten wir etwas Leises, Klassisches. Es machte auch niemand die üblichen Witze, und die gewohnte Entspannung nach Stunden intensiver Konzentration wollte sich nicht einstellen. Wir saßen still und in Gedanken versunken in unserem Tauchboot.

Ich wußte, daß ich das Schiff zum letzten Mal besucht hatte. Falls ich wirklich noch einmal dorthin zurückkehrte, dann nicht in »Alvin«. »Argo« und »Jason«, meine ferngesteuerten Unterwasserbildsysteme, sollten unser Tauchboot bis dahin ersetzen. Das wäre zwar ein Fortschritt für die Wissenschaft, aber etwas ginge dabei auch verloren: die direkte Wahrnehmung, die Intimität, die ich in den letzten zwölf Tagen verspürt hatte. Ein Gefühl der Leere ergriff mich. Woher dieser Eindruck, etwas verloren zu haben? Schließlich war die »Titanic« doch nur ein großes Schiffswrack im tiefen Meer. Unser Einsatz war technisch ein Erfolg gewesen. Eigentlich hätte ich jubeln sollen. Statt dessen kam ich mir vor wie ein Abiturient, der sich von seiner festen Freundin verabschiedet, bevor er auf die Universität geht. Ich wollte ja gern vorwärtsschauen, aber es zog mich zurück.

Als wir zweieinhalb Stunden später oben angekommen waren, blieb keine Zeit mehr zum Feiern oder Sinnieren. Wir hatten alle Hände voll zu tun, um die Transponder einzuholen, das Tauchboot zu verstauen, »JJ« sicher zu verpacken und die Vorbereitungen zur Rückfahrt zu treffen. Später feierten wir im Labor, aber auch da mußte ich ständig an die »Titanic« denken, an die Leute, die sie gebaut hatten, die auf ihr gefahren und mit ihr gestorben waren, als sie unterging.

Die »Titanic« hatte viele der Geheimnisse preisgegeben, die sie vierundsiebzig Jahre gehütet hatte. Unsere beiden Expeditionen waren große Leistungen. Die »Titanic« war gefunden, und wir hatten ihr einen Respektsbesuch abgestattet. Aber hatten wir das Schiff jetzt wirklich zur Ruhe gelegt oder etwa eine ganz neue Ära der Spekulationen über sein Schicksal, vielleicht sogar den Versuch eingeleitet, das Grab auszurauben?

Vor einem Modell an Bord von *Atlantis II* versuche ich mir vorzustellen, was während des Untergangs der *Titanic* geschah.

Kapitel 10

Noch einmal die »Titanic«

Von der »Titanic« war ich zuallererst schlicht deswegen fasziniert, weil es sie gab. Dieses untergegangene Schiff war der Mount Everest meiner Tiefseewelt, ein Gipfel, den noch niemand bezwungen hatte. Im Verlauf meiner langen Suche verkörperte das Schiff auch noch anderes. Nachdem ich mich mit seiner Baugeschichte und der schicksalsschweren ersten Fahrt vertraut gemacht hatte, war ich von der menschlichen Tragödie ebenso gefangen wie von der schlichten Moral, daß Hochmut in der Technik fast zwangsläufig in die Katastrophe führt. Es bleibt ein ungewöhnlicher Zufall, daß gerade die »Titanic«, bis heute das größte und schönste Passagierschiff, auf der Jungfernfahrt unterging. Die Ereignisse jener Nacht hängen auch mit vielen Überlegungen von der Art zusammen, was geschehen wäre, wenn, und was nicht geschehen wäre, wenn nicht. Wenn das Schiff langsamer gefahren wäre? Wenn die Männer im Ausguck Ferngläser gehabt hätten? Wenn der Mond geschienen hätte oder die Nacht nicht so ruhig gewesen wäre? Wenn es ein Frontalzusammenstoß und kein Streifschuß geworden wäre? Wenn der Funker auf der »Californian« sich nicht gerade ins Bett gelegt hätte, als die »Titanic« ihr erstes Notsignal abfeuerte?

Die »Titanic« hat sich einen festen Platz in der Geschichte und in der Phantasie gesichert. Wenn ich über unsere Arbeit nachdenke, finde ich es interessant, daß die Tragödie der »Titanic« und unsere erfolgreiche Suche nach ihr in einem entscheidenden Faktor zusammenhängen: in der Technik. Dank der technischen Errungenschaften jener Zeit konnte das »praktisch unsinkbare« Schiff gebaut werden. Die hochgezüchtete Technik unserer Tage hat uns dazu verholfen, das Wrack zu finden und in vielen Detailaufnahmen festzuhalten. Unsere Entdeckung der »Titanic« hat gewissermaßen ein Kapitel der Geschichte abgeschlossen und gleichzeitig ein neues angefangen. Nach dem Untergang der »Titanic« war die Welt nie mehr so wie vorher. Nach unserem Fund dürfte die Erforschung der Meerestiefen in eine neue Ära eingetreten sein.

Zweieinhalb Meilen unter dem Meer sind Vergangenheit und Zukunft eins geworden. Während unser Roboter, das Erzeugnis neuester Spitzentechnik, über die Freitreppe der »Titanic« hinunterblickte, waren uns die Menschen gegenwärtig, die dort einmal gegangen waren. Beim Auffinden und Fotografieren des Schiffs konnten wir unsere neue Unterwasserbildtechnik erproben, mit der wir in Zukunft viel bislang Unerforschtes unter Wasser werden untersuchen können. Wir haben dabei aber auch neues Material zutage gefördert, das uns die letzten Stunden der »Titanic« anders als bisher sehen läßt und uns eine Rekonstruktion der Ereignisse nach ihrem Verschwinden von der Bildfläche bis zur Wiederentdeckung fast ein Dreivierteljahrhundert später ermöglicht.

Der Riß

Wir werden wohl nie genau erfahren, welchen Schaden der Eisberg an der Steuerbordseite des Vorschiffs der »Titanic« angerichtet hat. Dazu steckt ein zu großer Teil des Bugs zu tief im Boden. Doch was wir gesehen haben, bestätigt die Ansicht, daß der Schaden keineswegs der große Riß war, der nach Ansicht vieler beim Zusammenstoß mit dem Eis entstanden ist. Wer sich ernsthaft mit der »Titanic« befaßt hat, weiß, wie schon Walter Lord in seinem Buch »The Night Lives On« ausführt, daß ein durchgehender Riß im Schiffsrumpf praktisch und physikalisch unmöglich war.

Es gibt genug Augenzeugenberichte, aus denen hervorgeht, wo das Wasser ins Schiff eingedrungen ist. Sie lassen darauf schließen, daß der Rumpf von der ersten bis zur fünften und auch noch ein bißchen der sechsten der sechzehn wasserdichten Abteilungen des Schiffs, also über eine Strecke von 75 Meter, beschädigt war. Bei der britischen Untersuchung 1912 berechnete Edward Wilding, Schiffbauingenieur der Firma Harland & Wolff, den Schaden. An Hand der während der Untersuchung vorgebrachten Angaben darüber, wann das Wasser verschiedene Decks innerhalb der betroffe-

So stellte sich 1912 ein Künstler das Eisfeld vor, das der *Titanic* in ihrer letzten Nacht zum Verhängnis wurde.

nen Rumpfkammern erreicht hatte, kam er zu dem Ergebnis, daß das Schiff in den ersten vierzehn Minuten etwa 450 Kubikmeter Wasser aufgenommen haben mußte. Mit Hilfe einer Formel berechnete er dann die Gesamtfläche der Öffnungen zu rund 1,2 Quadrameter. Unter der Annahme eines durchgehenden Risses von rund sechzig Meter Länge (der für alle nachgewiesenen Schäden ausreichte) dividierte er dann diese Zahl durch die 1,2 Quadramteter und kam zu einer mittleren Breite von fast zwei Zentimeter. Dieses Ergebnis hielt Wilding natürlich für höchst unwahrscheinlich. Er folgerte daraus, daß der Rumpf wahrscheinlich nur an einigen Stellen, nicht durchgängig, beschädigt worden war.

Unsere Untersuchung des Wracks bestätigt Wildings Schlußfolgerung mindestens teilweise. Doch da das Schiff in seinem jetzigen Zustand vom Bug bis kurz hinter das vordere Welldeck tief im Schlamm steckt, konnten wir den größten Teil der beschädigten Fläche gar nicht sehen. Mit Gewißheit

War dies der Eisberg, welcher der *Titanic* den Todesstoß versetzte? Er wurde am 15. April, dem Tag danach, in der Nähe der Unglücksstelle von Bord des deutschen Schiffes *Prinz Adalbert* aus fotografiert. Augenzeugen bemerkten einen Streifen roter Farbe in Höhe seiner Wasserlinie.

können wir nur sagen, daß der Schaden, den wir beobachtet und fotografiert haben, ziemlich unbedeutend aussieht: eine Reihe von waagerecht gefalteten Rumpfplatten, die knapp zweieinhalb bis fünfzehn Zentimeter auseinanderklaffen. Nach dem Rumpfteil zu schließen, das wir sehen konnten, also von einer Stelle knapp hinter dem Welldeck bis zum weitesten Punkt achtern, ein paar Meter in den Kesselraum 5 hinein (etwa zwischen den Rumpfspanten 58 und 80 vorn), scheint sich Wildings Hypothese zu bestätigen, daß der Riß nicht durchgehend war.

Das gilt jedoch nicht für seine Theorie, daß der Schaden wahrscheinlich aus einer Reihe von Löchern im Rumpf bestand. Wir haben Platten gesehen, die an den genieteten Verbindungsstellen auseinandergedrückt worden waren. Wenn außer ein paar Rissen, kleinen Löchern, an den Verbindungsstellen zwischen den Rumpfplatten nichts passiert war, könnte es den Wassereinbruch, den verschiedene Zeugen beobachtet haben, trotzdem erklären. Natürlich haben wir den

Rumpfboden und auch das untere Bugteil, also sehr stark beschädigte Teile, nicht gesehen. Wir können es also nicht mit Gewißheit sagen. Doch scheint es nur wenige durchgehende Löcher gegeben zu haben, und der Aufprall des Eisbergs hat wohl nur dazu geführt, daß die vernieteten Platten auseinandergedrückt wurden und durch die entstandenen Risse Wasser eindrang.

Ein Metallurge hat mir geschrieben, der Stahlrumpf der »Titanic« sei vielleicht bei tiefen Temperaturen zu hoch belastet worden. Prof. H. P. Leighly von der University of Missouri vermutet, manche um die Jahrhundertwende gefertigten Stähle seien unterhalb einer bestimmten Temperatur spröde geworden und hätten unter dem Druck eines Gewichts von der Größe des Eisbergs reißen können. Diese Rißbildung wäre bis zum Durchreißen weitergegangen, und die Nieten wären aus ihren Führungen geplatzt. Vielleicht habe das sogar dazu beigetragen, daß das Schiff in zwei Hälften zerbrochen sei. Die Theorie hat einiges für sich, und einige unserer Fotos zeigen sogar Rumpfstücke, die wie eine Eierschale gerissen und auseinandergeflogen, jedoch nicht an den Verbindungen aufgeplatzt sind, wie man eigentlich erwarten würde.

Gleichgültig, welche Wunde das Eis der »Titanic« schlug: Sie reichte aus, das Schiff zu versenken – wenn auch nur knapp, denn bei der Konstruktion war das gleichzeitige Fluten der ersten vier, nicht jedoch der ersten fünf wasserdichten Abteilungen einkalkuliert worden. Die Tragödie sollte keinesfalls davon ablenken, daß die »Titanic« ein verhältnismäßig sicheres Schiff war, nicht nur nach den Normen jener Zeit, sondern auch nach unseren heutigen Vorschriften. Der englische Schiffbauingenieur K. C. Barnaby schreibt in seinem Buch »Some Ship Disasters and Their Causes«: »Es ist sehr zu bezweifeln, daß die heutigen Vorschriften über die Unterteilung von Schiffen unsere modernen Passagierschiffe sicherer machen als die ›Titanic‹.« Aus Barnabys Berichten über den Untergang der »Andrea Doria« 1956 und der »Shillong« 1957 scheint sogar hervorzugehen, daß die Schäden, die diese beiden Schiffe zerstörten, der »Titanic« kaum etwas ausgemacht hätten. Der Fehler lag also nicht in der Konstruktion, auch

Kapitän Stanley Lord von der *Californian* zur Zeit der gerichtlichen Untersuchung in Großbritannien

nicht im Bau des Schiffes, sondern darin, daß der Zusammenstoß mit einem Eisberg bei fast voller Fahrt nicht zu vermeiden war. Zur Verteidigung der Werft ist auch zu sagen, daß noch kein Schiff einen solchen Streifschuß über ein Viertel seiner Länge erlitten hatte, wie ihn der Eisberg der »Titanic« zufügte. (Wobei man allerdings berücksichtigen muß, daß vor der Erfindung des Seefunks viele Schiffe ohne Funknotruf sanken und niemand überlebte, der hinterher darüber berichten konnte.) Ein vergleichbares Unglück hat sich seitdem auch nicht mehr ereignet. Eigentlich sprach sehr viel dagegen, daß ausgerechnet diese Art von Kollision eintreten konnte.

Die wirkliche Position der »Titanic« und die Frage der »Californian«

Heute muß die genaue Position des »Titanic«-Wracks nicht mehr geheimgehalten werden. Ursprünglich hatte ich gehofft, das Wrack vor Schatzsuchern schützen zu können, doch zu viele Menschen wissen schon, wo es liegt oder können es sich ausrechnen. Viele, die an unseren beiden Expeditionen beteiligt waren, kennen den Standort, und während unserer Arbeit 1986 flogen mehrere mit Ortungsgeräten ausgerüstete Flug-

Besatzungsmitglieder der *Californian* in einer Verhandlungspause der britischen Untersuchung. Vierter und fünfter von rechts: Zweiter Offizier Stone und Offiziersanwärter Gibson, die auf Wache waren, als die weißen Raketen gesichtet wurden.

zeuge über den Standort hinweg. Außerdem müssen wir als verantwortungsbewußte Wissenschaftler über unsere Ergebnisse wahrheitsgetreu berichten und dabei auch so viele Informationen preisgeben, daß eine neue ernstgemeinte Expedition das Wrack verhältnismäßig leicht finden könnte. Bis dahin liegt das Hauptinteresse an der wirklichen Position des Wracks allerdings darin, daß sie vielleicht zur Klärung der Kontroverse beitragen kann, die immer noch im Zusammenhang mit Kapitän Lord und seinem Schiff »Californian« besteht. Immer noch wird ja behauptet, die »Californian« sei in jener Nacht dem Unglücksort so nahe gewesen, daß sie die meisten, wenn nicht alle Passagiere der »Titanic« hätte aufnehmen können.

Die Anhänger von Kapitän Lord, nach deren Meinung die britischen und die amerikanischen Untersuchungen in ihm nur den bequemen Prügelknaben gesehen haben, heißen in Kreisen der »Titanic«-Experten »Lorditen«. Sie behaupten, das Schiff, das einige Leute auf der »Titanic« kurz vor dem Untergang sahen, sei nicht die »Californian« und das Schiff, das die Offiziere und Mannschaften auf der »Californian« sahen, sei nicht die »Titanic« gewesen.

Für Leser, die diesen Teil der »Titanic«-Geschichte nicht kennen, sei er hier noch einmal kurz zusammengefaßt. In der Nacht des 14. April 1912 stoppte um rund 22.20 Uhr (Bordzeit der »Californian«) das 6000-Tonnen-Schiff »Californian«, weil ihm ein großes Eisfeld die Weiterfahrt versperrte.

Es schaltete die Maschinen ab und trieb den Rest der Nacht mit diesem Eisfeld weiter. Nach der Koppelnavigation auf Grund einer Gestirnsbeobachtung bei Sonnenuntergang berechnete Kapitän Lord seine Position auf 42° 5' N, 50° 7' W, also 19 Meilen nordöstlich der CQD-Position der »Titanic«.

»Titanic« und »Californian«

Hätte die »Californian« der »Titanic« zu Hilfe kommen können? Die Bildfolge unten rekapituliert die wichtigsten Abschnitte des Dramas.

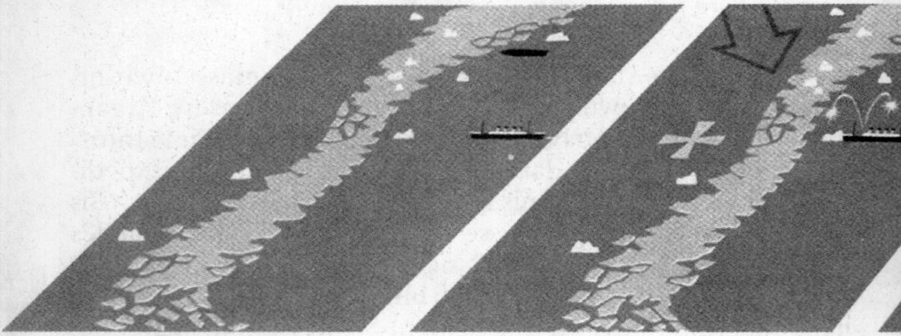

14. April, 23.00 Uhr. Mit westlichem Kurs nähert sich die »Titanic« einer Barriere aus Feldeis und Eisbergen, die mehrere Seemeilen breit ist und sich gut 400 Seemeilen weit in Nord-Süd-Richtung erstreckt. Eine halbe Stunde zuvor hat die »Californian« auf etwas nördlicherem Kurs die Eisbarriere gesichtet und für die Nacht beigedreht.

14. April, 23.40 Uhr. Mit einer Fahrt von über 21 Knoten, wie ihr Erster Offizier irrtümlich annimmt, rammt die »Titanic« einen Eisberg und setzt, als sie zu sinken beginnt, über Funk einen Notruf mit ihrer geschätzten Position ab (rosa Kreuz). Kurz nach Mitternacht schießt die »Titanic« weiße Seenotraketen. Etwa zur selben Zeit beobachten Offiziere der »Californian« das Aufsteigen weißer Raketen, offenbar von dem Schiff, das seit einiger Zeit aus Ost aufkommt. Zu Kapitän Lords Verteidigung wurde lange behauptet, daß sich zwischen »Titanic« und »Californian« ein drittes, unbekanntes Schiff befunden habe und in Wirklichkeit dieses von der »Californian« aus gesehen worden sei (der große Pfeil zeigt die Richtung an, in der die »Californian« abtrieb).

Gleich nach dem Halt nahm der Funker der »Californian« Verbindung mit der »Titanic« auf und versuchte, eine Eiswarnung weiterzugeben, wurde jedoch vom Funker Phillips rüde abgewiesen, der gerade damit beschäftigt war, »mit Cape Race zu sprechen«.

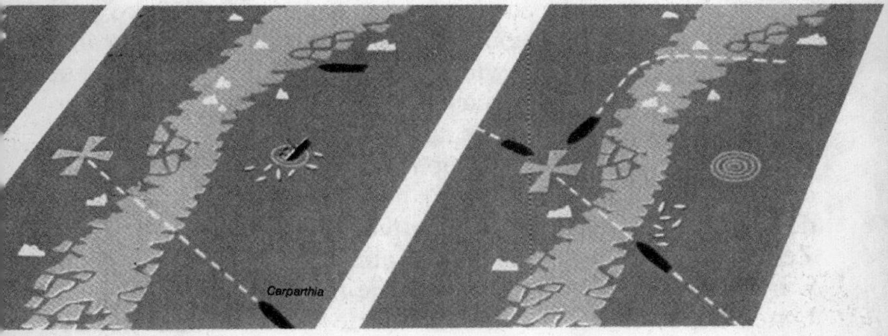

15. April, 2.20 Uhr. Die »Titanic« sinkt, während der Cunard-Liner »Carpathia«, der 58 Seemeilen weiter südöstlich den ersten Notruf aufgefangen hat, mit Höchstfahrt zur Unglücksstelle eilt.

15. April, 4.10 Uhr. Im ersten Morgengrauen stößt die »Carpathia« auf die treibenden Rettungsboote, findet sie aber weit südöstlich von der angegebenen Position. In der Zwischenzeit hat auch die »Californian« von der Katastrophe erfahren und hält auf die genannte Position zu, wo sie etwa gleichzeitig mit der »Mount Temple« und anderen Schiffen ankommt. Kapitän Lord fährt nun zur »Carpathia« und trifft dort ein, nachdem alle Überlebenden bereits gerettet sind. Das geheimnisvolle unbekannte Schiff ist – falls es überhaupt existierte – verschwunden.

Gegen 23 Uhr sah der Dritte Offizier der »Californian«, Charles Groves, die Lichter eines von Südosten näher kommenden Schiffs. Um 22.30 Uhr legte sich der Funkoffizier des Schiffs nach einem langen Arbeitstag schlafen. Gegen 23.40 Uhr blieb das fremde Schiff stehen. Nach Mitternacht wurden weiße Raketen direkt über oder hinter dem stehenden Schiff beobachtet. Sowohl der Zweite Offizier der »Californian«, Stone, als auch Offiziersanwärter Gibson vermuteten, daß sich das fremde Schiff in Seenot befand. Stone, der jetzt Wachdienst tat, bemerkte zu Gibson: »Das sieht aber komisch aus.« Gibson sah durch das Fernglas auf der Brücke und stimmte zu: »Es scheint ziemlich weit aus dem Wasser herauszuragen.« Um 1.40 Uhr wurde eine achte und letzte Rakete beobachtet. Irgendwann nach 2 Uhr verschwand das fremde Schiff völlig; offenbar war es nach Südwesten weitergefahren.

Trotz verschiedener Diskrepanzen zwischen den Aussagen der Personen auf der »Titanic« und denen, die sich an Bord der »Californian« befunden hatten, zum Beispiel über die Zeiten, zu denen die Raketen abgefeuert worden waren, wurde bei der britischen ebenso wie bei der amerikanischen Untersuchung festgehalten, das von der »Californian« gesichtete Schiff sei tatsächlich die »Titanic« gewesen, und die Untätigkeit des Kapitäns wurde fast als strafbare Unterlassung bezeichnet. Lord war unter Deck gegangen, nachdem das Schiff gesichtet worden war, jedoch bevor die ersten Raketen aufgestiegen waren. Als man ihm die Raketen gemeldet hatte, hatte er sich lediglich nach der Farbe erkundigt und dann seiner Besatzung befohlen, dem Schiff mit der Morselampe zu signalisieren. Sie hatten darauf keine Antwort bekommen. Der Funker war nicht geweckt worden.

Kapitän Lord blieb bis an sein Lebensende bei der Meinung, ein drittes Schiff, nicht die »Titanic«, sei von der »Californian« aus gesichtet worden. Er behauptete, das Schiff habe nicht wie ein Passagierschiff ausgesehen (einer der Offiziere auf der »Californian« war allerdings anderer Meinung) und sei auch schwimmend wieder verschwunden. Selbst wenn er recht hat, und obwohl ein solches geheimnisvolles Schiff nie einwandfrei identifiziert worden ist (Lords Anhänger be-

Die *Californian*, von der *Carpathia* aus gesehen, als sie von Südwesten her aufkam. Nachdem sie an der angebenen Unglücksstelle keine Spur der *Titanic* gefunden hatte, mußte sie die Eisbarriere nach Süden umfahren, bevor sie wieder mit nordöstlichem Kurs auf die Position der *Carpathia* zuhalten konnte.

haupten zwar, sie hätten in dieser Nacht alle möglichen Schiffe in der Umgebung erkannt), ändert die Anwesenheit eines dritten Schiffs nichts daran, daß Raketen etwa um dieselbe Zeit beobachtet wurden, als die »Titanic« sie abfeuerte. Außerdem waren es Raketen, die ähnlich wie Notraketen aussahen. Ferner wurde nichts unternommen, um den schlafenden Funker auf der »Californian« zu wecken und die Situation aufzuklären. (Lords Anhänger rechtfertigen die Untätigkeit des Kapitäns damit, daß 1912 alle möglichen Raketen und Fackeln benutzt wurden, die Vorschriften über Notsignale auf See ohnehin in Umwälzung begriffen und außerdem die Signale mancher Gesellschaften weiß waren.)

Die beiden großen unbekannten Faktoren in dieser Geschichte waren bisher die wirklichen Positionen der »Titanic« und der »Californian«. Mindestens die endgültige Position der »Titanic« läßt sich jedoch jetzt mit einiger Genauigkeit angeben, wenn man davon ausgeht, daß das Wrack ziemlich genau unter dieser Position liegt. Da das Heck und die Kessel wohl auf dem kürzesten Weg nach unten gefallen sind, liegen sie wahrscheinlich am nächsten bei der Position, in der sich das Schiff zur Zeit des Untergangs befand. Das Heckteil liegt auf dem Meeresboden auf 49° 56' 54" W, 41° 43' 35" N, und der Mittelpunkt des Kesselfeldes befindet sich auf 49° 56' 49" W, 41° 41' 32" N. (Der Mittelpunkt des Bugteils liegt auf 49° 56' 49" W, 41° 43' 57" N.) Demnach ist die »Titanic« ost-süd-östlich ihrer CQD-Position untergegangen. Sie liegt knapp südlich, aber ziemlich weit östlich neben ihrem berechneten Kurs. Die Navigatoren an Bord haben also die Geschwindigkeit der »Titanic« um rund 2 Knoten zu hoch angesetzt; das Schiff machte nicht 22,5 Knoten, wie der Vierte Offizier Boxhall angenommen hatte, sondern nur 20,5 Knoten. Damit ist die im Logbuch eingetragene Position der »Californian« 21 Meilen weiter nordnordwestlich.

In diesem Zusammenhang ist die Feststellung interessant (und auch mit ein Grund, weshalb Jack Grimm das Wrack nicht gefunden hat), daß die tatsächliche Position des Schiffs 5,5 Meilen nordöstlich der Stelle liegt, an der die »Carpathia« das erste Rettungsboot aufnahm. Wenn die Position dieses Rettungsbootes stimmte, woran man angesichts der Ungenauigkeit in der Kurs- und Fahrtbestimmung der »Titanic« ebenfalls Zweifel anmelden muß, dann trieben die Rettungsboote vom Untergangsort nach Südwesten oder wurden in dieser Richtung gerudert oder (von dem im Morgengrauen aufkommenden Wind) abgetrieben. Grimm, Spiess und Ryan hatten angenommen, daß das Wrack höchstwahrscheinlich nicht weiter östlich lag als die Rettungsbootposition, und die betrug 50° W. In Wirklichkeit befand es sich jedoch viel weiter östlich.

Als die »Titanic« den Eisberg schrammte, trieb sie zweifellos mit der Strömung etwas nach Süden und Osten ab, aber das gilt wohl auch für die schon im Eisfeld zum Stehen gekommene »Californian«. Und da die »Californian« früher gestoppt hatte, mußte sie in Anbetracht der herrschenden Strömung nach Süden abgetrieben sein und sich dem Kurs genähert haben, den die »Titanic« fuhr, als sie auf den Eisberg auflief. Die in jener Nacht herrschende Strömung wurde unter anderem auch vom Dritten Offizier Groves bemerkt.

Die tatsächliche Position der »Titanic« wirft durchaus ein neues Licht auf die seinerzeit von der »Californian« angege-

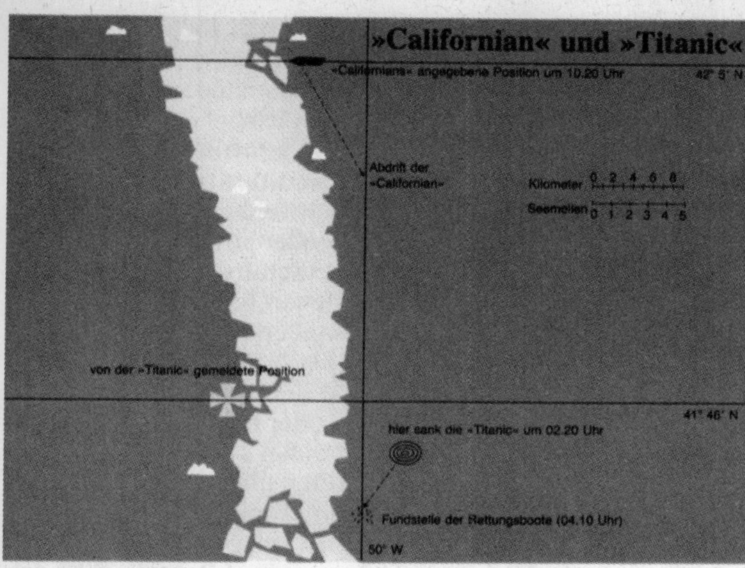

Diese Karte zeigt die wenigen gesicherten Fakten über die Standorte von *Californian* und *Titanic* in den entscheidenden Stunden. Relativ genau kennt man eigentlich nur die Position des *Titanic*-Wracks und die Koordinaten, wo die Rettungsboote gefunden wurden. Alles andere muß Spekulation bleiben.

bene Position, verändert jedoch die Situation weder zu Gunsten noch zu Ungunsten von Kapitän Lord. Alle Zeugen an Bord der »Californian« stimmten darin überein, das von ihnen beobachtete Schiff sei nach Südwesten »verschwunden«. Wir wissen aber heute, daß die angegebene Position der »Californian« westlich, nicht östlich vom Untergangsort der »Titanic« lag. Solange die alte CQD-Position als richtig akzeptiert war, mußte sich die »Titanic« westlich der »Californian« befinden, so daß man ihren Untergang sehr wohl als Abdampfen nach Westen hätte ansehen können. Damit scheinen die Anhänger von Lord einen Punkt gewonnen zu haben.

Andererseits lag die »Titanic« so viel weiter östlich von ihrer angenommenen Position, zum Teil wegen der in jener Nacht herrschenden Strömung, daß wir durchaus die Möglichkeit in Betracht ziehen müssen, daß sich auch die »Californian« ungefähr auf ihrem Kurs befand, wenngleich etwas südlich davon, jedoch weit östlich ihrer berechneten Position. In Anbetracht der neuen Beweise ist ziemlich sicher anzunehmen, daß die »Californian« nicht mehr, sondern eher weniger als 21 Meilen von der Position der »Titanic« entfernt war. Mit gleicher Wahrscheinlichkeit war sie wesentlich weiter weg als die fünf bis sechs Meilen, die Boxhall und Lightoller auf der »Titanic« geschätzt hatten, als sie die Lichter eines Schiffs im Norden gesichtet und daraufhin Notraketen abgefeuert hatten.

Das alles spricht dafür, daß die weißen Raketen, die die Offiziere an Bord der »Californian« beobachteten, höchstwahrscheinlich die Raketen waren, die die »Titanic« abgefeuert hatte. Ob die beiden Schiffe 21, 19 oder noch weniger Meilen voneinander entfernt lagen, spielt dabei keine Rolle; in einer so ruhigen Nacht konnte man Raketen über diese Entfernung gut wahrnehmen. Später am selben Morgen beobachtete die »Californian« Raketen, die ziemlich sicher von der »Carpathia« kamen, als sie sich mit Volldampf auf Rettungsfahrt begab. Die »Carpathia« war aber wesentlich weiter weg, als es die »Titanic« je hatte sein können.

Natürlich wird die wirkliche Position der »Californian« nie bekannt werden, und auch der Fall des Kapitäns Lord wird nie aufgeklärt werden. Auch wenn er nach Beobachtung der ersten Raketen den Funker geweckt und erfahren hätte, daß sich die »Titanic« in Seenot befand, dann die Kessel aufgeheizt hätte, auf das zu erkennende Schiff zugefahren wäre, festgestellt hätte, daß es sich in der Tat um das untergehende Passagierschiff handelte, wäre er wahrscheinlich so spät angekommen, daß er nur noch ein paar Halbtote aus dem Wasser hätte fischen können. Unbestritten bleibt jedoch, daß er und seine Offiziere nichts taten, als Taten gefordert waren.

Der Bruch

Nach dem Aussehen vieler älterer Wracks in seichtem Wasser, darunter großer, älterer und schwächer gebauter Schiffe, hatten die meisten Menschen gehofft, die »Titanic« liege in einem Stück auf dem Meeresboden. Bis wir das Wrack entdeckt hatten, waren einige Leute fest überzeugt gewesen, daß sie noch intakt untergegangen war. Obwohl manche Zeugen das Gegenteil bekundet hatten, war dies doch ein Ergebnis der beiden Untersuchungen von 1912, erschien auch so in den Filmen über die Tragödie, und so haben auch bis vor kurzem alle Autoren, unter ihnen Walter Lord, den Untergang beschrieben. Doch Walter Lord änderte seine Ansicht, nachdem er die auf der britischen und der amerikanischen Untersuchung gemachten Aussagen, die in den amtlichen Berichten nicht erwähnt worden waren, eingehender geprüft hatte. Die Untersuchungen stützten sich besonders auf die Aussagen des Zweiten Offiziers Lightoller, von Colonel Archibald Gracie und vom Dritten Offizier Herbert Pitman, wonach das Schiff in einem Stück gesunken sein soll. Lightoller, Gracie und Lawrence Beesley (der dieselbe Ansicht vertrat) veröffentlichten auch glaubwürdige Beschreibungen der Katastrophe. Allerdings war keiner von ihnen so recht in der Lage gewesen, die letzten Augenblicke des Schiffs mitanzusehen (Gracie hatte sich zu diesem Zeitpunkt gerade unter Wasser befunden und gar nichts mehr gesehen). Andererseits waren sich viele Augenzeugen einig darin, daß das Schiff in zwei Teile zerbrochen und der Bug senkrecht auf Tiefe gegangen war, während sich das Heck noch einmal fast senkrecht gestellt hatte, ehe es ein paar Minuten später untergegangen war.

Der junge Jack Thayer war einer dieser Augenzeugen, wie das Zitat aus seinem Bericht am Schluß von Kapitel 2 zeigt. Die hier wiedergegebenen Zeichnungen stützen sich auf seine Beschreibung der letzten Untergangsphase und sind aus der Erinnerung auf der »Carpathia« angefertigt worden, als sie die Überlebenden nach New York brachte.

Angesichts der Tatsachen – 590 Meter zwischen den beiden größten Rumpfstücken auf dem Meeresboden, ein Haufen weiterer Wrackteile in der Umgebung des Hecks, keine Schleifspuren zwischen den beiden Stücken, die zudem noch in verschiedene Richtungen weisen und aufrecht auf dem Boden stehen – ist fast sicher anzunehmen, daß das Schiff noch an oder nahe der Oberfläche in zwei Teile zerbrach. Während der Bug sank und sich das Heck immer steiler aus dem Wasser hob, wurde der Druck auf den Kiel immer stärker, bis dieser schließlich an einem Schwachpunkt irgendwo zwischen dem dritten und vierten Schornstein im Bereich der Luke zum Kolbenmaschinenraum auseinanderbrach. Die Schwachstelle rührte daher, daß in den darüberliegenden Decks große offene Räume ausgespart geblieben waren: die große Freitreppe achtern und der Luftschacht aus dem Raum für die Kolbenmaschine. Das Schiff brach nicht an einer der Dehnungsfugen; sie waren Teil der Aufbauten, reichten aber nicht bis in den Schiffsrumpf hinunter. Doch zeigt der Rumpf senkrechte Verwellungen unterhalb der vorderen Dehnungsfugen, die deshalb eine Rolle gespielt haben kann, als der Bug auf den Boden aufschlug. Die hintere Dehnungsfuge hatte mit dem Abreißen des Rumpfs darunter nichts zu tun; das kam zustande, als sich der Kiel durchbog und zerriß. Zu diesem Zeitpunkt war die hintere Dehnungsfuge wahrscheinlich die Stelle, an der der Aufbau zuerst nachgab.

Der größte Teil des Kiels hängt an den jetzt auf dem Meeresboden liegenden Bug- und Heckteilen. Die sieben Rumpfteile neununddreißig bis achtundfünfzig Meter nordöstlich, östlich und südöstlich vom Heck, bei denen mindestens ein Schornstein, vielleicht sogar zwei liegen, beschreiben ein V-förmiges Stück des Rumpfs und der Deckaufbauten an einem Punkt etwas hinter der Schiffsmitte. Die Bootsdeckfläche hinter dem zweiten Schornstein, wo der große Träger für den Messingkompaß des Schiffs gestanden hatte, ist zwar noch vorhanden, aber schräg zusammengebrochen. Der Kompaßträger selbst ist nicht gefunden worden.

Der Absturz

Gegen 2.15 Uhr sahen die Passagiere in den Rettungsbooten der »Titanic« fassungslos mit an, wie der Bug des Schiffes immer tiefer einsank, während sich das Heck immer höher aus dem Wasser heraushob, bis es einen Winkel von mindestens 45 Grad beschrieb (nach Augenzeugenberichten). Dann brach der Bug ab oder riß ein (blieb vielleicht noch einen Augenblick am Kiel hängen) und erzeugte dabei »ein Donnergetöse«, wie es ein Überlebender beschrieb; gleich darauf verschwand er. Ihm folgten sofort ein paar Schiffsteile, die ins Meer stürzten, als Rumpf und Aufbauten auseinandergeris-

Der 16jährige Jack Thayer im Jahr 1912

An Bord der *Carpathia* nach New York unterwegs, beschrieb Jack Thayer einem gewissen L. D. Skidmore aus Brooklyn, wie die *Titanic* beim Untergang auseinandergebrochen war. Skidmore fertigte danach diese Skizze an. Obwohl in mancher Hinsicht unzutreffend, ist sie doch bemerkenswert, weil sie zeigt, wie sich das sinkende Achterschiff um die eigene Achse drehte.

sen wurden. Je schwerer sie waren, um so schneller sanken sie. Der Kiel riß auf direkt unter dem vorderen Teil des Kolbenmaschinenraums (zwischen den Schornsteinen 3 und 4); die beiden vorderen Niederdruckzylinder lagen vor der Bruchstelle und müssen wie Bomben senkrecht auf den Boden gefallen sein; alle Einenderkessel aus dem Kesselraum 1 fielen mit. Die beiden Hochdruckzylinder und die übrigen Maschinen hinter der Bruchstelle blieben in ihren Verankerungen und überstanden den Untergang und den Aufschlag auf den Boden.

Das schwerste Stück war das unversehrte Bugteil, das in den vorausgegangenen zweieinhalb Stunden langsam voll Wasser gelaufen war und jetzt allmählich, schräg stehend, untertauchte und immer schneller nach unten rauschte. (Wenn die Tiefe zur Stabilisierung ausreicht, müßten eigentlich alle Schiffswracks unten auf dem Kiel sitzen, denn der Kiel ist das schwerste Teil jedes Schiffs.)

Nach den Theorien mancher Autoren rissen sich, nachdem der Bug einen bestimmten Winkel erreicht hatte, die Kessel aus den Halterungen, krachten durch die Schotten, sausten nach vorn, durchschlugen wahrscheinlich den Bug und sanken vor dem Bug zu Boden. Selbst wenn das möglich wäre (außer Wilding haben sich Schiffbauer eher belustigt über die Ansicht geäußert, Kessel könnten den Rumpf der »Titanic« durchschlagen), ist es doch höchst unwahrscheinlich. Wenn man annimmt, daß der Bug abbrach, als sich das Schiff noch an oder nahe der Wasseroberfläche befand, konnte er nie den extremen Winkel des Hecks erreichen und überschritt wahrscheinlich auch nie den größten Neigungswinkel, den er eingenommen hatte, als er von der Oberfläche verschwand. Wir wissen das, weil aus dem Zustand des Bugs hervorgeht, daß er nicht mit der Nase voraus fast senkrecht in den Schlamm einschlug. Folglich konnten auch die Kessel nicht im vordersten Bugteil gelandet sein. Wenn sie den Rumpf durchschlagen hätten, hätten wir sicherlich ein paar auf dem Meeresboden gefunden. (Wir fanden aber nur fünf Einenderkessel aus dem Kesselraum dicht bei der Stelle, an der das Schiff auseinandergebrochen war.)

Zerbrechen des Rumpfes und Sturz zum Meeresboden

Diese Zeichnungen, nach gründlichem Studium des Beweismaterials erstellt, rekapitulieren, wie sich das Zerbrechen des Rumpfes und der Sturz zum Meeresgrund wahrscheinlich abspielten.

Phase 1
Bis 01.00 Uhr Bordzeit, etwa eineinhalb Stunden nach der Kollision, ist das Vorschiff der »Titanic« schon fast bis zum Deck weggesackt. Eine Abteilung nach der anderen läuft voll Wasser, das über die Schottwände nach achtern vordringt.

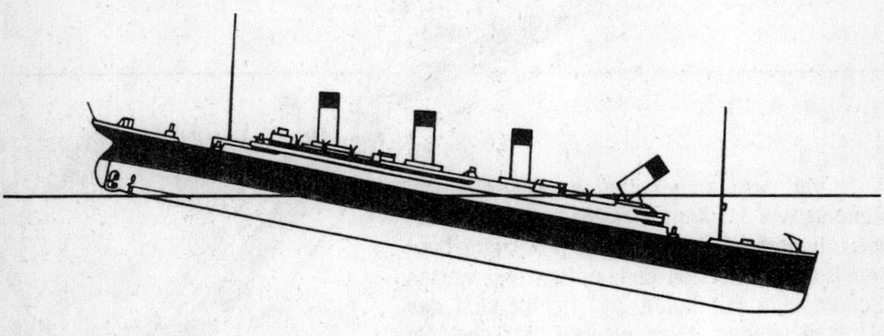

Phase 2
Gegen 02.17 Uhr gibt es einen plötzlichen dramatischen Wassereinbruch, und der Sinkvorgang beschleunigt sich rapide. Als die Brücke eintaucht, wäscht eine Sturzwelle nach achtern. Der erste Schornstein kippt nach vorne um, Brücke und vordere Offiziersmesse werden vom Gewicht des Wassers eingedrückt. Kurz danach wird das Dach der vorderen Freitreppe überspült und implodiert unter dem Wasserdruck.

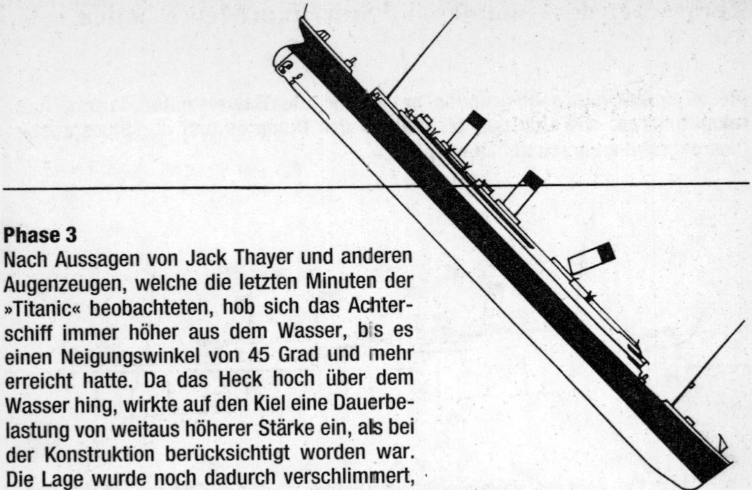

Phase 3

Nach Aussagen von Jack Thayer und anderen Augenzeugen, welche die letzten Minuten der »Titanic« beobachteten, hob sich das Achterschiff immer höher aus dem Wasser, bis es einen Neigungswinkel von 45 Grad und mehr erreicht hatte. Da das Heck hoch über dem Wasser hing, wirkte auf den Kiel eine Dauerbelastung von weitaus höherer Stärke ein, als bei der Konstruktion berücksichtigt worden war. Die Lage wurde noch dadurch verschlimmert, daß sich die Belastung an der strukturell schwächsten Stelle konzentrierte: im Bereich des mehrere Decks hohen Maschinenraums.

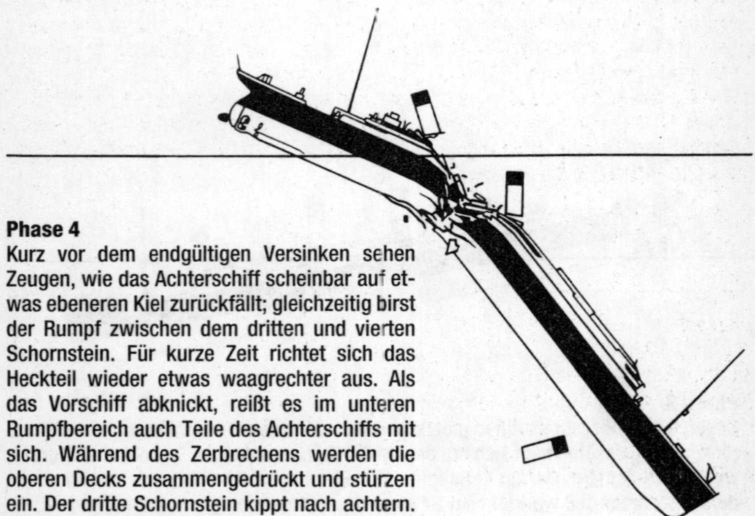

Phase 4

Kurz vor dem endgültigen Versinken sehen Zeugen, wie das Achterschiff scheinbar auf etwas ebeneren Kiel zurückfällt; gleichzeitig birst der Rumpf zwischen dem dritten und vierten Schornstein. Für kurze Zeit richtet sich das Heckteil wieder etwas waagrechter aus. Als das Vorschiff abknickt, reißt es im unteren Rumpfbereich auch Teile des Achterschiffs mit sich. Während des Zerbrechens werden die oberen Decks zusammengedrückt und stürzen ein. Der dritte Schornstein kippt nach achtern. Ihm folgt Schornstein Nr. 4, als der Rauchsalon erster Klasse zerrissen wird.

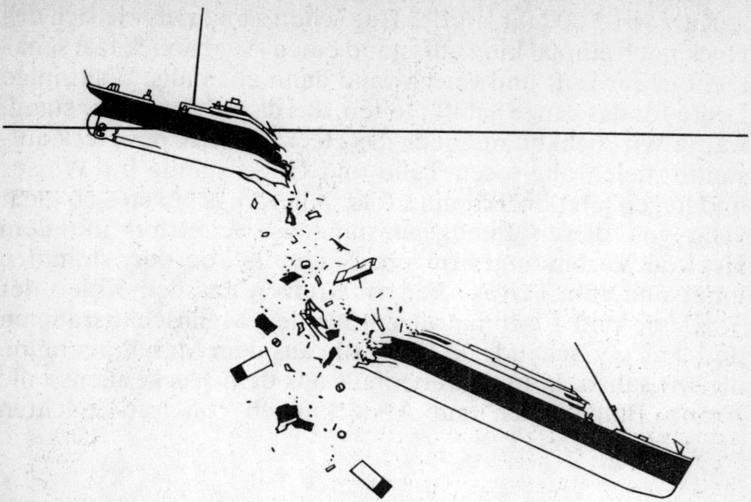

Phase 5

Das Achterschiff sackt beim Vollaufen immer tiefer weg. An der Bruchstelle sinken Trümmer auf den Grund – Kessel, Rumpfteile, Schornsteine usw. Das vom Heckteil nun völlig getrennte Vorschiff hebt sich zu Beginn des Sturzes vorne leicht an und rauscht immer schneller abwärts. Durch die Gewalt des vorbeiströmenden Wassers wird der Vormast nach hinten gebogen, und die vorderen Frachtkräne werden von ihren Sockeln gerissen und nach achtern gegen die Decksaufbauten gepreßt. (Der Mast biegt sich sauber in Höhe des Vordecks, bricht aber an der Stelle, mit der er auf die Backbordseite der Brücke schlägt.) Auf der Brücke wird das Steuerhaus weggerissen, nachdem es wahrscheinlich vom Mast oder einem umstürzenden Schornstein losgeschlagen wurde.

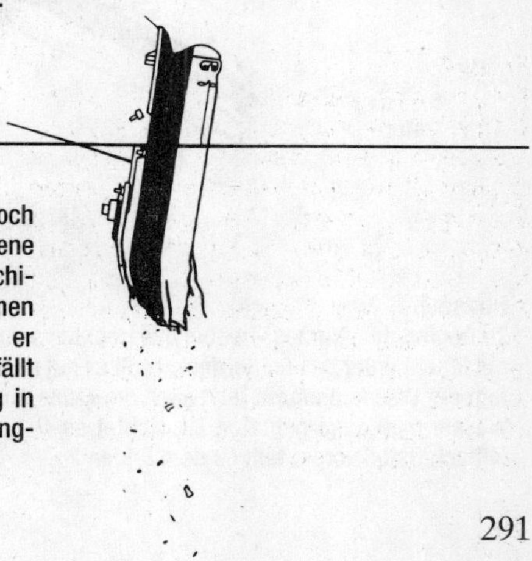

Phase 6

Während sich das Achterschiff hoch aufrichtet, dreht es sich um die eigene Achse. Wegen der schweren Maschinen mittschiffs nimmt der Rumpf einen immer steileren Winkel ein, bis er schließlich fast senkrecht steht. Es fällt auf, daß er etwa eine Minute lang in dieser Stellung verharrt, bevor er langsam wegtaucht und verschwindet.

Kurz vor 2.20 Uhr, als der Bug schon sank, richtete sich das Heck noch einmal kurz auf, stand einen Augenblick fast senkrecht in der Luft und verschwand dann ebenfalls. Was einige Leute für das ganze Schiff hielten, das da auf der Spitze stand, war in Wirklichkeit nur noch das Heck. Als sich das Heck aufstellte, fielen alle losen Teile und Gegenstände ins Wasser und liegen jetzt im Trümmerfeld. Allerdings lassen sich nicht viele von diesen Fundgegenständen zweifelsfrei mit dem Heck in Verbindung bringen. Eindeutig von dort stammen unter anderem »Orex«-Federmatratzen aus den Kojen der 3. Klasse und Eisenmatratzen aus den Mannschaftsräumen und dem Zwischendeck. Die Teile aus dem Maschinenraum, die wir sahen, kommen ebenfalls aus dem Heck, ebenso die Kräne, Bankstützen und Abdeckungen von Luftschächten der achteren Decks.

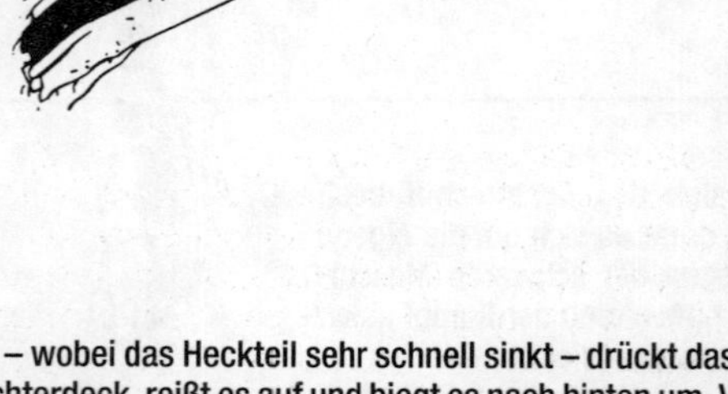

Phase 7
Zu Beginn des Sturzes – wobei das Heckteil sehr schnell sinkt – drückt das Wasser mit Macht unter das Achterdeck, reißt es auf und biegt es nach hinten um. Vielleicht fegt der Wasseransturm jetzt auch die Kräne fort. Sowie das Achterschiff unter die Wasseroberfläche geglitten ist, richtet es sich etwas ebener auf; das schwerere Mittschiffsteil voran, fällt es dem Boden zu.

Phase 8

Während das Heckteil wie ein Senkblei mehr oder weniger vertikal sinkt, wobei es möglicherweise langsam rotiert, gleitet das Vorschiff wie auf einer schrägen Bahn mit viel stärkerer Beschleunigung nach unten. (Angenommen, das Heckteil fiel senkrecht hinab, so wich die Gleitbahn des Vorschiffs in einem Winkel von 12 Grad davon ab). Natürlich glitt das Vorschiff möglicherweise nicht gleichmäßig nach unten, sondern taumelnd wie ein welkes Blatt, wobei es sich zwischen der Stelle des geringsten Widerstands (dem scharfen Steven vorn) und der Stelle mit dem höchsten Gewicht (dem schweren Mittelschiff) auszubalancieren suchte. Dennoch scheint der Umstand, daß es mit leichter Schräglage nach vorn auf dem Boden aufschlug, gegen diese Version zu sprechen. Niemand wird das je genau wissen.

(A)

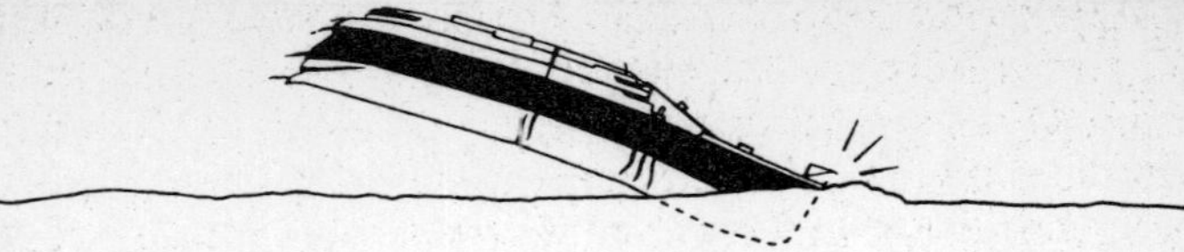

(B)

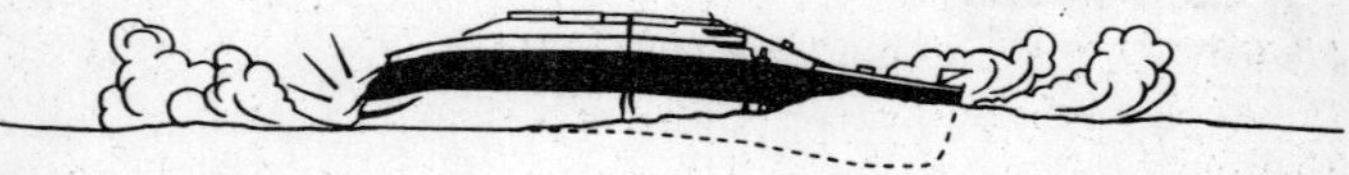

Phase 9
(A) Der Bug muß sich in einem flachen Winkel in den Grund gebohrt haben, und das mit so viel Vorwärtsbeschleunigung, daß es zu einem Staucheffekt kam. Der Rumpf knickte dabei an zwei Stellen nach unten ab. Der Aufschlagwinkel kann nicht sehr groß gewesen sein, denn sonst wären die Decksaufbauten weggeschoren. Bei diesem Vorgang knickt das Vorschiff kurz vor der Brücke um etwa 6 Grad ab und nochmals um 3,5 bis 4 Grad an einer Stelle unterhalb der Dehnungsfuge. Der Bremseffekt des sich tief ins Bodensediment bohrenden Bugs (mehr als 18 m in Höhe der Anker) läßt den Ankerkran nach vorn herumschwingen. Riesige Schlammwolken quellen von der gewaltigen Furche im Boden empor. Muddklumpen werden beiseite geschleudert. (B) Als nun auch das Mittelschiff in den Schlamm kracht, stürzen die Decks an der Bruchstelle noch mehr in sich zusammen.

Phase 10
Das Achterschiff prallt in senkrechtem Sturz auf, schwere Trümmer wie Zylinder und Kessel gehen dichtbei nieder. Der Aufschlag ist so heftig, daß die Decks plattgedrückt werden und die Außenhaut und das Spantengerüst sich nach außen falten. Das Heck gräbt sich am Ruder 12 bis 15 m tief in den Boden. Es landet zum Vorschiff um etwa 180 Grad verdreht. In den nächsten Stunden sinken langsam die leichteren Trümmer herab. Sie kommen in der Umgebung des Wracks oder – von der Strömung versetzt – südlich davon zur Ruhe.

Alle möglichen leichteren Trümmerstücke aus dem beschädigten Mittelstück schwebten verschieden schnell zu Boden; manche erreichten den Meeresgrund est nach Stunden. Einiges davon haben wir gefunden, anderes nicht; zu den Fundgegenständen gehörten zum Beispiel viele Tonnen Kohle aus den beiden aufgerissenen Kesselräumen und den Bunkern auf dem G-Deck, die dazugehörigen Schaufeln, Eimer und andere Werkzeuge; Töpfe, Pfannen und Küchengeräte, Stapel von Tellern und Kasserollen; viele tausend Flaschen Wein, Champagner und andere Getränke (darunter auch 15 000 Flaschen Ale und Stout); gemusterte Linoleumfliesen aus vielen Räumen; Teile von schmiedeeisernen und bronzenen Balustraden von der hinteren großen Freitreppe; verbogene Teile aus dem Speisesaal der 1. Klasse und farbiges Glas aus dem Rauchsalon erster Klasse; Beleuchtungskörper aus dem Salon der 1. Klasse, Badewannen, Waschbecken, Toiletten, Matratzenfedern, Kopf- und Fußteile von Betten, Decksbänke, Mülleimer, Nachttöpfe, Waschmaschinen, Ventilatoren aus den Salons, Milchbottiche, Gitter von Lüftungsschächten, Silbertabletts, einer der fünf Flügel, Haarbürsten, Handspiegel und einiges von der Habe der Passagiere, von Kleidungsstücken bis zu Spielzeug, Koffern oder Schmuck. Falls ein Teil der Ladung aus den Laderäumen herausgefallen ist, müßten sich in dem Trümmerregen auch noch dreißig Kisten mit Golfschlägern und Tennisschlägern für Spalding, achthundert Kisten mit geschälten Walnüssen, eine Truhe mit feinstem Porzellan für Tiffany's, eine Kiste mit Handschuhen für das Warenhaus Marshall Field, dreißigtausend frische Eier und sechsundsiebzig Kisten mit einer Mixtur namens »Drachenblut« (wahrscheinlich eine Patentmedizin) befinden.

Alles dies fiel oder sank im Kielwasser des untergehenden Heckteils, das wahrscheinlich geradewegs auf den Grund stürzte. Im Gegensatz zum Bug war das Heck vor dem Sinken nicht voll Wasser gelaufen. Nach dem Bruch drang Wasser ein, zerdrückte vermutlich die schwächeren Schotten und richtete im Innern erheblichen Schaden an. Die aus dem Heck verdrängte Luft hat vielleicht das Poopdeck mit aufgerissen und umgeschlagen. Das kann jedoch auch durch die Gewalt des eindringenden Wassers bewirkt worden sein, das sich achtern unter Deck sammelte, als das Heck ins Wasser trudelte. Bei seinem immer schnelleren senkrechten Sturz nach unten drehte sich das Heck wahrscheinlich langsam (manchmal tun dies auch Tauchboote wie »Alvin«, wenn sie im freien Fall sinken). Das würde auch erklären, warum es jetzt in entgegengesetzter Richtung zum Bug steht.

Alle Schätzungen der Höchstgeschwindigkeit, mit der die »Titanic« gesunken ist, sind rein spekulativ. Zu viele Faktoren spielen dabei mit. Nach den Beweisen an einem modernen Schiff, dessen Untergang mit der Stoppuhr verfolgt wurde, haben die beiden großen Rumpfteile vielleicht eine Sinkgeschwindigkeit von vierzig bis fünfzig Stundenkilometern erreicht. Je nachdem, wie schnell sie auf dieses Tempo kamen, können sie in nur sieben oder acht Minuten bis auf den Grund gesunken sein. Allerdings wissen wir weder über das Gewicht der beiden großen Rumpfstücke noch darüber genug, wie ihre Form und Flächenbeschaffenheit die Sinkgeschwindigkeit verringert oder erhöht haben. Wahrscheinlich dauerte es ein paar Minuten, bis diese großen Rumpfteile ihre endgültige höchste Fallgeschwindigkeit erreichten. Nach meiner Schätzung hat der Bug ganze zwanzig Minuten gebraucht, bis er auf dem Meeresboden ankam.

Wahrscheinlich schlug der Bug vor dem Heck unten auf, und zwar mit dem Steven zuerst und in einem geringen Neigungswinkel. Auf Grund seiner ungeheuren Vorwärts- und Abwärtsbeschleunigung wurde dieses Teil im Bereich der Anker über zwanzig Meter tief in den Schlamm hineingetrieben. Dabei wurde das Vorderteil des Bugabschnitts nach unten gebogen und gefaltet. Sekunden nachdem sich der Bug eingegraben hatte, schlug das Teil hinter der vorderen Dehnungsfuge in den Boden; das erklärt vielleicht einige zusätzliche Falten im Rumpf hinter der Dehnungsfuge. Dieser Aufprall vergrößerte noch die Schäden, die das Auseinanderbrechen an der Wasseroberfläche verursacht hatte. Die Decks im hintersten Teil des Vorschiffs fielen in sich zusammen wie ein Kartenhaus.

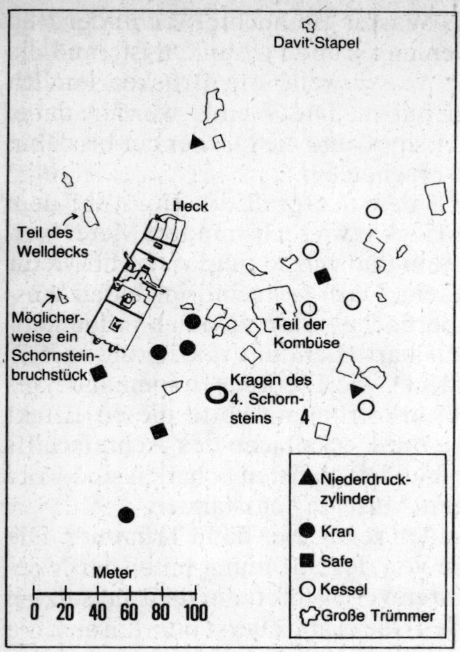

Das Trümmerfeld
Die Lage der Trümmer in der Umgebung des abgebrochenen Achterschiffs

Der Schriftsteller Charles Pellegrino, Verfasser eines Buches über die »Titanic«, hat sich eine plausible Theorie ausgedacht, die vielleicht die Zerstörung im Bereich der Brücke erklärt. Als ich diese Gegend das erste Mal sah, hatte ich den Eindruck, als habe die Faust eines Riesen daraufgeschlagen. Ein großes, schweres Objekt, das mit der Geschwindigkeit des Bugs im Wasser beschleunigt wird, könnte eine Art Slipstream-Effekt erzeugen, ähnlich einem Flugzeug in der Luft. Wenn der Bug dann abrupt zum Stillstand käme, träfe das nachströmende Wasser mit voller Wucht vor allem die Mitte des Vorschiffs genau dort, wo sich die Brücke befand. Dieser »Wasserschlag« erklärt vielleicht zum Teil den Zustand des Wracks.

Die Schäden in der Gegend der Offiziersquartiere sind wahrscheinlich noch an der Oberfläche eingetreten. Manche Augenzeugen haben von einem plötzlichen Ruck gesprochen, als die Brücke gerade ins Wasser eintauchte. Wenn der Bug bei diesem Ruck sekundenlang schnell gesunken ist, muß die nach achtern drängende Wasserwelle die Brücke ziemlich gleichmäßig plattgewalzt haben. Die Wände wurden dabei vermutlich nach außen geklappt, und die Dächer der bis dahin noch trockenen Kabinen brachen ein.

Ein paar Minuten nach dem Aufprall des Bugs auf dem Meeresboden schlug das Heck etwa sechshundert Meter weiter südlich noch kräftiger auf und wurde rund vierzehn Meter tief in den Schlamm gedrückt. Da es vom eindringenden Wasser an oder nahe der Oberfläche schon ziemlich mitgenommen war, erlitt es durch die harte Landung noch größere Zerstörungen, als alle Oberdecks wie Eierkuchen ineinandergerückt wurden. (Jede Abwärtsströmung hätte diesen Effekt noch verstärkt.) Die gesamte Decksfläche des Achterschiffs ist ein einziges Trümmerfeld. Die meisten Schäden sind wohl beim Eintauchen und beim Aufschlag entstanden.

Die nächsten paar Stunden regnete es dann Trümmer. Die leichteren Stücke wurden von der Strömung unter der Meeresoberfläche nach Südosten verfrachtet; die meisten setzten sich jedoch in der Nähe des Hecks ab. Zuerst bohrten sich die Niederdruckzylinder, dann die Kessel und die anderen schweren Wrackstücke in den Schlamm. Darauf folgte ein Schauer von mittelschweren Trümmern, und schließlich kamen die allerleichtesten Dinge an, wie Schuhe, Teetassen, vielleicht sogar ein Paket mit wassergetränkten Spielkarten. Als alle Überlebenden sechs Stunden später auf der »Carpathia« in Sicherheit waren, hatten sich die meisten herabgesunkenen Gegenstände schon auf dem Meeresboden abgesetzt. Manches, darunter auch Leichen (die erst sinken, wenn die Lungen voll Wasser sind), trieb vielleicht noch eine Weile an der Oberfläche, sank dann aber weit vom Ort der Katastrophe auf den Meeresboden. Passagiere, die keine Rettungswesten trugen und schnell untergingen oder im sinkenden Rumpf gefangen waren und zu spät herauskamen, sanken jedoch zwangsläufig mit dem Trümmerfeld nach unten. (In tiefem, kaltem Wasser kann sich kein Gas bilden und den Leichnam wieder an die Oberfläche befördern.)

Der Kometenschweif aus Trümmern und Wrackteilen, den wir auf dem Boden gefunden haben, besteht eigentlich aus zwei Trümmerfeldern, die einander zum Teil überdecken. Eines verläuft südöstlich vom Bug bis zum Heckbereich, ein anderes vom Heck nach Südosten. Jedes Feld ist sechshundert bis achthundert Meter lang, also kürzer als die fünfzehnhundert Meter, die ich erwartet hatte. Wenn man sie zusammenzählt, erreichen sie jedoch auch etwa fünfzehnhundert Meter. Da sich die beiden Felder im Heckbereich überdekken, findet man dort schwere und leichte Trümmer.

Der Lauft der Zeit

Die Tiefsee ist ein ruhiger Ort, an dem sich nicht viel verändert. Nach ihren tumultuösen letzten Stunden endete die »Titanic« in 3740 Meter Tiefe in einer Umwelt, die sich in Jahrzehnten, nicht in Tagen wandelt. Als erstes verschwindet unter diesen Verhältnissen alles weiche organische Material, wie zum Beispiel Lebensmittel; dann Leichen, deren Fleisch und Knochen schnell von Tiefseefischen und Schalentieren verzehrt werden (was sie an Knochen übrigließen, wurde im Salzwasser sehr bald aufgelöst). Die Kleider mögen sich vielleicht ein paar Jahre länger gehalten haben. Ein paar Lederschuhe sind bis zum heutigen Tag erhalten geblieben und stehen dort nebeneinander, wo vielleicht ein Körper gelegen hat. Den Bakterien schmecken vermutlich die Gerbchemikalien nicht.

Irgendwann, Wochen oder Monate später, haben holzverzehrende Weichtiere, deren Larven wohl durch Unterwasserströme dorthin transportiert wurden, den Weg zum Wrack gefunden, sich dort niedergelassen, ihre Metamorphose durchgemacht und dann von dem weichen Kiefernholz der Decksplanken gelebt. Dabei haben sie sich allmählich in den Rumpf vorgearbeitet. Binnen weniger Jahre waren die Decks fast ganz verzehrt. Im Schiffsinnern verschwanden so die eleganten Holzmöbel, die feinen Schnitzereien, kunstvollen Tapeten und die Axminsterteppiche und mit ihnen auch die Holztäfelungen und Eichenholzgeländer an den großen Freitreppen.

Diese Mollusken spielen in der Ökologie der Tiefsee eine wichtige Rolle, denn sie schließen das Holz auf und tragen damit zum Nährstoffkreislauf bei. Als wir das Schiff aufsuchten, waren diese Geschöpfe wahrscheinlich längst tot und verwest. Als einzige Reste waren die Kalkröhrchen übriggeblieben, die für eine bestimmte Holzbohrerart charakteristisch sind, die wohl bei der Vertilgung des Schiffs die Hauptrolle gespielt haben. Nicht nur diese Mollusken lebten dort unten in Saus und Braus, sondern auch die Fische und Schalentiere, denen sie als Beute dienen; so wurde das Schiff zu einer Unterwasseroase.

Wir haben nur spekulative Erklärungen dafür, daß ein Teil des Holzes auf der »Titanic« und in den Trümmerfeldern unversehrt geblieben ist. Teak als sehr dichtes Holz ist im allgemeinen gegen Holzschädlinge resistent. Teak hat denn auch den Untergang der »Titanic« recht gut überstanden. Alle Relings, Handläufe und Dachleisten aus Teak sehen fast wie neu aus. Die Lebewesen unter Wasser haben jedoch im allgemeinen vor imprägniertem Holz überhaupt keinen Respekt. Weshalb sind also die Treppen, die wir gesehen haben, so gut erhalten? Vielleicht sind sie auch aus Teak. Vor einiger Zeit wurde ein antikes Schiff, das auf dem Mittelmeerboden im Schlamm gesteckt hatte, wieder aufgefunden, und auch dort war ein großer Teil des Holzes noch intakt. Nach dem Freilegen blieb das Holz gegen Bohrwürmer beständig, während ihnen in der Nähe gelagertes frisches Holz sehr schnell zum Opfer fiel. Offenbar passiert mit dem Holz etwas, solange es eingegraben ist; wir wissen nur nicht, was. Da das Holz auf der »Titanic« ja nie zugedeckt war, läßt sich der unterschiedliche Erhaltungszustand so nicht erklären.

Andere Organismen, wie zum Beispiel Bakterien und sonstige Kleinlebewesen, haben dann das noch übriggebliebene organische Material auf dem Schiff angegriffen. Im Gegensatz zu Holz ist das meiste davon, zum Beispiel Kleider, nur sehr langsam verrottet: Matratzen (wahrscheinlich aus Roßhaar), Bettzeug, der Stoffkörper einer Puppe. Mit der Zeit verschwand so der organische Inhalt des Schiffs und des Trümmerfeldes, und um die »Titanic« wurde es noch stiller. Doch nach wie vor blieb sie eine Oase für die wenigen Tiefseelebewesen, die es dort unten gibt, zum Beispiel Tiefseeschnecken,

So sah der Bronzecherub an der großen Freitreppe 1912 aus.

Krebse, Quallen und verschiedene Rattenschwanzfische, die am Meeresboden leben und in dem geräumigen Wrack Schutz fanden.

Die große Ausnahme bei all diesen Vorgängen waren und sind die eisenfressenden Bakterien, die die Rostzapfen erzeugen. Es sind winzige Organismen, die zweiwertiges Eisen als anorganische Energiequelle nutzen; sie oxidieren es und lassen die Rostteilchen als Abfallprodukt zurück. Weil im tiefen Ozean kein so saures Milieu herrscht, daß diese Bakterien dort gedeihen könnten, schaffen sie sich selbst günstigere Lebensbedingungen. Dazu sondern sie einen hochviskosen Schleim ab, der sie gegen das Seewasser schützt. Dieser Schleim strömt nach außen, von der Metalloberfläche weg und transportiert dabei tote Zellen, dreiwertiges Eisenoxid (Rost) und -hydroxid ab. Daraus bestehen die Rostzapfen. Sie wachsen immer weiter, bis sie schließlich, wenn sie nicht gestört werden, unter ihrem eigenen Gewicht abfallen.

Da die Rostzapfen sehr zerbrechlich sind (wenn »JJ« oder »Alvin« sie anstießen oder sie vom Kielwasser unseres kleinen Tauchboots erschüttert wurden, brachen sie schon ab), sind sie ein Beweis für die Beständigkeit und Ruhe in dieser Meerestiefe. Man kann nur vermuten, welchen Schaden die eisenfressenden Bakterien mit den Jahren angerichtet haben. Als wir sie abgebürstet hatten, schien der Stahl darunter noch ganz in Ordnung zu sein, aber das liegt wohl teilweise auch daran, daß die Oxidation durch Bakterien, im Gegensatz zur chemischen Oxidation, das Material in Wirklichkeit »säubert« und eine glatte Oberfläche hinterläßt. Dr. Holger Jannasch, der Fachmann für Eisenbakterien in Woods Hole, hält das Schiff für so stark korrodiert, daß der Rumpf beim geringsten Versuch einer Hebung in viele Stücke zerbräche.

Am 18. November 1929, siebzehn Jahre nach dem Untergang, wurde die Gegend, in der die »Titanic« gesunken war, durch das Erdbeben von Grand Banks erschüttert. In dieser großen Entfernung vom Epizentrum wurden alle Schlammmassen, die das Beben in Gang gesetzt hatte, vom »Titanic«-Cañon aufgefangen, und das Wrack blieb vor einem Schlammgrab bewahrt. Wir wissen nicht, ob das Beben das Schiff beschädigt hat, doch schlimm kann es auf keinen Fall gewesen sein. Wir haben jedenfalls vieles gesehen, das so aussah, als habe es sich seit dem Untergang nicht mehr bewegt, wie zum Beispiel die Tasse, die immer noch auf dem Kessel steht.

Seit dem Erdbeben ist die »Titanic« bis auf die Heimsuchung durch die Rostbakterien (und vielleicht auch Bakterien, die sich allmählich tief ins Innere vorgearbeitet haben) ungestört und praktisch tot geblieben. In ihren Ecken und Winkeln lauern nur ein paar Geschöpfe der Finsternis.

Offene Fragen

Wir wissen jetzt ziemlich viel über die »Titanic« und können auch glaubhaft rekonstruieren, was geschah, als sie unterging und auf den Meeresboden sank. Doch immer noch bleiben Geheimnisse übrig. Eine Reihe von Gegenständen, die wir eigentlich hätten finden müssen, sind uns entweder entgangen oder waren nicht zu sehen. Wo befindet sich zum Beispiel der große Kompaßträger aus Messing, der vom Oberdeck zwischen dem zweiten und dritten Schornstein herunter-

Hinter dem jungen Jack Odell ragt die hohe Kompaß-plattform auf.

gefallen sein muß? Er müßte die Jahre gut überstanden haben, und doch haben wir keine Spur von ihm gefunden. Während wir zahlreiche Stücke von schmiedeeisernen und vergoldeten Geländern der hinteren großen Freitreppe und auch Bodenkacheln aus diesem Bereich gefunden haben, war keine Spur von der berühmten großen Bronzestatue eines Knaben zu entdecken, der eine Stehlampe hält; sie stand auf dem Treppenabsatz im B-Deck. Es war eine von zwei fast identischen Statuen; die andere befand sich auf dem Treppenabsatz der vorderen Treppe im A-Deck. Auch von den Schiffsglocken, den Instrumenten auf der Brücke, dem Porzellan aus der 1. Klasse und kleinen Silbergegenständen, wie zum Beispiel Messern und Gabeln, fehlt jede Spur. Wir haben auch kaum etwas aus dem Rauchsalon 1. Klasse gefunden; dabei lag er doch direkt unter dem vierten Schornstein. Sehr wenige der entdeckten Gegenstände stammen aus dem Heck, obwohl aus diesem Teil alles mögliche ausgeschüttet worden sein muß, als sich das Schiff vor dem Untergang aufbäumte.

Wer weiß, was wir noch sähen, wenn wir durch die Gänge des Wracks spazieren könnten. Vielleicht die schmiedeeisernen Gitter an den Fahrstuhltüren 1. Klasse. Vielleicht fänden wir im Speisesaal 1. Klasse auf dem D-Deck noch die Überreste des Frühstücksgeschirrs auf dem Boden verstreut. Die Innereien des Klaviers im Empfangssalon 1. Klasse sind vielleicht auch noch da, wenngleich stark verstimmt. Und unten, in den vorderen Frachträumen, befinden sich die Reste des Renault und der sonstigen Ladung, vielleicht sogar das berühmte »Rubaijat«, dessen Einband mit Smaragden und Rubinen geschmückt war. Vielleicht schwimmen im kleinen Schwimmbecken der »Titanic« jetzt Fische; womöglich leuchten die Kacheln in den türkischen Bädern immer noch. Es wird wohl niemand je erfahren.

Die Zukunft: Gedenkstätte oder Bergung?

Falls das Wrack nicht von Schatzsuchern gestört wird, dürfte sich an der »Titanic«, solange ich am Leben bin, nicht mehr viel ändern. Die Tiefseeströmungen, die uns bei einigen Tauchfahrten so sehr zu schaffen machten, werden weiterhin an der dem »Wind« zugewandten Seite der großen Wrackstücke Sediment aufhäufen, doch bis zum völligen Verschwinden unter herabfallendem Sediment vergehen bei den kleinen Teilen sicherlich knapp tausend Jahre, bei den großen beiden Rumpfstücken fast eine Million Jahre. Bis dahin hätten die eisenfressenden Bakterien ihre Abbrucharbeit längst verrichtet. So weit draußen im Meer lagert sich Sediment sehr langsam ab; auch die kleinsten Gegenstände, auf die wir stießen, zum Beispiel der Puppenkopf, waren trotz der inzwischen vergangenen fünfundsiebzig Jahre kaum eingegraben. Da das Schiff in einer Gegend ruht, in der es unter Wasser Wanderdünen gibt, wird sich das Gelände in der Umgebung immer wieder verändern, wenn die Dünen weiterwandern; dadurch werden zur Zeit begrabene Wrackteile freigelegt und andere, die wir gesehen haben, eventuell wieder zugeschüttet werden.

Auf lange Sicht werden die rostzapfenbildenden Bakterien ganze Arbeit tun und das Schiff allmählich zerfressen, bis seine Festigkeit nachläßt. Mein Kollege Holger Jannasch meint, daß in weiteren fünfundsiebzig Jahren oder etwas später die »Titanic« wahrscheinlich ein Schrotthaufen ist; von ihrem edlen Steven bleibt dann nur noch die Erinnerung. Na-

Dieses Porträt von Alvin, das Jason jr. zweieinhalb Seemeilen unter der Meeresoberfläche aufgenommen hat, zeigt das künftige Gesicht der Tiefseeforschung mit modernen bildgebenden Verfahren.

türlich wird dort unten immer noch das eine oder andere zu sehen sein, vor allem im Trümmerfeld: Keramik, Bronze und Messing bleiben übrig, Kohlebrocken werden herumliegen. Doch es wird kein schönes Bild mehr sein.

Die größte Bedrohung entsteht der »Titanic« vorläufig vom Menschen, besonders von brutalen Schleppzügen. Man kann ja alle möglichen Fischdampfer und Bohrschiffe mieten, um dort hinauszufahren und nach Wrackstücken zu suchen. Die meisten wertvolleren Stücke liegen jedoch irgendwo im Trümmerfeld und müßten von einem Tauchboot mit mechanischem Arm geborgen werden. Außer »Alvin« gibt es aber nur zwei Tauchboote, die bis in diese Tiefe vordringen können: »Sea Cliff«, das der amerikanischen Marine gehört, und die französische »Nautile«.

Das vom Kongreß der Vereinigten Staaten erlassene und vom amerikanischen Präsidenten unterzeichnete Gesetz, nachdem das Wrack zu einer internationalen Gedenkstätte ernannt werden und ungestört bleiben soll, dürfte wohl die meisten Schatzsucher abschrecken. Auf jeden Fall verschafft es ihnen eine schlechte Presse. Ich wünsche mir nur, daß jede neue Expedition zum Wrack diese Ruhestätte so achtet, wie ich es getan habe.

Jetzt, da die Position des Wracks bekannt ist, könnte sich an der Eigentumsfrage ein Streit entzünden. Das Wrack liegt innerhalb der von Kanada beanspruchten Nutzungszone; diesen Anspruch erkennen die Vereinigten Staaten jedoch nicht an. Zum Glück hat die kanadische Regierung angedeutet, daß sie gegen eine Bergung ist. In wessen Hoheitsgewässern das Wrack auch liegt: Die »Titanic« gehört uns allen.

Rückblick

Heute erkennen wir, daß der Untergang der »Titanic« ein geschichtlicher Wendepunkt war. Man kann sich leicht vorstellen, wie sich die Passagiere in der 1. Klasse auf der Jungfernfahrt des Schiffes im Rauchsalon versammelten und selbstzufrieden über den Zustand der Welt und den Fortschritt der Wissenschaft diskutierten. In ihrer Welt herrschte Frieden, und der Mensch schien über die Natur triumphiert zu haben. Das Schiff, auf dem sie fuhren, rechtfertigte ihren Optimismus schon durch seine Existenz und bildete die vollendete Kulisse für ihre fortschrittsgläubige Überheblichkeit.

Der Verlust der »Titanic« war für die Menschen damals ein ähnliches Trauma wie in unserer Zeit die Ermordung von John F. Kennedy. Eine Unschuld schien ein für allemal dahingegangen zu sein. Der Glaube der Menschen an die natürliche Ordnung der Dinge war erschüttert worden. Das beste Parallelbeispiel aus unseren Tagen ist wohl der Verlust der Raumfähre »Challenger«. In beiden Fällen hatte man sich ohne Grund zu sehr auf die Technik verlassen. In beiden Fällen hatte man die Naturgewalten unterschätzt. Und in beiden Fällen hatten daraufhin die Männer an der Spitze ihre Pflichten vernachlässigt. Wir können von der »Titanic« offenbar immer noch etwas lernen.

Das Auffinden und Filmen der »Titanic« kann sich in seiner geschichtlichen Bedeutung mit der Tragödie von 1912 natürlich nicht messen, stellt aber auch einen Wendepunkt dar. Zum einen hat es gezeigt, wie gut man in tiefen Gewässern mit optischen Hilfsmitteln suchen kann. Nach unserem Erfolg dürften in Zukunft bei Suchaktionen nach Schiffswracks akustische und optische Geräte mindestens zusammen eingesetzt werden. Die Suche mit dem Sonar funktioniert am besten auf ebenen Böden ohne Unterbrechungen. Doch der Meeresboden ist kompliziert, voller Gebirge und Täler, die viele falsche akustische Ziele darstellen. Wenn man mit dem Sonar wirklich alles erkennen will, muß man den erfaßten Boden überlappend bearbeiten und weiß selbst dann nicht hundertprozentig genau, was man gesehen und was man übersehen hat. Nur das Kameraauge kann einem sagen, ob ein bestimmtes Sonarziel wirklich das gesuchte ist.

Noch wichtiger als alle Beiträge zur Suchtechnik unter Wasser war bei der Erkundung der »Titanic« mit Hilfe von Videogeräten die Tatsache, daß hier zum ersten Mal in der Tiefe des Meeres eine Super-High-Tech-Aufgabe erfüllt worden ist. Erstmals war ein ferngesteuertes Fahrzeug für den Erfolg eines Einsatzes auf dem Meeresboden von entscheidender Bedeutung. Ich wäre gern in fünfundsiebzig Jahren noch da, um zu sehen, wie wichtig diese wissenschaftliche Leistung dann erscheint. Werden wir im Rückblick die »Titanic«-Expedition als den Beginn einer wirklichen Erkundung der Tiefe sehen? Bisher hat der Mensch die von Meerwasser bedeckten zwei Drittel der Erdoberfläche nicht einmal flüchtig besucht. Sie sind nach wie vor geheimnisvoll.

Die Ozeane stellen die letzten unerforschten Gebiete auf unserem Planeten dar. Bis auf ein paar obskure Teile des tropischen Regenwaldes und einige ferne Berggipfel hat der Mensch die freiliegende, trockene Erdoberfläche ziemlich gründlich erkundet. Die Besteigung des Mount Everest ist zwar immer noch gefährlich, aber doch schon fast zu einer Routineangelegenheit geworden. Wer Geld hat, kann auch eine Tagestour zum Nordpol unternehmen. Unsere Kenntnisse über die Tiefen des Ozeans sind demgegenüber rudimentär. Wenn wir das wahre Abenteuer suchen, müssen wir uns entweder in den Weltraum oder in den inneren Raum begeben, also in die unbekannte Welt unter der Meeresoberfläche.

Auf die Erforschung des Weltraums haben wir viel mehr wissenschaftliche Energie und finanzielle Mittel verwandt als zum Beispiel auf die Erkundung und Erforschung unseres eigenen Planeten. Immer haben wir das Meer als etwas Gegebenes hingenommen. Die Ozeanographie hat das Interesse der Öffentlichkeit nie so erregen können wie die Eroberung des Weltraums, und sie wird auch nie so im Rampenlicht stehen. Doch aus gutem Grund sollten wir unser Wissen über die Ozeane vertiefen.

Zunächst einmal ist Wasser die am häufigsten vorkommende und gleichzeit die wertvollste Substanz auf der Erde, gleichsam das Blut unseres Planeten. Das System der Ozeane muß man auch wegen der immer schnelleren Verteilung von Schadstoffen besser erforschen. Wir vergiften dieses lebenserhaltende Blut. Die Ozeane bestimmen unser Wetter, beeinflussen die Sauerstoffmenge, die wir einatmen, und enthalten die dynamischen Kräfte, die unseren Planeten formen und ändern.

Es gibt auch noch andere Gründe. Solange globale Rivalitäten zwischen Supermächten bestehen, werden die Meere von großer strategischer Bedeutung sein. Der Erforschung der Tiefsee wächst damit auch eine militärische Dimension zu. Außerdem könnte die See eines Tages zu einer wichtigen Rohstoffquelle werden. Diese Aussicht verliert allerdings an Bedeutung, je weniger wir von Primärmetallen abhängen.

Unsere »Titanic«-Expeditionen haben außerdem Zweiflern vor Augen geführt, daß Wissenschaft und Showmanship durchaus eine erfolgreiche Verbindung eingehen können. Wissenschaftler sind für gewöhnlich an der Wissenschaft, nicht an der Publicity interessiert. Manchmal hat man sogar den Eindruck, als bemühten sie sich ganz besonders, der Öffentlichkeit ihre Entdeckungen vorzuenthalten. Ich glaube jedoch, daß gekonnte und richtig ausgeübte Showmanship der Wissenschaft bei der Erreichung ihrer Ziele helfen kann. Wenn man die Öffentlichkeit interessieren und für sich mobilisieren kann, ist es auch viel einfacher, Geld für Forschungszwecke zu bekommen.

Vielleicht erinnern sich in ein paar Generationen nur noch wenige an die »Titanic«. Doch eigentlich glaube ich das nicht. Auch wenn der Rumpf des Schiffs schon längst zu Rost zerfallen ist, werden die Menschen immer noch mit Schaudern an die Ereignisse in der Nacht des 14. April 1912 denken.

Kapitel 11

Epilog

Meinen zweiten Blick auf die »Titanic« werde ich nie vergessen: Eine riesige, dunkle Gestalt schießt plötzlich aus der Schwärze, die messerscharfe Kante eines Stevens durchpflügt den Schlammboden in einer gigantischen Welle und kommt direkt auf mich zu . . .

Insgesamt konnte ich die »Titanic« neunmal besuchen und ihren bei aller Zerstörung würdevollen Zustand genau kennenlernen. Als wir auf ihren Decks landeten und in ihr verwüstetes Inneres eindrangen, kamen mir immer wieder die berühmten Szenen aus der Tragödie von 1912 dort in den Sinn, wo sie sich abgespielt hatten. Nach jeder Tauchfahrt war ich klein angesichts der Größe dessen, was da unten lag.

Die »Titanic« ist für immer von uns gegangen; sie hat endlich ihren Heimathafen erreicht. Man wird sie nie heben können; darüber bin ich einerseits traurig, andererseits befriedigt. Nach dreiunddreißig Stunden bemannter Erkundung ihres zerfallenen und entleerten Rumpfes und vielen weiteren Stunden der Einzelbildaufnahmen mit ANGUS kennen wir ihr Schicksal jetzt. Obwohl ihre Größe immer noch Ehrfurcht einflößt, ist sie nicht mehr das elegante Schiff, das am fünften Tag seiner Jungfernfahrt im April 1912 unterging. Ihre Schönheit ist geschwunden; das Schiff ist in zwei Teile zerbrochen, vom Alter mitgenommen. Seine massiven Stahlplatten lösen sich allmählich in Rostströme auf. Seine einst stolzen Schotten sind eingedrückt und verbogen. Die eleganten Holzarbeiten sind zerfressen und von Heerscharen holzverzehrender Weichtiere fast unkenntlich gemacht. Der Inhalt liegt auf dem schlammigen Meeresboden verstreut. An unseren Besuch erinnert nur eine Pepsi-Cola-Büchse mitten im Trümmerfeld, die wahrscheinlich jemand gedankenlos auf der »Atlantis II« oder »Knorr« über Bord geworfen hat.

Bis auf weiteres könnte nur die Strömung die Ruhe der Explorers'-Club-Plakette stören, die wir auf einem Ankerspill des Vorschiffs hinterließen.

Der Meeresboden ist ein ruhiger, friedlicher Ort, die passende Gedenkstätte für alles, was mit der »Titanic« unterging. Das Wrack, das wir gefunden und fotografiert haben, kann als Denkmal für den Fehler der Überheblichkeit, für ein vergangenes Zeitalter und für eine unwiederbringliche, unwiederholbare Unschuld ebenso stehen wie für die Menschen, die in diesem Drama eine Rolle gespielt haben, sowohl diejenigen, die es schuldhaft verursacht haben, als auch die anderen, die unschuldig daran zu Grunde gegangen sind.

Wenn ich jetzt an die »Titanic« denke, sehe ich sie mit dem Bug aufrecht auf dem Boden ruhen, würdevoll trotz des Zerfalls und endlich am Ziel.

Zeittafel

Die hier zusammengestellte Abfolge von Daten und Ereignissen zeigt die Höhepunkte der Geschichte der »Titanic«. (Die für die Nacht des 14. April und den Morgen des 15. April 1912 angegebenen Zeiten sind nur Näherungswerte und stützen sich auf die Zeugenaussagen bei der britischen Untersuchung des Unglücks 1912.)

1867 – Thomas Henry Ismay kauft die White Star Line, eine Segelschiffslinie, die um 1850 gegründet worden war und sich vor allem auf den Handel im Zusammenhang mit den australischen Goldminen konzentrierte.

1869 – Ismay bildet die Oceanic Steam Navigation Company, um White Star als Luxusdampfschiffsdienst im Passagierverkehr über den Atlantik zu etablieren.

1869 – **1870** Die Belfaster Werft Harland & Wolff baut die ersten Schiffe für White Star.

1891 – J. Bruce Ismay wird Teilhaber bei der White Star Line. Er übernimmt nach dem Tod seines Vaters 1899 die Leitung.

1894 – William J. Pirrie wird Vorstandsvorsitzender von Harland & Wolff.

1898 – Der amerikanische Autor Morgan Robertson veröffentlicht den Roman »Futility«, in dem ein britisches Passagierschiff namens »Titan« auf seiner Jungfernfahrt im April im Nordatlantik mit einem Eisberg kollidiert und sinkt; es sind nicht genug Rettungsboote an Bord. Dieses erdachte Schiff ähnelt der erst noch zu erfindenden »Titanic« in Größe, Geschwindigkeit, Ausrüstung, Passagierzahl (Reichen wie Armen) und Opfern geradezu unglaublich.

1902 – Die White Star Line wird von der International Mercantile Marine Company übernommen, einem Schif fahrtskonzern, an dessen Spitze der amerikanische Finanzmagnat J. Pierpont Morgan steht. Die Schiffe der White Star fahren zwar noch unter britischer Flagge und mit britischer Besatzung, doch die Gesellschaft befindet sich im wesentlichen in amerikanischer Hand.

1904 – J. Bruce Ismay wird mit voller Unterstützung von Morgan im Alter von 41 Jahren Generaldirektor der International Mercantile Marine und übernimmt die Gesamtleitung. Außerdem wird der Vorstandsvorsitzende von Harland & Wolff, William J. Pirrie, Vorstandsmitglied bei Mercantile Marine.

1907 – Bei einem Abendessen in der Londoner Wohnung von William J. Pirrie spricht Isamy über den Bau von zwei riesigen Schiffen (ein drittes sollte später hinzukommen), die sich in Luxus, Größe und Geschwindigkeit mit denen der Konkurrenzlinien messen sollen. Sie sollen als Schiffe der Olympic-Klasse vor allem die Cunard-Linie im Luxuspassagierverkehr über den Atlantik schlagen.

1908 – 29. Juli Die Eigentümer von White Star, darunter Ismay, genehmigen grundsätzlich den Konstruktionsplan für die Schiffe der Olympic-Klasse, wie ihn die Werft Harland & Wolff unter direkter Leitung von Lord Pirrie und mit Unterstützung seines Neffen Thomas Andrews ausgearbeitet hatte.

1908 – 31. Juli Ein Vertrag über den Bau der »Olympic«, »Titanic« und eines später zu bauenden dritten Schwesterschiffs (»Britannic«) in der Belfaster Werft wird unterzeichnet. Die letzte Entscheidung über Auslegung, Ausführung und Ausstattung behält sich J. Bruce Ismay vor. Geplante Abmessungen der »Titanic«: 269 Meter Länge, 28 Meter Breite und 31,70 Meter Höhe bis zur Brücke. Kosten: 1 500 000 Pfund Sterling. Auf beiden Seiten des Atlantiks müssen neue Docks gebaut werden, die Schiffe von solcher Größe aufnehmen können. Harland & Wolff bauen auch besonders verstärkte Slips, die dieses Gewicht aushalten.

1908 – 16. Dezember Kiellegung auf Werft 400 von Harland & Wolff; Baubeginn der »Olympic«.

1909 – 31. März Kiellegung auf Werft 401 von Harland & Wolff; Baubeginn der »Titanic«.

1910 – 20. Oktober Erfolgreicher Stapellauf der »Olympic«.

1911 – 31. Mai Erfolgreicher Stapellauf der »Titanic« im Beisein von über 100000 Menschen. Sie ist zu dieser Zeit (zusammen mit der »Olympic«) das größte bewegliche Objekt, das je von Menschen gebaut wurde. 22 t Talg, Seife und Schmieröl werden verbraucht, um das Bett der Helling einzuschmieren und vor dem ungeheuren Druck von rund 450 kg/cm^2 zu schützen, den der frisch gestrichene schwarze Rumpf aufbringt. Die »Titanic« wird von Schleppern ins Ausrüstungsbecken gezogen. Die Ausrüstung beginnt.

1911 – Juni Die »Olympic« geht auf Jungfernfahrt.

Juli In Absprache zwischen White Star und Harland & Wolff wird als erster Termin für die Jungfernfahrt der »Titanic« der 20. März 1912 vorgesehen.

20. September Die »Olympic« (unter Kapitän Edward J. Smith, dem späteren Kapitän der »Titanic«) beschädigt in einer Kollision mit dem britischen Marinekreuzer »Hawke« ihren Rumpf schwer. Die Jungfernfahrt der »Titanic« wird wegen des erforderlichen Abzugs von Arbeitern und Material für die Reparatur der »Olympic« verschoben.

11. Oktober White Star nennt in der Londoner »Times« offiziell als neuen Termin für die Jungfernfahrt der »Titanic« den 10. April 1912.

1912 – Januar Sechzehn Rettungsboote aus Holz werden unter Welin-Davits auf der »Titanic« installiert (diese Davits können je zwei bis drei Boote aufnehmen). Der ursprüngliche Konstrukteur, Alexander Carlisle (inzwischen nicht mehr bei Harland & Wolff tätig) hatte Davits vorgeschlagen, die mehr Boote hätten tragen können, dies jedoch als Sparmaßnahme und nicht mit der Erhöhung der Sicherheit begründet. Nach einer veralteten Vorschrift des britischen Handelsministeriums lagen die zwanzig Rettungsboote der »Titanic« (darunter vier »ausklappbare« Notboote) schon um 10 % über der geforderten Kapazität.

1912 – 3. Februar Die »Titanic« kommt im Thompson Graving Dock in Belfast ins Trockendock.

März Die Techniker fangen in Belfast mit der Montage an; manche wohnen sogar auf dem Schiff.

25. März Die Rettungsboote werden ausprobiert, ausgeschwungen, abgefiert und wieder in die Ruhestellung unter den Davits hochgezogen.

31. März Bis auf ein paar Details in einigen Passagiersuiten ist die Ausstattung der »Titanic« abgeschlossen. Das Schiff hat 46328 Bruttoregistertonnen bei ca. 60000 Tonnen Wasserverdrängung, 46000 PS mit 29 Kesseln, 159 Feuerungen und Schornsteinen, die 22 Meter über das Bootsdeck aufragen. Sie hat eine Dreifachschraube und soll etwa 24 Knoten Höchstgeschwindigkeit laufen (was nie ausprobiert wird). Obwohl die »Titanic« und ihr Schwesterschiff »Olympic« in den Abmessungen identisch sind, bekommt die »Titanic« mehr Wohnräume und Suiten (und auch weitere Zusätze an den Aufbauten), so daß sie schwerer wird als ihr Schwesterschiff. Die »Titanic« ist das größte Schiff der Welt.

1912 – 1. April Die Erprobung auf See muß wegen starker Winde verschoben werden.

2. April, 6.00 Uhr Die Erprobung auf See beginnt. Von Schleppern wird die »Titanic« durch den Victoria-Kanal nach Belfast Lough gebracht. Alle Geräte werden ausprobiert, auch die Funkanlage. Geschwindigkeits- und Handlingtests werden durchgeführt, darunter auch einige Wende- und Stopp-Start-Manöver. Der wichtigste Stoppversuch: Auf Fahrten mit voller Kraft voraus mit 20 Knoten folgen Stopps mit voller Kraft zurück.

14.00 Uhr Fahrttest: Das Schiff fährt rund zwei Stunden lang (etwa 40 Meilen) mit einer Durchschnittsgeschwindigkeit von 18 Knoten in die offene Irische See und kehrt in zwei Stunden nach Belfast zurück. Alle

Erprobungen erfüllen die Vorschriften des Handelsministeriums. Die Versuche haben knapp einen Tag gedauert.

20.00 Uhr Das Schiff läuft (unter Kapitän Bartlett) von Belfast zu einer Nachtfahrt nach Southampton, seinem Heimathafen, aus (etwa 570 Meilen).

1912 – 3. April Ankunft kurz nach Mitternacht im Hafen Southampton; Vorräte und Personal für die Jungfernfahrt werden an Bord genommen.

5. April, Karfreitag Die »Titanic« wird zur Begrüßung der Bevölkerung von Southampton mit Flaggen und Wimpeln geschmückt. Dies ist das einzige Mal, daß sie »feingemacht« wird.

6. April Einstellungstag für den größten Teil der übrigen Besatzung. Die Fracht rollt an. Insgesamt beläuft sie sich auf 559 Tonnen und 11524 verschiedene Stücke. Außerdem werden 5892 Tonnen Kohle geladen.

8. April Frische Lebensmittel werden geladen. Die letzten Vorbereitungen werden vom Erbauer des Schiffs, Thomas Andrews, bis in alle Einzelheiten hinein überwacht.

1912 – 10. April, Mittwoch, Tag der Abfahrt, 7.30 Uhr Kapitän Edward J. Smith begibt sich an Bord der »Titanic«; die gesamte Besatzung ist bereits an Bord; die Offiziere haben die Nacht an Bord verbracht. Smith nimmt den Bericht zur Abreise vom Leitenden Offizier Wilde entgegen.

8.00 Uhr Die Mannschaft wird gemustert; danach wird eine kurze Rettungsbootübung, jedoch lediglich mit den beiden Steuerbordbooten 11 und 15, durchgeführt.

9.30 – 11.00 Uhr Die Bootszüge für die Passagiere der Zweiten und Dritten Klasse fahren ein; die Passagiere gehen an Bord.

11.30 Uhr Der Bootszug Erster Klasse aus London kommt am Dock an. Die Passagiere der Ersten Klasse gehen an Bord und werden zu ihren Kabinen geleitet.

12.00 Uhr Die »Titanic« legt ab und wird von Schleppern aus dem Dock gezogen. Bei der Fahrt mit eigener Kraft den Test hinunter reißen durch das von der »Titanic« verdrängte Wasser alle sechs Festmachetrossen der »New York«, und ihr Heck dreht auf die »Titanic« zu. Durch schnelle Reaktion wird eine Kollision um knapp 1,20 Meter vermieden. Die Abfahrt verzögert sich um eine Stunde. Dieser Zwischenfall (ebenso wie die Kollision der »Olympic« mit der »Hawke«) läßt auf mangelnde Vertrautheit der Schiffsführung mit Schiffen dieser Größe schließen.

13.00 Uhr Die »Titanic« setzt die 24 Meilen lange Fahrt flußabwärts bis zum Kanal und weiter nach Cherbourg fort.

16.00 Uhr Der Bootszug aus Paris kommt in Cherbourg an. Die verpsätete Ankunft des Schiffs wird bekanntgegeben.

17.30 Uhr Die Passagiere in Cherbourg besteigen die Barkassen und warten auf die Überfahrt zur »Titanic«.

18.30 Uhr Die »Titanic« liegt in voller Beleuchtung vor dem Hafen in Cherbourg vor Anker. 22 Passagiere, die nur den Kanal überqueren wollten, gehen von Bord, ein Teil der Fracht wird entladen.

20.00 Uhr Die 274 Passagiere, die in Cherbourg zusteigen, sind an Bord; die Barkassen kehren in den Hafen zurück.

20.10 Uhr Die Anker werden gelichtet, die »Titanic« legt nach Queenstown in Irland ab; dabei durchquert sie den Kanal und umrundet die Südküste Englands.

1912 – 11. April, Donnerstag vormittag Kapitän Smith veranstaltet mit der »Titanic« auf dem Weg nach Queenstown einige weitere Übungen, um die Manövrierfähigkeit des Schiffes zu erproben.

11.30 Uhr Die »Titanic« liegt im Hafen von Queenstown rund zwei Meilen vom Land entfernt vor Anker. 113 Passagiere Dritter Klasse und sieben Passagiere Zweiter Klasse steigen von Barkassen zu; 1385 Postsäcke werden geladen. Sieben Passagiere steigen aus.

13.30 Uhr Der Anker wird zum letzten Mal gelichtet, und die »Titanic« begibt sich auf ihre erste Transatlantikfahrt nach New York. Geschätzte Gesamtzahl von Besatzungsmitgliedern und Passagieren an Bord: 2227. (Genaue Zahl wegen Diskrepanzen in den Passagier-/Mannschaftslisten unbekannt.)

11. – 12. April Die »Titanic« legt bei schönem, ruhigem, klarem Wetter 386 Meilen zurück.

12. – 13. April Die »Titanic« legt 519 Meilen zurück. Das Wetter bleibt gut. Einige Eiswarnungen gehen ein, sind jedoch bei Überfahrten im April nichts Ungewöhnliches.

13. April, 22.30 Uhr Vorbeifahrende »Rappahannock« ist bei der Durchquerung eines Eisfeldes beschädigt worden und signalisiert Warnung vor starkem Packeis.

1912 – 14. April, Sonntag, 9.00 Uhr Die »Titanic« empfängt einen Funkspruch von der »Caronia« mit einer Warnung vor Treibeis und Eisbergen auf 42° N zwischen 49° und 51° W.

10.30 Uhr Gottesdienst im Speisesaal der Ersten Klasse.

11.40 Uhr Das holländische Linienschiff »Noordam« berichtet »viel Eis« etwa in derselben Position wie die »Caronia«.

Mittag Wie gewöhnlich versammeln sich die Offiziere auf der Nock der Navigationsbrücke und berechnen mit Sextanten die tägliche Position: »Seit Samstagmittag 546 Meilen.«

13.42 Uhr Eisbergwarnung von der »Baltic«. »Große Mengen Treibeis« auf 41° 51' N, 49° 52' W etwa 250 Meilen vor der »Titanic«. Die Nachricht wird Kapitän Smith überbracht. Smith gibt sie später Bruce Ismay weiter; der steckt sie in die Tasche.

13.45 Uhr Warnung vor »großem Eisberg« geht vom deutschen Linienschiff »Amerika« ein (41° 27' N, 50° 8' W). Die Meldung wird nicht an die Brücke weitergegeben.

17.30–19.30 Uhr Die Lufttemperatur sinkt auf fast 0° C.

17.50 Uhr Kapitän Smith ändert den Kurs des Schiffs etwas nach Süden und Westen vom normalen Kurs, vielleicht als Vorsichtsmaßnahme, um das Eis zu umgehen.

18.00 Uhr Zweiter Offizier Lightoller löst Leitenden Offizier Wilde auf der Brücke ab.

19.15 Uhr Erster Offizier Murdoch befiehlt Schließung der Backslucken, weil der Lichtschein die Männer im Krähennest stört.

19.30 Uhr Drei Funksprüche mit Warnungen vor großen Eisbergen auf dem Kurs der »Californian« (42° 3' N, 49° 9' W). Der Funkspruch wird an die Brücke weitergegeben. Der Kapitän nimmt an einem Abendessen unter Deck teil. Eis jetzt nur noch 50 Meilen voraus.

20.40 Uhr Lightoller befiehlt, nach den Süßwasservorräten des Schiffs zu sehen, da das Meerwasser knapp vor dem Gefrierpunkt ist.

20.55 Uhr Kapitän Smith verabschiedet sich vom Abendessen, geht direkt auf die Brücke und spricht mit Lightoller über das ruhige und klare Wetter sowie über die Erkennbarkeit von Eisbergen bei Nacht.

21.20 Uhr Kapitän Smith zieht sich zur Nacht zurück und gibt Befehl, ihn zu wecken, »wenn irgend etwas zweifelhaft wird . . .«

21.30 Uhr Lightoller sendet Nachricht ins Krähennest, bis zum Morgen scharf nach Eisbergen Ausguck zu halten.

21.40 Uhr Warnung vor starkem Packeis und Eisberg geht von der »Mesaba« ein (42° N bis 41° 25' N, 49° W bis 50° 30' W). Der Funkspruch wird übersehen. Die Funker sind voll für die Passagiere beschäftigt. Die sechs Eiswarnungen dieses Tages deuten auf ein riesiges Eisfeld rund 78 Meilen direkt voraus.

22.00 Uhr Lightoller wird auf der Brücke vom Ersten Offizier Murdoch abgelöst. Die Ausguckmänner im

Krähennest werden agbelöst. Befehl, auf Eisberge zu achten, wird an die neuen Wachhabenden weitergeleitet. Die Temperatur liegt knapp unter 0° C, der Himmel ist wolkenlos, die Luft klar.

22.30 Uhr Die Meerestemperatur sinkt unter 0° C.

22.55 Uhr Etwa 10 bis 19 Meilen nördlich der »Titanic« wird die »Californian« von Treibeis aufgehalten und funkt Warnungen an alle Schiffe in der Gegend. Als der Funker der »Californian« die »Titanic« ruft, wird seine Eiswarnung durch ein rüdes »Halten Sie sich heraus! Schluß jetzt! Sie stören mein Signal. Ich stehe mit Cape Race in Verbindung« unterbrochen. Der einzige Funker der »Californian« hört den Funkverkehr der »Titanic« mit, schaltet dann um 23.30 Uhr sein Gerät aus und legt sich wie gewöhnlich zu Bett.

23.30 Uhr Die Ausguckmänner Fleet und Lee im Krähennest nehmen leichten Dunst unmittelbar vor der »Titanic« wahr.

23.40 Uhr Die »Titanic« fährt mit 21,5 Knoten. Plötzlich erkennen die Ausguckmänner einen Eisberg in etwa 500 m Entfernung direkt voraus; er ragt 15–18 Meter über das Wasser. Sie betätigen sofort dreimal laut die Alarmglocke und rufen zur Brücke hinunter: »Eisberg rechts voraus!« Der Sechste Offizier Moody auf der Brücke bestätigt den Alarm, gibt die Meldung an Murdoch weiter, der instinktiv dem Steuermann »hart Steuerbord« zuruft und den Maschinenraum anweist, die Maschinen zu halten und dann volle Kraft zurückzufahren. Dann betätigt Murdoch den Hebel, der die wasserdichten Schotten unter der Wasserlinie schließt. Der Steuermann dreht das Rad, so schnell es geht. Die »Titanic« giert nach Backbord, doch der Eisberg trifft die Bugseite an Steuerbord, schrammt das Schiff entlang und verschwindet wieder in der Nacht. Der Aufprall rüttelt zwar die Besatzung im Vorderschiff durch, wird aber von vielen Passagieren überhaupt nicht bemerkt. Von der Sichtung des Eisbergs bis zum Zusammenstoß sind 37 Sekunden vergangen.

23.50 Uhr Die ersten zehn Minuten nach dem Zusammenstoß steigt das Wasser im Vorderschiff 4,20 Meter über Kiel. Die ersten fünf Abteilungen laufen voll. Der Kesselraum 6, 1,50 Meter über Kiel, wird 2,40 Meter hoch überflutet.

Mitternacht Der Postraum, 7,20 Meter über Kiel, nimmt so viel Wasser auf, daß die Postsäcke zu schwimmen anfangen. Nach Unterrichtung von Kapitän Smith, der jetzt auf der Brücke steht, daß Wasser in die Laderäume 1, 2 und 3 und in den Kesselraum 6 fließt, besichtigt er den Schaden rasch zusammen mit Thomas Andrews. Dabei bittet er Andrews um eine Lagebeurteilung. Nach Andrews' Berechnung kann sich das Schiff nur noch eine Stunde bis eineinhalb Stunden halten. Dabei geht er von der mathematischen Gewißheit aus, daß die wasserdichten Abteilungen nur bis zum D-Deck reichen und wenn mehr als vier Laderäume geflutet sind, das Wasser von einer vollgelaufenen Abteilung gleich in die nächste und dann weiter fließt. Der Bug der »Titanic« fängt an zu sinken. Das Schiff ist zum Untergang verurteilt. Kapitän Smith befiehlt, über den Schiffsfunk den Notruf CQD abzusetzen. Geschätzte Position der »Titanic«: 41° 46' N, 50° 14' W. Die Kessel werden stillgelegt, aus den Schornsteinen entweichen mit lautem Getöse riesige Dampfwolken.

1912 – 15. April, Montag, 0.05 Uhr Der Squashplatz, 9,60 Meter über Kiel, steht unter Wasser. Befehl, die Rettungsboote klarzumachen und Mannschaften und Passagiere zu mustern. Von den schätzungsweise 2227 Personen an Bord ist nur für 1178 Platz in den Rettungsbooten, wenn alle Rettungsboote voll besetzt werden.

0.10 – 1.50 Uhr Ein paar Mannschaftsangehörige auf der 10 bis 19 Meilen entfernten »Californian« sehen die Lichter eines Schiffs. Ein paar Versuche, mit dem Schiff über Morselampe Verbindung aufzunehmen, schlagen fehl. Raketen werden wahrgenommen, aber da sie so niedrig über dem Schiffsdeck zu hängen scheinen und kein Geräusch machen, wirken sie nicht wie Notraketen, und niemand kümmert sich weiter darum. Die Entfernung zwischen den Schiffen wird größer, bis beide einander nicht mehr sehen können.

0.15–2.17 Uhr Zahlreiche Schiffe nehmen den Notruf der »Titanic« auf, auch ihr Schwesterschiff »Olympic«, das etwa 500 Meilen entfernt liegt. Mehrere Schiffe, darunter die »Mount Temple« (49 Meilen entfernt), »Frankfurt« (153 Meilen), »Birma« (70 Meilen), »Baltic« (243 Meilen), »Virginian« (170 Meilen) und »Carpathia« (58 Meilen) bereiten sich zu verschiedenen Zeiten darauf vor, zu Hilfe zu kommen.

0.15 Uhr Die Kapelle spielt im Erster-Klasse-Salon auf dem A-Deck und später auf dem Bootsdeck beim Eingang zur großen Freitreppe muntere Ragtimemusik.

0.20 Uhr Das Wasser strömt in die Quartiere der Besatzung, fast 15 Meter über Kiel, auf dem vorderen E-Deck.

0.25 Uhr Befehl, Frauen und Kinder in die Rettungsboote zu bringen. Die »Carpathia«, etwa 58 Meilen südöstlich, empfängt den Notruf und steuert sogleich mit Volldampf die Unfallstelle an.

0.45 Uhr Als erstes wird Steuerbordboot 7 sicher abgefiert. Es kann 65 Personen aufnehmen, enthält aber nur 28. Die erste Notrakete wird abgefeuert. Der Vierte Offizier Boxhall beobachtet, wie sich ein Schiff der »Titanic« nähert und dann wieder verschwindet, obwohl mit der Morselampe immer wieder versucht wird, Kontakt aufzunehmen. Rettungsboot 4 wird zwischen 0.30 und 0.45 Uhr beladen.

0.55 Uhr Als erstes Boot auf der Backbordseite wird Rettungsboot 6 mit nur 28 Personen, darunter Molly Brown und Major Peuchen, abgefiert. Steuerbordboot 5 wird abgefiert. Ismay wird von Offizier Lowe wegen Eingreifens in dessen Befehlsgewalt zur Rede gestellt (41 Personen an Bord, für weitere 24 wäre Platz).

1.00 Uhr Steuerbordboot 3 wird mit nur 32 Personen, darunter 11 Besatzungsmitglieder, abgefiert. Jetzt werden die Boote allmählich voller beladen.
1.10 Uhr Steuerbordboot 1 wird abgefiert (Fassungsvermögen 40), an Bord sind nur 12 Personen, darunter Sir Cosmo und Lady Duff Gordon und sieben Besatzungsmitglieder. Backbordboot 8 wird beladen und mit nur 39 Personen abgefiert. Es wird von der Gräfin Rothes gesteuert.
1.15 Uhr Das Wasser steht bis zum Namensschild der »Titanic« am Bug; sie bekommt starke Schlagseite nach Backbord. Die Decksneigung wird stärker. Die Boote werden jetzt voller beladen.
1.20 Uhr Steuerbordboot 9 verläßt das Schiff mit 56 Personen. Die »Titanic« hängt jetzt merklich nach Steuerbord über.
1.25 Uhr Backbordboot 12 wird mit 40 Frauen und Kindern an Bord abgefiert. Zwei Seeleute werden für das Boot eingeteilt. Nach dem Untergang der »Titanic« wird es mit den Booten 4, 10, 14 und dem Notboot D zusammengebunden. Später werden die Geretteten von Offizier Lowe von Boot 14 auf die anderen Boote verteilt, damit er im Wasser treibende Passagiere aufnehmen kann. Boot 12 wird mit 70 Personen überladen; viele sind aus dem Notboot D übernommen worden.
1.30 Uhr Unter einigen Schiffspassagieren bricht Panik aus. Als Backbordboot 14 mit 60 Personen an Bord, darunter auch Offizier Lowe, abgefiert wird, scheint eine Gruppe von Passagieren in das schon volle Boot hineinspringen zu wollen. Lowe gibt drei Warnschüsse in die Luft ab. Die Notrufe der »Titanic« klingen verzweifelt. »Wir sinken schnell«, und »Frauen und Kinder in den Booten. Wir halten nicht mehr lange durch.«
1.35 Uhr Backbordboot 16 wird mit über 50 Personen abgefiert, Steuerbordboot 13 mit 64 Personen, vorwiegend Frauen und Kinder aus der Zweiten und

Dritten Klasse. Steuerbordboot 15 wird 30 Sekunden später mit 70 Personen abgefiert und stößt dabei fast mit Boot 13 zusammen. Boot 13 kann sich im Wasser gerade noch in Sicherheit bringen.

1.40 Uhr Die meisten vorderen Boote sind weg; die Passagiere begeben sich auf das Achterschiff. Ismay verläßt das Schiff mit Notboot C (39 Personen), dem letzten Steuerbordboot, das noch abgefiert werden kann. Das vordere Welldeck steht unter Wasser.

1.45 Uhr Auf ihrem Weg zur Unfallstelle hört die »Carpathia« die letzten Worte der »Titanic«: ». . . Maschinenraum bis zu den Kesseln vollgelaufen . . .« Backbordboot 2 wird abgefiert und legt mit nur 25 Personen ab. Es kann 40 aufnehmen.

1.55 Uhr John Jacob Astor, dem von Lightoller der Zutritt zum Backbordboot 4 verwehrt wird, bringt seine Frau auf diesem Boot in Sicherheit und sieht zu, wie das Boot mit 40 Frauen und Kindern und einigen Besatzungsmitgliedern abgefiert wird. In der Eile bleiben 20 Plätze im Boot unbesetzt.

2.00 Uhr Das Wasser steht knapp 3 m unter dem Promenadendeck.

2.05 Uhr Noch immer befinden sich über 1500 Menschen auf dem sinkenden Schiff. Notboot D ist eines der letzten verbliebenen Boote. Es bietet 47 Personen Platz. Um einen Sturm auf dieses Boot zu vermeiden, fuchtelt Lightoller mit seiner Pistole herum (und schießt wahrscheinlich auch in die Luft), und die Besatzungsmitglieder bilden mit verschränkten Armen eine Kette um das Boot und lassen nur Frauen und Kinder an Bord. Das Boot wird mit 44 Personen abgefiert. Das Vorderschiff der »Titanic« sinkt unter Wasser, die Decksneigung wird immer steiler.

2.10 Uhr Kapitän Smith entbindet Funker Bride und Phillips von ihren Pflichten.

2.17 Uhr Phillips arbeitet weiter und versucht, einen letzten Funkspruch abzusetzen. Kapitän Smith teilt den Besatzungsmitgliedern mit: »Jetzt muß jeder für

sich sorgen.« Er kehrt auf die Brücke zurück und erwartet dort das Ende. Thomas Andrews, der Erbauer des Schiffs, wird zum letzten Mal allein im Rauchsalon der Ersten Klasse gesehen, wo er ins Leere starrt.
Der Bug der »Titanic« taucht unter; dabei kommt das eingeklemmte Notboot B frei, treibt aber kieloben. Pater Thomas Byles nimmt über 100 Passagieren der Zweiten und Dritten Klasse, die sich am hinteren Ende des Bootsdecks versammelt haben, die Beichte ab und erteilt ihnen Absolution. Die Bordkapelle hört zu spielen auf. Viele Passagiere und Besatzungsmitglieder springen über Bord. Der vordere Schornstein der »Titanic« bricht ab und begräbt eine Reihe schwimmender Passagiere unter sich. Notboot A schwimmt frei; etwa zwei Dutzend Menschen im Wasser können sich daran festhalten. Es taucht richtig herum auf, wird jedoch unter Wasser gedrückt und stark überladen. Lowe in Boot 14 rettet die Insassen kurz vor Morgengrauen. Fast die Hälfte ist inzwischen gestorben.
2.18 Uhr Mit fürchterlichem Getöse rutschen alle beweglichen Gegenstände in der »Titanic« auf den untergetauchten Bug zu. Die Schiffsbeleuchtung flackert einmal und geht dann aus. Viele Überlebende sehen mit an, wie das Schiff in zwei Teile auseinanderbricht. Das Vorderschiff sinkt.
2.20 Uhr Das abgebrochene Achterschiff der »Titanic« sinkt kurz ins Wasser zurück, stellt sich wieder gerade, läuft langsam voll Wasser, hebt das Heck noch einmal steil in die Luft und geht dann langsam unter. In diesem »größten Schiffsunglück der Geschichte« sterben über 1500 Menschen.
3.30 Uhr Die Rettungsboote sehen die Raketen der »Carpathia«. Normalerweise macht die »Carpathia« 14,5 Knoten Fahrt, ist jedoch mit 17,5 Knoten zur Rettung herbeigeeilt.
4.10 Uhr Als erstes wird Boot 2 von der »Carpathia« aufgenommen. Zwischen den Trümmern der »Titanic« schwimmen Eisbrocken herum.

5.30 Uhr Die »Frankfurt« meldet der »Californian« den Untergang der »Titanic« und begibt sich sofort ins Katastrophengebiet.

5.30–6.30 Uhr Die Überlebenden im Notboot A werden von Boot 14 aufgenommen, die Insassen von Notboot B von den Booten 4 und 12.

8.30 Uhr Als letztes wird Boot 12 von der »Carpathia« aufgenommen. Lightoller geht als letzter Überlebender an Bord. Die »Californian« kommt neben der »Carpathia« an und kreuzt dann im Katastrophengebiet, um noch einmal nach Überlebenden zu suchen.

8.50 Uhr Die »Carpathia« verläßt das Gebiet mit Kurs New York. Sie hat 705 Überlebende an Bord. Rund 1522 Menschen sind gestorben.

Ismay kabelt an das New Yorker Büro der White Star: »Teile in tiefem Bedauern mit, daß ›Titanic‹ heute morgen nach Kollision mit Eisberg gesunken; schwere Verluste. Alle Einzelheiten später.«

1912 – 17. April Im Auftrag von White Star verläßt die »Mackay-Bennett« Halifax, um am Katastrophenort nach Leichen zu suchen.

18. April, 21.00 Uhr Die »Carpathia« kommt in New York an. Sie überholt Boote mit Scharen von Zeitungsreportern, die nach Nachrichten gieren. Als die »Carpathia« an der Freiheitsstatue vorbeifährt, sehen 10000 Menschen zu. Die Rettungsboote der »Titanic« hängen an den Seiten der »Carpathia«. Sie passiert die Anlegestelle der Cunard Line (Nr. 54) und fährt flußaufwärts bis zu den Piers der White Star Line, um dort die Boote der »Titanic« abzusetzen. Dann kehrt sie zum Cunard-Pier zurück, und hier gehen die Überlebenden endlich von Bord.

19. April–25. Mai Der amerikanische Senat führt unter Leitung von Senator William A. Smith eine Untersuchung der »Titanic«-Katastrophe durch. 82 Zeugen sind geladen.

22. April Die White Star schickt die »Minia« von Halifax aus, um die überlastete »Mackay-Bennett« zu unterstützen, die 306 Leichen gefunden hat. Die »Minia« birgt nach einwöchiger Suche nur noch 17 Leichen.

24. April Als das Schwesterschiff der »Titanic«, die »Olympic«, aus Southampton auslaufen will, streiken die Heizer. Sie wollen nicht auf einem Schiff arbeiten, das nicht genug Rettungsboote mitführt. 285 Besatzungsmitglieder desertieren, und die Reise der »Olympic« wird abgesagt.

6. Mai Die White Star entsendet die »Montmagny« von Sorel in Quebec aus zur Unterstützung bei der Suche nach Leichen. Sie birgt vier Leichen.

15. Mai Die White Star entsendet die »Algerina« von St. John's auf Neufundland. Das Schiff birgt nur noch eine Leiche. Insgesamt hat die White Star mit den von ihr beauftragten Schiffen 328 Leichen geborgen.

2. Mai – 3. Juli: Das britische Handelsministerium führt eine Untersuchung durch. An 96 Zeugen werden 25 622 Fragen gerichtet. Unter den Zeugen sind Experten, wie zum Beispiel der Erfinder der Funktechnik, Marconi, und der Entdecker Sir Ernest Shackleton, der zu Eis und Eisbergen gehört wird. Von den Passagieren sind als einzige Zeugen Sir Cosmo und Lady Duff Gordon und J. Bruce Ismay geladen. Weitere Zeugen sind Kapitän Lord von der »Californian«, Lightoller, der allein 1600 Fragen über sich ergehen lassen muß, Besatzungsmitglieder, die Reeder und Mitarbeiter des britischen Handelsministeriums. Der Schlußspruch enthält die Empfehlung, »mehr wasserdichte Abteilungen in Hochseeschiffen einzubauen, für alle Personen an Bord Rettungsboote vorzusehen und für besseren Ausguck zu sorgen«.

1913 – April Eine internationale Eispatrouille wird eingerichtet, die die Schiffahrtswege im Nordatlantik unter Führung der amerikanischen Küstenwache überwacht.

1914 – Februar Das zweite Schwesterschiff der »Titanic«, die »Britannic«, läuft vom Stapel.

1916 – November Die in ein Lazarettschiff umgebaute »Britannic« wird von deutschen Minen versenkt.

1929 – 18. November Man nimmt an, daß das Erdbeben bei den Grand Banks einen riesigen Unterwasserschlammrutsch verursacht hat, der wahrscheinlich das im selben Gebiet ruhende Wrack der »Titanic« begraben hat.

1935 – Nach 24 Jahren Einsatz, darunter Kriegsdienst als Truppentransporter und vier großen Umbauten, wird die »Olympic« außer Dienst gestellt. Sie hat den Atlantik fünfhundert Mal überquert, anderthalb Millionen Meilen zurückgelegt und sich dabei ihren Namen »Old Reliable« (die Zuverlässige) verdient.

1980 – Juli Der amerikanische Unternehmer und Entdekker Jack Grimm finanziert eine wissenschaftliche Expedition, die nach dem Wrack der »Titanic« suchen will. Wegen schlechten Wetters und Gerätepannen gelingt es ihr nicht, die »Titanic« zu finden.

1981 – Juni Jack Grimms zweite Expedition zur »Titanic« wird gestartet, doch auch diesmal wird das Wrack nicht gefunden.

1983 – Juli Auch auf der dritten und letzten von Jack Grimm finanzierten Expedition gelingt es nicht, die »Titanic« zu entdecken.

1985 – 1. September Die französisch-amerikanische wissenschaftliche Expedition unter der Leitung von Dr. Robert Ballard entdeckt und fotografiert schließlich die Überreste des Wracks der »Titanic« in einer Tiefe von 3740 Meter auf dem Meeresboden.

1986 – August Dr. Robert Ballard kehrt mit einer zweiten Expedition zur »Titanic« zurück. Er landet mit dem Tauchboot »Alvin« auf dem Deck des Schiffs und erkundet und fotografiert das ganze Wrack und alle Einzelheiten des Trümmerfeldes.

Dank und Anerkennung

Mit wem beginnen? Auch wenn sich ein Großteil des mit der Entdeckung der »Titanic« verbundenen Ruhms auf Jean-Louis Michel und mich konzentrierte, spielten buchstäblich Hunderte von Helfern ganz entscheidende Rollen bei diesem historischen Ereignis und beim Zustandekommen des Buches.

Manche davon kämpften mit uns in der rauhen See vor Ort: die Besatzungen von »Le Suroît«, »Knorr« und »Atlantis II«; die Technikerteams, die mit SAR, »Argo«, ANGUS, »Alvin« und »Jason jr.« arbeiteten. Und die vielen Helfer an Land, die uns in den langen Monaten der Planung und Vorbereitung unterstützten.

Neben diesen Spezialisten gibt es eine große Zahl Menschen, die besondere Anerkennung verdienen. Bill Tantum von der Titanic Historical Society verlor nie seinen Glauben an mich und unseren gemeinsamen Traum, starb aber, bevor er verwirklicht wurde. Admiral Brad Mooney, Admiral Dwaine Griffith und Admiral Ron Thurman von der US Navy vertrauten auf »Argos« und »Jasons« Tauglichkeit und auf die Fähigkeit unseres Teams, technische Wunschvorstellungen in die Wirklichkeit umzusetzen. Dr. Eugene Silva von der Navy war uns ständig eine wertvolle Hilfe. Marineminister Melvyn Paisley nahm uns unter seine Fittiche. Leutnant George Rey und Huth O'Neil waren zur Stelle, als es kritisch wurde. Und vor allem warf Marineminister John Lehman jr. sein ganzes Gewicht in die Waagschale, um den Traum zu ermöglichen.

Der National Geographic Society gebührt besonderer Dank für jahrelanges Vertrauen in mich und meine Arbeit: Bill Garrett für seine zuverlässige Unterstützung unserer Bemühungen; Sam Matthews und Bill Graves, die mich das Bücher- und Artikelschreiben lehrten; Jan Atkins, die 1985 meine Pressekonferenz rettete; Susan Eckert, die mir zeigte, wie ich meine Prioritäten setzen sollte; und Emory Kristof für seine vielen tausend schönen Fotos.

Die treuesten Helfer, die auch am längsten zu leiden hatten, fand ich in meiner Familie: Seit nun 22 Jahren fahre ich immer wieder auf See hinaus, verbringe Monat auf Monat mit einer Expedition nach der anderen. Während all dieser Zeit haben meine Frau Marjorie und unsere beiden Söhne Todd und Douglas daheim das Herdfeuer gehütet. Ich weiß, das war schwer, und vieles ging dabei unwiederbringlich verloren; aber ihre ruhige Solidarität gab mir die Kraft, immer wieder weiterzumachen.

Als »Atlantis II« im Juli 1986 nach Woods Hole zurückkehrte, war das »Titanic«-Projekt vorbei, aber die Arbeiten am Buch hatten gerade erst begonnen. Wie ich bald merken sollte, erfordert eine Publikation von solcher Vielschichtigkeit fast ebensoviel Zuarbeit und Spezialwissen wie eine wissenschaftliche Expedition. Der gemeinsame Beitrag meiner Helfer spricht aus jeder Buchseite. Michael Levine brachte mich mit Madison Press Books zusammen, die das Projekt von der Idee bis zur fertigen Buchausgabe betreuten. David Weil half mir bei der Planung. Rick Archbold stellte mir etwa eine Million Fragen und brachte den Text gemeinsam mit Lektor Patrick Crean geschickt in die rechte Form. Hugh Brewster und die Belegschaft bei Madison machten Überstunden, damit auch kein einziges Detail übersehen wurde. Ken Marschall, der in seiner Tatkraft und in seinem Engagement für das Buch niemals wankte, fertigte hervorragende Zeichnungen und Gemälde an; unzählige Stunden brachte er damit zu, Wrackteile der »Titanic« zu identifizieren, sie mit Archivfotos zu vergleichen und sachkundige Kommentare zum Manuskript abzugeben. Walter Lord steuerte nicht nur eine großartige Einführung und Fotografien aus seiner Privatsammlung bei; aus seinem gewaltigen Fundus an Wissen schöpfend, war er ein wichtiger Helfer und Mentor. Auch Alasdair McCrimmon geizte nicht mit seiner Zeit und seinen Spezialkenntnissen, als er den Text akribisch auf seine Richtigkeit prüfte.

Ferner danke ich folgenden Einzelpersonen, die wertvolle Beiträge leisteten: Stu Harris für Details bei der Vorbereitung von »Argo« im Jahre 1985; Charles Pellegrino für seine

»Down-blast«-Theorie; Bill Ryan vom Lamont-Doherty Geological Observatory für das ausführliche Rekapitulieren der drei »Titanic«-Expeditionen Jack Grimms und für das Beisteuern zahlloser Fotografien; Fred Spiess vom Scripps Oceanographic Institute dafür, daß er mir seine Rolle bei Grimms Abenteuern schilderte; Anne Tantum half mir, die Rolle ihres verstorbenen Mannes bei unserer »Titanic«-Suche wieder heraufzubeschwören, und stellte Fotografien von Bill und dem Querschnitt der White-Star-Dampfer zur Verfügung; Kartographin Marie Tharb (1 Washington Ave., South Nyack, NY 10960) zeichnete die Karte des Meeresbodens; und Dr. Ruth Turner vom Museum für Vergleichende Zoologie der Universität Harvard gab mir wissenschaftliche Auskünfte über Mollusken und Dias der Holzbohrwürmer.

An der Woods Hole Oceanographic Instituion: Dr. Holger Jannasch für Informationsmaterial über eisenfressende Bakterien und das Entstehen von Rostzapfen; Bill Lange für sachkundige Begutachtung und Hilfe, besonders beim Aufspüren und Identifizieren von ANGUS -Aufnahmen; John Porteous für das Entwickeln von vielen Kilometern Film und für seine Arbeit am Mosaik; meiner Sekretärin Terri Nielsen für geduldiges Abschreiben und Wiederabschreiben und für die patente Kanalisierung unzähliger Anfragen; Ann Rabushka und den Mitarbeitern des Public Information Office für das Auffinden von Dias und Diagrammen; Dr. Elazar Uchupi für Durchsicht des Manuskripts und das Beisteuern hilfreicher Änderungen; Tom Dettweiler und Bob Squires halfen mir, mich an Details unserer gemeinsamen Expedition von 1985 zu erinnern.

Charles Haas und John Eaton, Verfasser des Buches »Titanic: Triumph and Tragedy« (Patrick Stephens Ltd./W. W. Norton), haben mein Manuskript auf historische Richtigkeit durchgesehen und Fotografien zur Verfügung gestellt; in speziellen geschichtlichen Fragen haben mich beraten: Cory Keeble und Janet Holmes vom Royal Ontario Museum, ebenso Don Lynch und Bill Sauder.

Bei der National Geographic Society: Bob Hernandez, Bill Allen, Virginia Miller und Laura Mink stellten Dias zur Verfügung; Davis Meltzer, William H. Bond, Richard Schlecht und Pierre Mion für ihre Illustrationen; Perry Thorsvik und Joseph Bailey für ihre Fotografien.

Schließlich gilt mein Dank auch all jenen, die hier noch nicht erwähnt wurden und Fotos für das Buch beisteuerten: Roger Barrable; George Buckley von den Sea Rovers; Joe Carvalho und der Titanic Historical Society; Margaret Campbell vom Nova-Scotia-Archiv; Eric Sauder; Janet Homfeld vom Margaret-Strong-Museum; den Buchbindern Sangorski und Sutcliffe; Roy Varley. Und besonderer Dank an Jeremy Nightingale für die Odell-Fotos aus dem Jahre 1912, die hier zum erstenmal in einem Buch veröffentlicht werden.

Dr. Robert Ballard
Woods Hole, Massachusetts
Mai 1987

Für ihre Unterstützung und Ermutigung dankt der Verlag Madison Press Books folgenden Personen: Larry Ashmead; Ian Ballantine; Jane Baird; Carolin Brunton; Peter Benchley; Alexandra Chapman; Peter Elek; Sharon Gignac; Ed Kamuda; Teri Koenig; Eva Koralnik; Joe Macinnis; Aaron Milrad; Fotograf Thomas Moore; Tom Mori; Ute Korner de Moya; Nick Noxon; Charles Sachs; Roberto Toso und Peter Williams.

Glossar

achteraus hinter dem Schiff (Richtungsangabe), Ggt.: voraus
achterlich hinterer Sektor, von der Brücke aus gesehen; reicht von querab auf der einen Seite über das Heck bis zu querab auf der anderen Seite; Ggt.: vorlich
achtern hinten am Schiff (Ortsangabe); Ggt.: vorn
Altimeter (eigentlich) Höhenmesser; (hier) Gerät zur Messung der Entfernung zum Meeresgrund
Angus Abk. für Acoustically Navigated Geological Underwater Survey: ein Verfahren zur unbemannten Unterwasser-Exploration, bei dem eine Art Stahlrohrschlitten mit darauf befestigten Fotokameras von der Wasseroberfläche aus an einer nicht leitenden Stahltrosse über Grund geschleppt wird und eine visuelle Bestandsaufnahme des Meeresbodens ermöglicht
Ankerklüse dickes Metallrohr oder -manschette in Deck oder Bordwand zur besseren Führung von Ankerkette oder -trosse; auch Stauhilfe beim Fahren des unbenutzten Ankers
Aqualunge Lungenautomat
Argo Stahlschlitten mit Videokameras, der an einem langen Kabel mit 20 bis 30 m Abstand über den Meeresboden geschleppt wird und Fernsehbilder zur Oberfläche übermittelt
Back Decksaufbau auf dem Vorschiff, Mannschaftslogis
Backbord die linke Seite des Schiffes, in Fahrtrichtung gesehen; Ggt.: Steuerbord
Ballast zur Verbesserung der Stabilität an der tiefsten Stelle im Schiff angebrachtes zusätzliches Gewicht
Bathyscaph bemanntes Unterwasserfahrzeug für die Tiefsee-Exploration mit wasserdichter Tauchkugel an der Unterseite
Beting einfacher oder doppelter, starker, fest verankerter Pfahl aus Holz oder Metall (meist auf dem Vorschiff) zum Festmachen von Leinen oder Trossen

Bibo Spitzname für das Aufnahmesystem aus Farbfernseh- und Fotokameras am Greifarm von »Alvin«

Bilge tiefste Stelle im Schiffsrumpf (über dem → Kiel und unter den Bodenbrettern), wo sich das Bilgewasser sammelt, bis es abgepumpt wird

Black Smokers (»Schwarze Stinker«) Spitzname für Eruptionsschlote neugebildeter Unterwasservulkane, die stark mineralhaltige Flüssigkeiten mit einer Temperatur von 350 bis 400° ausstoßen. Eine Temperatur, die z. B. ausreicht, um Blei zu schmelzen

Bohrgang mehrere Zentimeter lange, durch Kalkausscheidung innen geglättete Röhren, die der Schiffsbohrwurm (Teredowurm) ins Holz frißt und die ihm als Behausung dienen

Bootsdeck Deck des Schiffes, auf dem die Rettungsboote an ihren → Davits hängen; bei der »Titanic« war dies das oberste Deck

Brücke eigentl. »Kommandobrücke«: geschützter Aufbau vorn, in der Mitte oder hinten, zwecks besserer Rundumsicht erhöht, beherbergt das für die Navigation des Schiffes notwendige Personal und Gerät

Bug das vordere Ende des Schiffes, Ggt.: Heck

CQD Seenotruf nach dem Morsealphabet, wurde nur in den ersten Jahren des Seefunkverkehrs benutzt; später → SOS

Datenfernübertragung (hier) elektrisches System zur Befehlsübermittlung per Kabel zwischen Mutterschiff und geschleppten Instrumenten wie → Argo

Dampfturbine Schiffsantrieb, bei dem der Dampf aus den Kesseln auf angewinkelt an einem Schaufelrad (Rotor) sitzende Schaufeln geleitet wird. Der Rotor ist über ein Getriebe mit der Schraubenwelle verbunden. Die »Titanic« hatte → mittschiffs eine Dampfturbine zum Antrieb der mittleren Schraube; der die → Niederdruckzylinder der → Kolbendampfmaschinen verlassende Dampf wurde in die Turbine geleitet, wo ihm noch der letzte Rest Energie entzogen wurde, ehe er in die Kondensatoren gelangte

Davit einfacher, schwenkbarer Kranarm an Bord zum Aussetzen von Booten

Deep-Tow-Sonde Zweiseiten-Sonar für den Nahbereich, zur Erkundung und Kartographierung des Tiefseebodens; eine Entwicklung von Dr. Fred Spiess, Scripps Institute of Oceanography. Wird an einem langen Kabel dicht über Grund geschleppt

Dekompressionstabelle zeigt dem Taucher nach tieferen Tauchgängen, wie lange er beim Auftauchen in den verschiedenen Tiefen verharren muß, um die Druckluft(Caisson-)krankheit zu vermeiden

Echolot elektro-akustisches Gerät zur Bestimmung der Wassertiefe unter dem Schiff; gemessen wird die Zeit, in der die Schallwellen vom Meeresboden zurückgeworfen werden

Einenderkessel Schiffskessel, dessen Feuerung nur von einer Seite (nicht von zwei Seiten) her beschickt wird. Die »Titanic« hatte fünf Einenderkessel, alle in Kesselraum 1

Elektronische Halbleiterkamera benutzt statt der Vidicon-Röhre einen Halbleiterchip: Umwandlung des optischen Bildes in elektrische Impulse

Expansionsfalte (auch Dehnungsfuge) flexible Verbindung in den Schiffsaufbauten, die ein begrenztes Arbeiten der Platten bei grober See (Stampfen) erlaubt

Festlandssockel der die Kontinente umgebende Flachseegürtel, auch Kontinentalsockel oder -schelf genannt

Gangway, die Laufplanke oder Laufbrücke mit Geländer zum Anbordgehen

Geophysik Wissenschaft von den physikalischen Vorgängen im Erdkörper sowie in seiner Wasser- und Lufthülle

Growler niedrige, meist kleinere, oft halb getaucht schwimmende Eisberge

Hart Steuerbord! Ruderkommando, wonach (1912 in England) das Ruderrad nach → Backbord, nicht nach → Steuerbord gedreht wurde, wodurch Ruderblatt und → Bug ebenfalls nach Backbord drehten (Ggt.: »Hart Backbord!«). Diese indirekten, heute sinnwidrigen Ruderkommandos stammten aus der Zeit der → Pinnensteuerung auch auf großen Schiffen und wurden zwischen 1853 (Österreich) und 1905 (deutsche Handelsmarine) auf dem europäischen Kontinent abgeschafft. England folgte erst in den frühen zwanziger Jahren

Heck hinteres Ende des Schiffes; Ggt.: Bug
hydrothermaler Schlot Eruptionskanal im Meeresboden, aus dem erhitztes, chemisch verändertes Salzwasser austritt (auch »schwarzer Stinker«)
IFREMER Abk. für Institut Français de Recherches pur l'Exploitation des Mers: das Ozeanographische Institut Frankreichs
Internationale Eispatrouille Sondereinheit des amerikanischen Küstenwachdienstes, 1913 als eine der Konsequenzen aus der »Titanic«-Katastrophe gegründet; überwacht die nordatlantischen Schiffahrtswege auf drohende Gefahr durch Eis und gibt Eiswetterberichte und Eiskarten heraus
Jason z. Z. in Konstruktion befindlicher unbemannter und ferngesteuerter Apparat, an → Argo gekoppelt: ein Tiefseeroboter mit Eigenantrieb, Scheinwerfern und Stereokameras zur Erforschung von schwierigem oder gefährlichem Gelände und zur Entnahme von Proben am Meeresboden
Jason Junior (JJ) Prototyp des oben beschriebenen Roboters, eingesetzt zur Erkundung des »Titanic«-Wracks
Kiel hölzernes oder stählernes »Rückgrat« des Schiffes, der unterste Mittelängsverband und Träger eines Großteils der Rumpfstruktur
Klüsenrollen Spulen zur besseren Führung der Festmacher eines Schiffes
Kolbendampfmaschine Schiffsantrieb, bei dem sich ein dampfgetriebener Kolben in einem Zylinder auf und ab bewegt und die Kraft über Kolbenstange und Kurbel auf die Schraubenwelle überträgt. Eine Verbund-Dampfmaschine hat einen Hoch- und einen nachgeschalteten Niederdruckzylinder der beschriebenen Art, wodurch die Energieausnutzung verbessert wird. Die beiden Dampfmaschinen der »Titanic« waren Vierzylinder-Dreifachexpansionsmaschinen; Arbeitsweise siehe Niederdruckzylinder. Vgl. auch Dampfturbine
Kombüse Schiffsküche
Kondensator elektrotechnisches Bauteil: gegeneinander isolierte Leiter mit der Kapazität, Gleichstrom zu sperren und Wechselstrom durchzulassen

Koppelnavigation Bestimmen des (geschätzten) Schiffsortes aus den Faktoren Kurs, Fahrt und Zeit, ausgehend vom letzten wahren Schiffsort

Krebstiere auch Krustentiere (Crustacea): meist wasserbewohnende Gliedertiere mit Kopffühlern, zahlreichen Beinpaaren und Chitinpanzer (Krebse, Krabben, Hummern u. a.)

Last Stauraum im → Rumpf für Fracht, Ausrüstung usw.

Lee die Richtung, in die der Wind weht (Ggt.: Luv)

LIBEC-Bildtechnik von der amerikanischen Marine entwickeltes hochmodernes Aufnahmeverfahren zur Gewinnung von Schwarzweiß-Unterwasserfotos

Lichtwellenleitertechnik Informationsübermittlung durch Lichtimpulse in Glasfaserkabeln

Lithiumhydroxid in Druckkammern benutztes Präparat zur Bindung von Kohlendioxid in der Luft

Luv die Richtung, aus der der Wind weht (Ggt.: Lee)

Magnetometer Gerät zur Messung von Störungen im Magnetfeld der Erde, die durch Metallgegenstände verursacht werden; an langem Kabel dicht über dem Meeresboden geschleppt

Mittelschiff der Teil des Schiffes, der zwischen Vorschiff und Achterschiff liegt

mittschiffs Ortsangabe für die Mitte des Schiffes a) zwischen Vor- und Achterschiff, b) zwischen Backbord und Steuerbord

Mollusken überwiegend mit Kalkschalen ausgerüstete, wirbellose, im Wasser lebende Weichtiere wie Schnecken, Muscheln, Kopffüßer (Tintenfische) u. a.

Morselampe abblendbare Lampe zur Aussendung von Lichtsignalen nach dem Morsealphabet (optische Nachrichtenübermittlung)

Niederdruckzylinder in → Kolbendampfmaschinen des in der »Titanic« installierten Typs strömte der als Antriebskraft benutzte Dampf aus den Kesseln zuerst in einen Hoch-, von dort in einen Mittel- und zuletzt in zwei Niederdruckzylinder. Die »Titanic« hatte zwei Kolbendampfmaschinen (je eine an Steuerbord und Backbord) und demnach vier Niederdruckzylinder

Notboote A, B, C und D Rettungsflöße mit hölzernem Boden und Seitenwänden aus Segeltuch, die zum platzsparenden Verstauen umgeklappt werden konnten. Auf der »Titanic« gab es vier dieser Engelhardt-Boote
Pantry Kochecke an Bord
Pinne, Pinnensteuerung einarmiger Hebel (Stange oder Rohr) aus Holz oder Metall, direkt mit dem oberen Teil des Ruders verbunden. Die Pinne wird entgegengesetzt zu der Richtung gelegt, in die der → Bug drehen soll
Plattentektonik Lehre vom Bau und von den Bewegungen der Erdkruste unter Berücksichtigung der Theorie von der Kontinentalverschiebung; danach besteht die Erdoberfläche aus aneinandergrenzenden, driftenden Platten, in welche die Kontinente eingebettet sind
Poller fest verankerter, starker, einfacher oder doppelter Pfahl aus Holz oder Metall zum Festmachen von Leinen oder Trossen an Bord oder auf der Pier
Poop, die Aufbau auf dem Achterschiff, nach oben durch das Poopdeck abgeschlossen; traditionell auch Hütte oder Hüttendeck genannt
psi Abk. für pounds per square inch (pounds/Quadratzoll): ein Druckmaß
Röhrenwürmer große Borstenwürmer, die in langen weißen Wohnröhren in der Nähe → hydrothermaler Schlote siedeln
Rostzapfen instabile, rotbraune Rost-Stalaktiten von über 1 m Länge, verursacht durch eisenfressende Bakterien; solche Rostzapfen bedecken einen Großteil des »Titanic«-Wracks
Ruderhaus kleiner, geschützter Unterstand für Ruderrad und Rudergänger
Rumpf Schiffskörper mit Außenhaut und Oberdeck, aber ohne Takelage, Aufbauten, Innenstruktur und Ruderanlage
Rumpfbeplattung Metall(Stahl-)platten, die verschweißt oder vernietet das Innengerüst des Schiffes umhüllen und seine Außenhaut bilden; bei der »Titanic« überwiegend weniger als einen Zoll (25 mm) stark
SAR Abk. für Sonar Acoustique Remorque, ein sehr exakt arbeitendes Tiefsee-Zweiseiten-Sonar französischer Entwicklung; es wird über den Meeresboden geschleppt und lie-

fert mit seinen Schallwellen ein Unterwasserbild von fast fotografischer Genauigkeit

Schanzkleid fest mit dem Deck verbundene, meist hüfthohe Schutzwand aus Holz oder Stahl, oben mit Griffleiste (nicht zu verwechseln mit Reling = Schutzgeländer)

Schleppkabel (hier) langes Kabel mit Kupferkoaxial- oder Glasfaserkern zum Schleppen von Unterwasser-Forschungsgeräten und zur Nachrichtenübermittlung

Schneckengetriebe langer Schaft mit spiralförmig angeordneten Schraubenzähnen auf fast ganzer Länge, z. B. zur Bedienung von → Davits oder Schiebefenstern

Schott senkrechte Trennwand, meist querschiffs, die den Rumpf in verschiedene Räume unterteilt; wasserdicht dient es der Sicherheit

Sea Marc I Unterwasser-Sonar für den mittleren Entfernungsbereich, zur Erstellung großräumiger Karten des Meeresbodens; entwickelt von Bill Ryan, Lamont-Doherty Geological Observatory

Seefeder auch Federkoralle, wächst lose auf Sand oder Schlick in größeren Tiefen und kann bei Berührung ein grünlich phosphoreszierendes Licht aussenden; gehört als Korallentier zur Klasse der Nesseltiere (Quallen)

Seekarte nautische Karte (oder Kartenausschnitt) eines See- bzw. Küstengebietes mit für die Navigation wichtigen Angaben über Wassertiefen, Wracks, Seezeichen usw. In der Seekarte wird der Kurs eingezeichnet und der Schiffsort bestimmt

Seemeile nautisches Längenmaß, a) international: 1852 m, b) britisch: 1853,18 m

Sektorensonar → Sonar mit eng begrenztem Beobachtungssektor für Unterwasserobjekte, ursprünglich zur Minensuche benutzt

Sextant Winkelmeßgerät zur Standortbestimmung nach Längen- und Breitengrad, wobei die Höhe eines Gestirns über dem Horizont gemessen wird

SIT-Kamera Abk. für Silicon Intensified Target: optisches System, welches das vorhandene natürliche Licht 10000fach verstärkt (z. B. Nachtsichtgerät)

Sonar Abk. für Sound Navigation and Ranging: Gerät zum Aufspüren von Unterwasserobjekten mittels gerichtet ausgesandter (Ultra-)Schallwellen, wobei die Laufzeit ihres Echos gemessen wird

Sonar-Markierungsboje akustisch arbeitendes Gerät auf dem Meeresboden, das seinen Standort anzeigt, indem es auf Schallsignale reagiert, die von Bord oder von geschleppten Instrumenten ausgesandt werden

SOS internationaler Seenotruf nach dem Morsealphabet, ersetzte ab 1. 7. 1908 den allgemeinen Seenotruf → CQD. Die Morsebuchstaben S, O und S werden dabei ohne Zwischenräume gefunkt (dreimal kurz, dreimal lang, dreimal kurz als Licht-, Funk- oder Schallsignale). Die Wahl fiel auf sie, weil sie leicht zu senden und zu erkennen sind, alle anderen Deutungen (»Save Our Souls«) sind unbegründet. Im Sprechfunkverkehr lautet der internationale Notruf »Mayday« (von frz. »m'aidez!« = »Helft mir!«)

Spill Trommel mit senkrechter (Gangspill) oder waagrechter (Bratspill) Welle, meist auf dem Vor- oder Achterschiff montiert und manuell, hydraulisch oder elektrisch betrieben, um das Einholen von (Anker-)Leinen, Trossen oder Ketten zu erleichtern

Sprachrohr 1. Rohrleitung zur direkten Sprechverbindung zwischen → Brücke und Maschinenraum oder anderen Stationen des Schiffes. 2. Mit Mundstück versehener Metalltrichter (»Flüstertüte« oder Megaphon) zur Schallverstärkung in bestimmter Richtung

Steuerbord die rechte Seite des Schiffes, in Fahrtrichtung gesehen. Ggt.: Backbord

Tauchboot Unterwasserfahrzeug, das von einem Mutterschiff zum Einsatzort transportiert und jeden Abend geborgen werden muß

Taucherplattform Decksüberhang am Heck zum Aussetzen von Tauchern und Gerät

Tiefenmesser Gerät zur Messung der Wassertiefe (siehe Echolot)

Transducer ein am Schiffsrumpf oder am geschleppten Gerät angebrachter Geber für Unterwassersignale

Transponder (hier) auf dem Meeresgrund verankerter akustischer Signalgeber zur Aufzeichnung der Bewegungen von Unterwasser-Forschungsgeräten, vergleichbar einem Funkfeuer, aber im Schallbereich arbeitend

Trimmtank wasserdichter Raum im Vor- oder Achterschiff, der zu Trimmzwecken (Ausbalancierung der Schwimmlage) geflutet oder leergepumpt werden kann

Unterwasser-Cañon Tiefseegraben

voraus vor dem Schiff (Richtungsangabe); Ggt.: achteraus

vorlich vorderer Sektor, von der Brücke aus gesehen: von querab auf der einen Seite über den Bug bis querab auf der anderen Seite; Ggt.: achterlich

Vormast Mast, der auf der »Titanic« vor der Brücke stand

vorn im vorderen Teil des Schiffes (Ortsangabe); Ggt.: achtern

Welldeck abgesenktes Deck zwischen Aufbauten und → Back bzw. → Poop eines Schiffes; auf Fischkuttern liegen darunter Bünn oder Brunnen, der Sammelkasten zur Fischaufbewahrung (von engl. »well« = Brunnen)

Zweiseiten-Sonar ein → Sonar, das horizontal nach beiden Seiten »akustisch sehen« kann

Zwischendeck Wohndeck für Passagiere der untersten billigsten Klasse, meist Auswanderer. Ursprünglich das Deck mit der geringsten lichten Höhe

Zykloidenantrieb hochspezialisiertes Antriebssystem (Voith-Schneider-Propeller), mit dessen Hilfe ein Schiff auch bei grober See vor-, rück- oder seitwärts bewegt oder ständig gemacht werden kann. Dies geschieht mit Hilfe verstellbarer Propeller an jeweils einer senkrechten Achse unter Bug und Heck

Quellennachweis der Fotos und Illustrationen

Wir haben große Anstrengungen unternommen, das hier reproduzierte Material mit korrekten Quellenangaben zu versehen. Falls uns dennoch unwissentlich Irrtümer unterlaufen sind, werden wir sie bei der nächsten Auflage selbstverständlich korrigieren.

Seite 2: Kate Odell, mit Genehmigung von Jeremy Nightingale

Textteil

11 Emory Kristof © *National Geographic* Society
12 Gemälde von Ken Marschall, Sammlung Rustie Brown
13 Bettmann-Archiv
16 Sammlung Eric Sauder
18, 19 *The Illustrated London News*
20 Beken of Cowes
21 Harland & Wolff
22 Kate Odell, mit Genehmigung von Jeremy Nightingale
23 (Oben) Father Francis M. Browne, S. J., Charles Haas/Sammlung John Eaton
(Unten) *The Cork Examiner*
24 (Oben) Harland & Wolff
(Unten) *The Illustrated London News*
25 *Byron Collection, Museum of the City of New York*
26 *The Illustrated London News*
27 Father Francis M. Browne, S. J., Charles Haas/Sammlung John Eaton
28 (Oben) *The Illustrated London News*
(Unten) Sammlung Joseph Carvalho
31 (Rechts) Sammlung Ray Lepien
(Links) Bettmann-Archiv
33 *The Illustrated London News*
35 *The Shipbuilder*
36–41 *The Illustrated London News*
43 (Oben) Harland & Wolff
(Major Butt) *The Illustrated London News*
(Ben Guggenheim) *The Illustrated London News*
44 Sammlung Ken Marschall
45 *The Cork Examiner*/Sammlung Ken Marschall
46 Sammlung Ken Marschall

47 Aus *The Truth About the Titanic*, Charles Haas/Sammlung John Eaton
49 (Oben und unten) Sammlung Walter Lord
52 Dann Blackwood, WHOI
55 Leonard Pinaud/Dr. George Buckley, Sea Rovers
57 WHOI
60 *Alvin*-Diagramm von Davis Meltzer, *National Geographic* Society
62, 63 John D. Donnelly/WHOI
66 Anne Tantum
67 Sammlung Joseph Carvalho
69, 72 WHOI
73 Robert Ballard
79–87 Alle Fotos im 4. Kapitel von Anita Brosius, abgedruckt mit freundlicher Genehmigung des Lamont-Doherty Geological Observatory.
94, 97 Illustrationen von Davis Meltzer/*National Geographic* Society
98, 99 (Foto von *Argo*) Emory Kristof © *National Geographic* Society (*Argo*-Diagramme und Standfoto) WHOI
102–103 Emory Kristof © *National Geographic* Society
108–159 Alle Fotos im 6. Kapitel von Emory Kristof ©*National Geographic* Society (falls nicht anders gekennzeichnet)
114, 115 Zwei Karten von Robert Ballard/WHOI
118 WHOI
120–123 Alle drei Karten: WHOI
135 WHOI
154 (Kessel im Werk) Harland & Wolff
(Kessel auf Bildschirm) Robert Ballard/WHOI
157 Karte: Robert Ballard/WHOI
163–189 Alle Fotos im 7. Kapitel von Emory Kristof, ©*National Geographic* Society (falls nicht anders gekennzeichnet)
171 Zwei Angus-Fotos: Robert Ballard/WHOI
183 (Oben) *The Toronto SUN*
189 WHOI
195–270 In den Kapiteln 8 und 9 stammen alle Fotos von oder auf der *Atlantis II* von Perry Thorsvik, © *National Geographic* Society. Alle *Argo*-, Angus- und *Alvin*-Unterwasseraufnahmen stammen von Robert Ballard und Martin Bowen/WHOI.
198 Zeichnung von *Alvin* und *JJ*: William H. Bond/*National Geographic* Society
205 Harland & Wolff
223 Sammlung Walter Lord
238 (Archivfoto Telemotor) Sammlung Bill Sauder
240 *The Cork Examiner*
256 Sammlung Nelson Arnstein
257 F. Sangorski & G. Sutcliff Ltd.
261 Harland & Wolff
273 *The Illustrated London News*
274 Sammlung Walter Lord

276, 277 *The Illustrated London News*
278 Zeichnung von Pierre Mion/*National Geographic* Society
281 Sammlung Walter Lord
283 Karte von Elaine Macpherson
287 Aus: *The Doomed Unsinkable Ship*
297 Diagramm von Ken Marschall
301 Sammlung Walter Lord
303 Kate Odell, mit Genehmigung von Jeremy Nightingale
305, 310 Robert Ballard/WHOI

Bildteil

I (Oben) Gemälde von Ken Marschall, Sammlung Kenneth Smith
(Unten) Gemälde von Ken Marshall, Sammlung David Hobson
II Aus: World Ocean Floor Map von Bruce Heezen und Marie Tharp, © 1977 Marie Tharp.
III und IV Robert Ballard und Martin Bowen/WHOI.
V (Telemotor) Sammlung Bill Sauder
(Captain Smith) British Newspaper Library
Unterwasseraufnahmen von Robert Ballard und Martin Bowen/WHOI.
VI (Oben) Gemälde von Ken Marschal
(Foto Brücke) *The Illustrated London News*
Unterwasseraufnahme von Robert Ballard und Martin Bowen/WHOI.
VII (Oben) Gemälde von Ken Marschall
(Unten links) Diagramm von Richard Schlecht/*National Geographic* Society
(Unten rechts) Sammlung Joseph Carvalho
VIII Gemälde von Ken Marschall
IX (Mosaik) Robert Ballard/WHOI
Diagramm von Richard Schlecht/*National Geographic* Society & Ken Marschall
X (Oben) Sammlung Joseph Carvalho
(Unten) Standfotos mit Genehmigung der National Geographic Society
XI Unterwasseraufnahmen von Robert Ballard von Martin Bowen/WHOI.
XII (Oben) *Syren and Shipping Magazine,* Titanic Historical Society
Unterwasseraufnahme von Robert Ballard und Martin Bowen/WHOI.
XIII Gemälde von Ken Marschall
(Unten) Harland & Wolff
Unterwasseraufnahme von Robert Ballard und Martin Bowen/WHOI.

XIV Unterwasseraufnahme von Robert Ballard und Martin Bowen/WHOI.
(Puppe) Margaret-Strong-Museum
(Lorraine Allison) Sammlung Donald Lynch

XV Unterwasseraufnahme von Robert Ballard und Martin Bowen/WHOI.

XVI und XVII Gemälde von Ken Marschall

XVIII und XIX Unterwasseraufnahmen von Robert Ballard und Martin Bowen/WHOI.
Zeichung von Richard Schlecht/*National Geographic* Society

XX Unterwasseraufnahme von Robert Ballard und Martin Bowen/WHOI.
(White-Swan-Hotel, Fenster) Roy Varley

XXI (Salon) Harland & Wolff
(Statue) Sammlung Howard Holtzman
(Plan) *The Shipbuilder*
Unterwasseraufnahme von Robert Ballard und Martin Bowen/WHOI.

XXII (Treppenhaus) Harland & Wolff
Unterwasseraufnahmen von Robert Ballard und Martin Bowen/WHOI.

XXIII (Speisesalon) Sammlung Ken Marschall
(Erkerfenster) *The Shipbuilder*
Unterwasseraufnahme von Robert Ballard und Martin Bowen/WHOI.

XXIV und XXV Unterwasseraufnahmen von Robert Ballard und Martin Bowen/WHOI.
(Pantry) Sammlung Ken Marschall

XXVI (Rauchsalon der 1. Klasse) Sammlung Byron Museum of the City of New York
Unterwasseraufnahme von Robert Ballard und Martin Bowen/WHOI.

XXVII Unterwasseraufnahme von Robert Ballard und Martin Bowen/WHOI.
(Schornstein, das Werk verlassend) *The Shipbuilder*

XXVIII (Suite B-57) Harland & Wolff
Unterwasseraufnahme von Robert Ballard und Martin Bowen/WHOI.

XXIX (Foto der Luxus-Suite) Sammlung Byron, Museum of the City of New York
Unterwasseraufnahme von Robert Ballard und Martin Bowen/WHOI.

XXX Unterwasseraufnahme von Robert Ballard und Martin Bowen/WHOI.
(Kabine 3. Klasse) Sammlung Byron, Museum of the City of New York

XXXI (Oben links) Sammlung Byron, Museum of the City of New York
(Oben rechts) Harland & Wolff
(Badewanne) Harland & Wolff
Unterwasseraufnahme von Robert Ballard und Martin Bowen/WHOI.

XXXII (Oben) Harland & Wolff
(Unten) Father Francis M. Browne, S. J., Charles Haas/Sammlung John

XXXIII (Oben links) Charles Haas/Sammlung John Eaton
(Unten links) Sammlung Ken Marschall
Unterwasseraufnahme von Robert Ballard und Martin Bowen/WHOI.

XXXIV (Countess of Rothes) *The Illustrated London News*
(Rettungsboot) Sammlung Walter Lord

XXXV Unterwasseraufnahme von Robert Ballard und Martin Bowen/WHOI.
(Unten) *The Cork Examiner*

XXXVI und XXXVII (Oben links) Harland & Wolff
(Unten rechts) *The Shipbuilder*
Unterwasseraufnahmen von Robert Ballard und Martin Bowen/WHOI.

XXXVIII (Oben) Sammlung Walter Lord
(Unten) Nova-Scotia-Archiv

XXXIX (Oben) *The Cork Examiner*
(Mitte) Harland & Wolff
Unterwasseraufnahme von Robert Ballard und Martin Bowen/WHOI.

XL Gemälde von Ken Marschall

XLI *Titanic*-Querschnitt mit Genehmigung von Anne Tantum
(*Olympic*, Eingang zur 2. Klasse) Sammlung Joseph Carvalho
Unterwasseraufnahme von Robert Ballard und Martin Bowen/WHOI.

XLII (Oben) Harland & Wolff
(Unten) Robert Ballard/WHOI, Mosaik von Ken Marschall

XLIII Unterwasseraufnahme von Robert Ballard und Martin Bowen/WHOI.

XLIV (Oben, Vorschiff der *Olympic*) Harland & Wolff
Zwei ANGUS-Fotos: Robert Ballard/WHOI
(Unten, die *Olympic* in New York) Sammlung Joseph Carvalho

XLV bis XLVIII (Achterdeck der *Britannic*) National Maritime Museum, Greenwich, England, Sammlung Eric Sauder
(ANGUS-Fotos) Robert Ballard/WHOI

Register